Couvertures supérieure et inférieure manquantes

THÉORIE MATHÉMATIQUE

DE

LA LUMIÈRE

POUR PARAITRE PROCHAINEMENT

OPTIQUE ET ÉLECTRICITÉ

LEÇONS SUR LA

THÉORIE ÉLECTROMAGNÉTIQUE DE LA LUMIÈRE

Professées pendant le second semestre 1887-1888

PAR **H. POINCARÉ**, MEMBRE DE L'INSTITUT

COURS DE LA FACULTÉ DES SCIENCES DE PARIS
PUBLIÉS PAR L'ASSOCIATION AMICALE DES ÉLÈVES ET ANCIENS ÉLÈVES
DE LA FACULTÉ DES SCIENCES

COURS DE PHYSIQUE MATHÉMATIQUE

LEÇONS SUR LA

THÉORIE MATHÉMATIQUE DE LA LUMIÈRE

Professées pendant le premier semestre 1887-1888

PAR

H. POINCARÉ, MEMBRE DE L'INSTITUT

Rédigées par J. BLONDIN, licencié ès sciences

PARIS
GEORGES CARRÉ, ÉDITEUR
58, RUE SAINT-ANDRÉ-DES-ARTS, 58

1889

PRÉFACE

L'Optique est la partie la plus avancée de la physique; la théorie dite des ondulations forme un ensemble vraiment satisfaisant pour l'esprit; mais il ne faut pas lui demander ce qu'elle ne peut nous donner.

Les théories mathématiques n'ont pas pour objet de nous révéler la véritable nature des choses; ce serait là une prétention déraisonnable. Leur but unique est de coordonner les lois physiques que l'expérience nous fait connaître, mais que sans le secours des mathématiques nous ne pourrions même énoncer.

Peu nous importe que l'éther existe réellement; c'est l'affaire des métaphysiciens; l'essentiel pour nous c'est que tout se passe comme s'il existait et que cette hypothèse est commode pour l'explication des phénomènes. Après tout, avons-nous d'autre raison de croire à l'existence des objets matériels? Ce n'est là aussi qu'une hypothèse commode; seulement elle ne cessera jamais de l'être, tandis qu'un jour viendra sans doute où l'éther sera rejeté comme inutile.

Mais ce jour-là même, les lois de l'optique et les équations qui les traduisent analytiquement resteront vraies, au moins comme première approximation. Il sera donc toujours utile d'étudier une doctrine qui relie entre elles toutes ces équations.

Les théories proposées pour expliquer les phénomènes optiques par les vibrations d'un milieu élastique sont très nombreuses et également plausibles. Il serait dangereux de se borner à l'une d'elles; on risquerait ainsi d'éprouver à son endroit une confiance aveugle et par conséquent trompeuse. Il faut donc les étudier toutes et c'est la comparaison qui peut surtout être instructive.

Malheureusement il faut pour les connaître toutes recourir aux mémoires originaux, souvent difficiles à trouver et pénibles à lire. Quand on passe de l'un à l'autre, tout change : notation, manières de penser et de s'exprimer, et la comparaison devient presque impossible.

J'ai donc cru qu'il ne serait pas inutile de réunir en un petit volume et dans un tableau d'ensemble ces doctrines diverses, en publiant les leçons que j'ai professées à la Sorbonne en 1887-1888. Je suis très reconnaissant à M. Blondin qui a rendu ma tâche possible en recueillant et en rédigeant ces leçons.

Pour lire ce livre avec fruit, il faut posséder, au

moins dans leurs traits généraux, les lois expérimentales de l'optique physique. Je n'aurais pu en effet parcourir en un seul semestre une pareille étendue de matières si je n'avais su ces lois déjà familières à mes auditeurs, pour la plupart licenciés ès sciences physiques.

La théorie des ondulations repose sur une hypothèse moléculaire ; pour les uns, qui croient découvrir ainsi la cause sous la loi, c'est un avantage ; pour les autres, c'est une raison de méfiance ; mais cette méfiance me paraît aussi peu justifiée que l'illusion des premiers.

Ces hypothèses ne jouent qu'un rôle secondaire. J'aurais pu les sacrifier ; je ne l'ai pas fait parce que l'exposition y aurait perdu en clarté, mais cette raison seule m'en a empêché.

En effet je n'emprunte aux hypothèses moléculaires que deux choses : le principe de la conservation de l'énergie et la forme linéaire des équations qui est la loi générale des petits mouvements, comme de toutes les petites variations.

C'est ce qui explique pourquoi la plupart des conclusions de Fresnel subsistent sans changement quand on adopte la théorie électro-magnétique de la lumière. Je ne parlerai pas dans ce volume de cette théorie, me réservant de l'exposer en détail dans un autre ouvrage où je publierai mes leçons du second semestre. J'ai cru devoir m'attacher d'abord à approfondir les idées de Fresnel; cela me paraissait la meilleure préparation à l'étude de la pensée de Clerk Maxwell.

Un dernier mot. Dans le chapitre relatif à la diffraction, j'ai développé des idées que je croyais nouvelles. Je n'ai pas nommé Kirchhoff dont le nom aurait dû être cité à chaque ligne. Il est encore temps de réparer cet oubli involontaire; je m'empresse de le faire en renvoyant aux Sitzungsberichte de l'Académie de Berlin (1882, deuxième semestre, page 641).

Paris, le 2 décembre 1888.

H. POINCARÉ.

THÉORIE MATHÉMATIQUE
DE LA LUMIÈRE

INTRODUCTION

De toutes les théories physiques, la moins imparfaite est celle de la lumière, telle qu'elle est sortie des travaux de Fresnel et de ses successeurs. Elle est fondée, comme on le sait, sur l'hypothèse des ondulations de l'éther. Cette théorie explique presque tous les faits actuellement connus en optique, et s'il en est quelques-uns qui échappent à une explication immédiate, il suffit de quelques modifications de détail dans les hypothèses de Fresnel pour en rendre compte.

Aux sceptiques qui pensent qu'un jour la théorie des ondulations subira le même sort que la théorie de l'émission, on peut répondre que lorsque Biot, en 1813, essayait d'expliquer les phénomènes connus alors en optique au moyen de la théorie de l'émission, ce n'était qu'au prix d'efforts trop ingénieux pour satisfaire pleinement l'esprit. Dans la théorie de l'émission, il y avait autant d'hypothèses que de faits à expliquer; dans celle des ondulations, il y a, il est vrai, un certain nombre d'hypothèses, mais beaucoup moins que de faits expliqués.

Il est donc probable que, quel que soit le sort réservé à la théorie de Fresnel, la plupart des résultats subsisteront toujours, et que son étude restera toujours utile.

Dans ces derniers temps, on a essayé de substituer à la théorie des ondulations une théorie électro-magnétique, qui attribue les phénomènes optiques aux variations périodiques et extrêmement rapides que subit un champ magnétique. Mais cette théorie conduit aux mêmes résultats analytiques que la théorie des ondulations de Fresnel ; l'interprétation physique des formules seule diffère. Il n'est même pas impossible que ces deux théories ne finissent par s'accorder et n'en fassent qu'une.

Objet du Cours. — Nous n'étudierons que la théorie des ondulations, la théorie électro-magnétique étant inséparable d'un cours d'électricité. Nous nous en tiendrons aux travaux de Fresnel, Cauchy, Lamé, Briot et de M. Sarrau, en France ; de Neumann en Allemagne ; et à ceux de Mac Cullagh en Angleterre. Nous admettrons comme connus tous les faits expérimentaux de l'optique, et nous ne nous attacherons qu'au développement des théories mathématiques.

Nous commencerons par la théorie des petits mouvements dans un milieu élastique ; nous établirons les lois générales du mouvement vibratoire et de la propagation des ondes planes ; nous aborderons successivement l'étude de la diffraction, des diverses théories de la dispersion, de celles de la double réfraction, ainsi que de la réflexion et de la réfraction à la surface des corps transparents et isotropes, puis des corps cristallisés et enfin des surfaces métalliques. Nous terminerons par l'étude de l'aberration et de la propagation de la lumière dans un milieu en mouvement.

CHAPITRE PREMIER

ÉTUDE DES PETITS MOUVEMENTS DANS UN MILIEU ÉLASTIQUE

1. Première hypothèse. — Nous considérerons un milieu élastique comme formé de molécules séparées les unes des autres ; c'est-à-dire que nous admettrons la discontinuité de la matière. — Remarquons que la concordance des faits expérimentaux avec les conséquences mathémathiques obtenues en partant de cette hypothèse n'est pas une preuve de la discontinuité de la matière. Cette hypothèse a seulement pour effet de simplifier les calculs ; on pourrait supposer la matière continue et la concordance que nous signalons existerait encore.

2. Seconde hypothèse. — Nous admettrons que les molécules sont soumises à certaines forces, qu'il existe une position d'équilibre stable du milieu, et que, si on écarte les molécules de leurs positions d'équilibre, puis qu'on les abandonne à elles-mêmes, elles prennent des mouvements d'oscillation très petits autour de leur position d'équilibre.

3. Équations du mouvement. — Considérons n molécules M_1, M_2,... M_i,... de masses m_1, m_2,... m_i,... Les coordonnées d'une de ces molécules seront, dans la position d'équilibre, x_i, y_i, z_i; après le déplacement, $x_i+\xi_i$, $y_i+\eta_i$, $z_i+\zeta_i$. Nous admettrons qu'il existe une fonction des forces U, c'est-à-dire qu'il y a conservation de l'énergie. Les équations du mouvement de la molécule M_i seront :

$$
(1) \qquad
\begin{aligned}
m_i \frac{d^2\xi_i}{dt^2} &= \frac{dU}{d\xi_i} \\
m_i \frac{d^2\eta_i}{dt^2} &= \frac{dU}{d\eta_i} \\
m_i \frac{d^2\zeta_i}{dt^2} &= \frac{dU}{d\zeta_i}
\end{aligned}
$$

4. Propriétés de la fonction des forces. — Si on développe U suivant les puissances croissantes des ξ (en désignant par ξ l'ensemble des quantités ξ_1, η_1, ζ_1 ; ξ_2 η_2, ζ_2...), on a :

$$U = U_0 + U_1 + U_2 + U_3 \ldots$$

U_0, qui représente le terme constant, peut être supposé nul, car la fonction U n'entre dans les équations du mouvement que par ses dérivées.

U_1, qui représente l'ensemble des termes du premier degré par rapport aux ξ, c'est-à-dire

$$\sum \xi_i \left(\frac{dU}{d\xi_i}\right)_0$$

est nul, car $\frac{dU}{d\xi_i}$ représente la projection sur OX de la force s'exerçant sur la molécule M_i, force qui est nulle dans la position d'équilibre, c'est-à-dire pour $\xi_i = 0$. $\left(\frac{dU}{d\xi_i}\right)_0$ est nul, et par suite U_1 aussi.

Enfin, comme les quantités ξ sont supposées très petites (2), on peut négliger les termes d'un degré supérieur au second par rapport aux ξ, et on a simplement :

$$(2) \qquad U = U_2.$$

U_2 est une forme quadratique par rapport aux $3n$ quantités ξ ; on peut donc la mettre sous la forme d'une somme de carrés. Cette somme doit être négative, car, l'équilibre étant stable quand les ξ sont nuls, la fonction U doit passer par un maximum pour $\xi = 0$, et une des conditions pour qu'une fonction passe par un maximum est que l'ensemble des termes du second degré du développement soit négatif.

Si on divise les forces agissant sur le système en deux groupes, forces intérieures et forces extérieures, et si l'on désigne par U' la fonction des forces relative au premier groupe, par U'' celle qui est relative au second groupe, on aura :

$$(3) \qquad U = U' + U''.$$

5. Propriétés des fonctions U' et U''. — Si les diverses molécules se déplacent de manière que leurs distances respectives ne varient pas, le travail des forces intérieures est nul ; U' est alors nulle. U' peut donc être considérée comme une fonction de la distance des molécules. En désignant par R, R', R''... les carrés de ces distances, nous poserons :

$$(4) \qquad U' = F(R, R', R'', \ldots).$$

6. Si nous supposons que deux molécules μ et μ' s'attirent ou se repoussent suivant des forces égales, dirigées suivant la droite qui les joint, et ne dépendant que de la distance $\mu\mu'$; en d'autres termes, si nous nous plaçons dans l'hypothèse des forces centrales, U' sera la somme des fonctions des forces relatives à deux molécules μ et μ' ; nous aurons dans ce cas :

$$(5) \qquad U' = f(R) + f'(R') + f''(R'') + \ldots.$$

7. Les forces extérieures au système peuvent être de deux espèces :

1° Les forces qui s'exercent à la fois sur les molécules intérieures et sur les molécules superficielles, comme, par exemple, les forces dues à la pesanteur.

2° Les forces qui n'agissent que sur les molécules superficielles, comme celles qui s'exercent sur la surface interne des parois d'une enceinte contenant un gaz.

Les forces du premier groupe ne se rencontrent pas en optique, l'éther étant supposé impondérable. Quant à celles du second groupe, nous n'avons pas le droit de nier leur existence. Si l'on suppose qu'elles n'existent pas, la fonction des forces relative aux forces extérieures au système est nulle. On a alors $U'' = 0$.

8. Nous pouvons développer les fonctions U' et U'' par rapport aux puissances croissantes des ξ, et nous aurons, en négligeant les puissances des ξ supérieures au second degré :

$$U' = U'_0 + U'_1 + U'_2,$$
$$U'' = U''_0 + U''_1 + U''_2.$$

En identifiant le développement de la fonction U (4) avec la somme des fonctions U' et U'' développées, nous obtiendrons les relations suivantes :

$$U'_0 + U''_0 = U_0 = 0.$$
$$(6) \qquad U'_1 + U''_1 = U_1 = 0.$$
$$(7) \qquad U'_2 + U''_2 = U_2 = U.$$

Nous pouvons d'ailleurs supposer que les constantes U'_0 et U''_0 sont séparément nulles.

9. Etude de la fonction U'. — Soient deux molécules μ et μ', dont les coordonnées sont dans la position d'équilibre,

$$x, y, z, \quad x + Dx, \quad y + Dy, \quad z + Dz,$$

Nous désignons par la notation Dx l'accroissement d'une des coordonnées, car la distance de ces molécules voisines n'est pas infiniment petite. Le carré de cette distance est :

$$R = Dx^2 + Dy^2 + Dz^2$$

Si on écarte ces molécules de leurs positions d'équilibre, leurs coordonnées deviennent :

$$x + \xi, \quad y + \eta, \quad z + \zeta;$$
$$x + Dx + \xi + D\xi, \qquad y + Dy + \eta + D\eta, \qquad z + Dz + \zeta + D\zeta;$$

et le carré de leur distance est alors :

$$R+\rho=\sum(Dx+D\xi)^2=\sum Dx^2+2\sum DxD\xi+\sum D\xi^2.$$

L'accroissement ρ du carré de cette distance est donné par la relation :

$$\rho=2\sum DxD\xi+\sum D\xi^2,$$

et, si nous posons :

$$(8)\qquad \rho_1=2(DxD\xi+DyD\eta+DzD\zeta)=2\sum DxD\xi,$$

$$(9)\qquad \rho_2=D\xi^2+D\eta^2+D\zeta^2=\sum D\xi^2,$$

nous aurons, pour ρ :

$$(10)\qquad \rho=\rho_1+\rho_2.$$

La fonction des forces relative aux forces intérieures (5) a pour valeur, quand les molécules sont écartées de leurs positions d'équilibre :

$$U'=F(R+\rho,\ R'+\rho',\ R''+\rho'',\ldots);$$

et, si on la développe par rapport aux puissances croissantes des ρ, on obtient :

$$U'=F(R,R',R'',\ldots)+\sum\frac{dF}{dR}\rho+\frac{1}{2}\sum\frac{d^2F}{dR^2}\rho^2+\sum\frac{d^2F}{dRdR'}\rho\rho'+\cdots$$

Dans cette expression, le terme F (R,R',R'',...) ne dépend pas du déplacement; c'est donc le terme constant U'_0 obtenu en développant la fonction U' par rapport aux ξ ; par suite, ce terme est nul. Comme les quantités ρ sont du même ordre de grandeur que les ξ, on peut, dans le développement de U', négliger les termes qui contiennent ρ à un degré supérieur au second ; on a donc :

$$U' = \sum \frac{dF}{dR}\rho + \sum \frac{1}{2}\frac{d^2F}{dR^2}\rho^2 + \sum \frac{d^2F}{dRdR'}\rho\rho'.$$

En remplaçant ρ par la valeur tirée de la relation (10), on obtient :

$$(11)\quad U' = \sum \frac{dF}{dR}\rho_1 + \sum \frac{dF}{dR}\rho_2 + \frac{1}{2}\frac{d^2F}{dR^2}\rho^2 + \sum \frac{d^2F}{dRdR'}\rho\rho'.$$

Si maintenant on identifie ce développement avec celui de la même fonction par rapport aux ξ (**8**), on a, pour le second terme U'_1,

$$(12)\quad U'_1 = \sum \frac{dF}{dR}\rho_1 = 2\sum \frac{dF}{dR}(\mathrm{D}x\mathrm{D}\xi + \mathrm{D}y\mathrm{D}\eta + \mathrm{D}z\mathrm{D}\zeta).$$

10. Dans le cas particulier où la pression extérieure est nulle dans la position d'équilibre, l'expression précédente permet de trouver six relations importantes. En effet, la fonction des forces U'' relative aux forces extérieures a le second terme U''_1 de son développement égal à zéro, puisque les dérivées partielles de U'' par rapport aux quantités ξ représentent les composantes de la pression extérieure ; la relation (6) montre que l'on doit avoir identiquement :

$$U'_1 = 0.$$

Une substitution quelconque faite dans U^1 à la place de ξ, η, ζ doit donner pour résultat zéro ; en particulier, si on fait $\xi = x$, $\eta = \zeta = 0$, on a

$$\sum \frac{dF}{dR} Dx^2 = 0.$$

On aura évidemment aussi :

$$\sum \frac{dF}{dR} Dy^2 = 0 \qquad \sum \frac{dF}{dR} Dz^2 = 0$$

Si maintenant on fait la substitution $\xi = y$, $\eta = \zeta = 0$, on obtiendra :

$$\sum \frac{dF}{dR} Dx\, Dy = 0\,;$$

et des substitutions analogues donneraient :

$$\sum \frac{dF}{dR} Dy\, Dz = 0,$$

$$\sum \frac{dF}{dR} Dz\, Dx = 0.$$

Ainsi, si la pression extérieure est nulle dans l'état d'équilibre, les six relations suivantes :

$$\sum \frac{dF}{dR} Dx^2 = 0, \qquad \sum \frac{dF}{dR} Dz\, Dy = 0,$$

$$(13)\quad \sum \frac{dF}{dR} Dy^2 = 0, \qquad (14)\quad \sum \frac{dF}{dR} Dx\, Dz = 0,$$

$$\sum \frac{dF}{dR} Dz^2 = 0, \qquad \sum \frac{dF}{dR} Dy\, Dx = 0,$$

sont satisfaites. Cauchy a démontré que, réciproquement, si ces six relations sont satisfaites, la pression extérieure est nulle. Dans la suite du cours nous serons amenés à démontrer cette réciproque.

11. Le troisième terme U'_2 du développement de U' par rapport aux quantités ξ a pour expression, si on néglige les termes du troisième et du quatrième degré en $D\xi$:

$$(15)\quad U'_2 = \sum \frac{dF}{dR} \rho_2 + \frac{1}{2} \sum \frac{d^2F}{dR^2} \rho_1^2 + \sum \frac{d^2F}{dR\, dR'} \rho_1 \rho'_1.$$

En substituant cette valeur de U'_2 dans la relation (7), on obtient :

$$U = U_2 = U''_2 + \sum \frac{dF}{dR} \rho_2 + \frac{1}{2} \sum \frac{d^2F}{dR^2} \rho_1^2 + \sum \frac{d^2F}{dR\, dR'} \rho_1 \rho'_1.$$

Le premier terme, U''_2, de cette expression ne jouera en général aucun rôle dans l'élasticité; il ne dépend, en effet, que des pressions extérieures et ne peut provenir que des déplacements des molécules superficielles. Or, quand on étudie le mouvement dans un milieu indéfini, on est conduit à admettre que les quantités ξ sont nulles à l'infini; en outre, dans un milieu limité, les conséquences déduites des calculs dans lesquels la quantité U''_2 est supposée nulle, rigoureusement vraies pour les portions du milieu situées à une certaine distance des surfaces extérieures, sont à peine modifiées pour les portions voisines de ces surfaces.

Le second terme

$$\sum \frac{dF}{dR}\rho_2 = \sum \frac{dF}{dR}(D\xi^2 + D\eta^2 + D\zeta^2)$$

est nul dans un cas, celui où on suppose la pression extérieure nulle dans l'état d'équilibre. Cette propriété sera démontrée plus loin.

Quant au troisième terme, il subsiste dans tous les cas.

Enfin, le quatrième terme, $\sum \frac{d^2F}{dRdR'}\rho_1\rho_1'$, disparaît dans l'hypothèse des forces centrales. Nous avons vu (6) que cette hypothèse réduisait la fonction U' à une somme de termes dont chacun ne dépendait que d'une seule quantité. En différentiant la relation (5) par rapport à R, on obtient :

$$\frac{dU'}{dR} = \frac{df(R)}{dR},$$

et, comme la fonction $f(R)$ est indépendante de R', une nouvelle différentiation par rapport à R' donnera pour résultat :

$$\frac{d^2U'}{dR'dR} = \frac{d^2F}{dRdR'} = \frac{d}{dR'} \cdot \frac{df(R)}{dR} = 0.$$

Le quatrième terme de la fonction U est donc nul dans ce cas.

12. Troisième hypothèse.—Nous allons maintenant introduire dans notre étude une nouvelle hypothèse. Nous supposerons que les molécules des corps, extrêmement nombreuses et séparées par des intervalles très petits, n'exercent leurs actions mutuelles qu'à des distances très petites. La distance maxima à laquelle ces actions peuvent s'exercer s'appelle le rayon d'activité moléculaire.

L'introduction de cette hypothèse va nous permettre de simplifier l'expression de la fonction U'. Considérons un certain volume occupé par le milieu élastique et divisons ce volume en deux parties R et R' (*fig.* 1). La fonction des forces U' dues aux actions mutuelles des molécules du volume total pourra être considérée comme la somme des trois quantités suivantes: 1° du potentiel V, relatif aux actions mutuelles des molécules du volume R; 2° du potentiel V', dû aux actions mutuelles des molécules du volume R'; 3° enfin, du potentiel résultant de l'action des molécules du volume R sur les molécules du volume R'. Ce dernier potentiel est très petit. En effet, les molécules réagissant l'une sur l'autre doivent être à une distance moindre que le rayon de la sphère d'activité moléculaire; par suite, les molécules du volume R agissant sur celles du volume R' et les molécules du volume R' agissant sur celle du volume R seront comprises à l'intérieur d'un volume limité par deux surfaces parallèles à la surface de séparation de R et de R' et situées à une distance de cette surface égale au rayon d'activité moléculaire. Ce volume sera négligeable par rapport à R et à R', et, si nous admettons que le nombre des molécules d'un milieu est proportionnel au volume qu'elles occupent, les molécules de chacun des volumes R et R' qui réagissent sur les molécules de l'autre volume seront en nombre

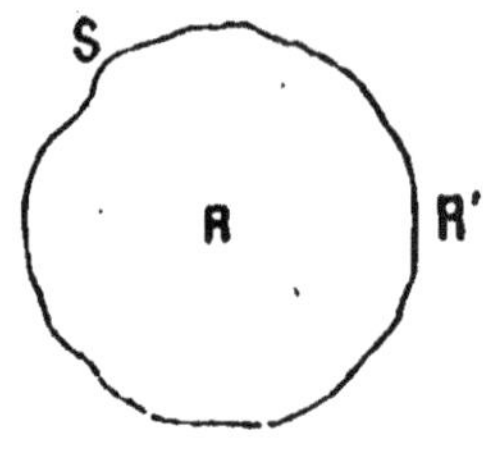

Fig. 1.

négligeable par rapport aux molécules contenues dans R ou dans R'. Par conséquent, le potentiel dû à l'action des molécules du volume R sur celles du volume R' pourra être négligé vis à vis de V et V'; on aura :

$$U' = V + V'.$$

Ce raisonnement subsiste d'ailleurs si on divise le volume occupé par le milieu élastique en un nombre infiniment grand de volumes infiniment petits, pourvu que les dimensions de ces volumes élémentaires restent infiniment grandes par rapport au rayon d'activité moléculaire; cela sera toujours possible puisque ce rayon est un infiniment petit en valeur absolue. En désignant par $d\tau$ un de ces éléments de volume, par $Wd\tau$ le potentiel dû aux actions mutuelles des molécules situées à l'intérieur de cet élément, le potentiel des forces intérieures du volume total sera :

$$(16) \qquad U' = \int W d\tau.$$

13. Nous pouvons développer W suivant les puissances croissantes des ξ, et, en négligeant les termes d'un degré supérieur au second, nous aurons :

$$W = W_0 + W_1 + W_2.$$

Le terme constant W_0 peut être supposé nul et la relation (16) nous donnera :

$$(17) \qquad U'_1 = \int W_1 d\tau,$$

$$(18) \qquad U'_2 = \int W_2 d\tau.$$

La fonction des forces U qui entre dans les équations du mouvement deviendra, en tenant compte de la relation (7) :

$$(19) \qquad U = U_2'' + \int W_2 d\tau.$$

Nous pouvons aussi développer la fonction W suivant les puissances croissantes des ρ, comme nous l'avons fait pour la fonction U' ; et, en nous reportant à la formule (15), nous écrirons :

$$(20) \quad W_2 = \sum \frac{dF}{dR} \rho_2 + \frac{1}{2} \sum \frac{d^2F}{dR^2} \rho_1^2 + \sum \frac{d^2F}{dR dR'} \rho_1 \rho_1',$$

la sommation s'étendant seulement aux molécules de l'élément $d\tau$.

La quantité ρ_1 étant homogène et linéaire par rapport aux quantités $D\xi$, $D\eta$, $D\zeta$. et ρ_2 étant homogène et du second degré par rapport à ces mêmes quantités, il résulte de l'expression précédente que W_2 est une fonction homogène et du second degré de $D\xi$, $D\eta$, $D\zeta$.

14. Nouvelles hypothèses. — Nous admettrons que les déplacements ξ, η, ζ, sont des fonctions continues des coordonnées x, y, z de la molécule dans la position d'équilibre, et qu'il en est de même de leurs dérivées successives. Cette hypothèse est légitime ; car, s'il en était autrement et si le déplacement relatif de deux molécules très voisines n'était pas très petit, il en résulterait des réactions élastiques très considérables qui ne permettraient pas à un pareil état de choses de subsister.

La continuité des fonctions ξ et de leurs dérivées étant admise, nous pouvons développer ces fonctions suivant les puissances croissantes des variables x, y, z, et nous aurons :

$$D\xi = \frac{d\xi}{dx}Dx + \frac{d\xi}{dy}Dy + \frac{d\xi}{dz}Dz + \frac{1}{2}\left[\frac{d^2\xi}{dx^2}Dx^2 + \frac{d^2\eta}{dy^2}Dy^2 + \ldots\right]\ldots$$

Les quantités Dx, Dy, Dz, qui sont les accroissements des coordonnées quand on passe d'une molécule à une molécule voisine, sont de l'ordre du rayon d'activité moléculaire; les carrés de ces quantités seront des infiniment petits qu'en général on pourra supprimer. Nous verrons cependant qu'on n'a pas toujours le droit de faire disparaître ces carrés, et que l'une des théories données pour l'explication de la dispersion de la lumière nécessite leur conservation. En les supprimant, $D\xi$, $D\eta$, $D\zeta$ sont données par des fonctions linéaires et homogènes des neuf dérivées partielles :

$$\frac{d\xi}{dx}, \frac{d\xi}{dy}, \frac{d\xi}{dz}, \frac{d\eta}{dx}, \ldots$$

On a :

$$(21) \qquad \begin{aligned} D\xi &= \frac{d\xi}{dx}Dx + \frac{d\xi}{dy}Dy + \frac{d\xi}{dz}Dz \\ D\eta &= \frac{d\eta}{dx}Dx + \frac{d\eta}{dy}Dy + \frac{d\eta}{dz}Dz \\ D\zeta &= \frac{d\zeta}{dx}Dx + \frac{d\zeta}{dy}Dy + \frac{d\zeta}{dz}Dz \end{aligned}$$

15. Étude de la fonction W_2. — Nous avons vu (**18**) que W_2 était une fonction homogène du second degré par rapport aux quantités $D\xi$, $D\eta$, $D\zeta$; c'est donc aussi une fonction homogène et du second ordre par rapport aux neuf dérivées partielles $\frac{d\xi}{dx}$, $\frac{d\xi}{dy}$,..., dérivées que nous représenterons souvent dans la suite par la notation de Lagrange : ξ'_x ξ'_y ξ'_z.... Une forme quadratique à neuf variables indépendantes contient neuf termes carrés et un nombre de termes rectangles égal au nombre des combinaisons de neuf objets deux à deux : $\frac{9\times 8}{2}=36$; elle peut donc renfermer quarante-cinq coefficients arbitraires. Nous allons chercher le nombre des coefficients de la fonction W_2.

Considérons d'abord le premier terme $\sum \frac{dF}{dR}\rho_2$ de cette fonction développée suivant la formule (20). Les termes en ξ'^2_x qui entrent dans $\sum \frac{dF}{dR}\rho_2$ ne peuvent provenir que de $D\xi^2$, car, ni $D\eta$, ni $D\zeta$ ne renferment ξ'_x. Or on a, en élevant au carré les deux membres de la première des relations (21) :

$$D\xi^2 = \left(\frac{d\xi}{dx}\right)^2 Dx^2 + \left(\frac{d\xi}{dy}\right)^2 Dy^2 + \left(\frac{d\xi}{dz}\right)^2 Dz^2 + 2\frac{d\xi}{dx}\frac{d\xi}{dy} Dx Dy + \dots ;$$

et le coefficient de ξ'^2_x dans $\sum \frac{dF}{dR}\rho_2$ est :

$$\sum \frac{dF}{dR} Dx^2.$$

On trouverait la même quantité pour le coefficient de η'^2_x et de ζ'^2_x. Les coefficients des carrés des neuf dérivées partielles se réduisent donc à trois :

$$\sum \frac{dF}{dR} Dx^2, \qquad \sum \frac{dF}{dR} Dy^2, \qquad \sum \frac{dF}{dR} Dz^2.$$

Le coefficient du double produit $2\frac{d\xi}{dx}\frac{d\xi}{dy}$ est $\sum\frac{dF}{dR}\mathrm{D}x\mathrm{D}y$. Il est facile de voir, en développant les carrés de $\mathrm{D}\eta$ et de $\mathrm{D}\zeta$, que les produits $2\frac{d\eta}{dx}\frac{d\eta}{dy}$, $2\frac{d\zeta}{dx}\frac{d\zeta}{dy}$, ont pour coefficients cette même quantité. Les coefficients des neuf doubles produits qui entrent dans $\sum\frac{dF}{dR}\rho_2$ se réduisent donc aux trois suivants :

$$\sum\frac{dF}{dR}\mathrm{D}x\mathrm{D}y, \qquad \sum\frac{dF}{dR}\mathrm{D}y\mathrm{D}z, \qquad \sum\frac{dF}{dR}\mathrm{D}z\mathrm{D}x.$$

Par conséquent le premier terme de W_2 ne contient que six coefficients arbitraires. Ces six coefficients sont nuls quand on suppose la pression extérieure nulle dans l'état d'équilibre, ainsi que nous l'avons établi au n° **10**.

16. Les deux derniers termes de W_2 sont homogènes en ρ_1 et ρ_1'. En remplaçant, dans l'expression de ρ_1

$$\rho_1 = 2(\mathrm{D}x\mathrm{D}\xi + \mathrm{D}y\mathrm{D}\eta + \mathrm{D}z\mathrm{D}\zeta),$$

$\mathrm{D}\xi$, $\mathrm{D}\eta$, $\mathrm{D}\zeta$ par leurs valeurs (21), on trouve :

$$(22) \quad \frac{1}{2}\rho_1 = \frac{d\xi}{dx}\mathrm{D}x^2 + \frac{d\eta}{dy}\mathrm{D}y^2 + \frac{d\zeta}{dz}\mathrm{D}z^2 + \left(\frac{d\xi}{dy}+\frac{d\eta}{dx}\right)\mathrm{D}x\mathrm{D}y + \left(\frac{d\eta}{dz}+\frac{d\zeta}{dy}\right)\mathrm{D}y\mathrm{D}z + \left(\frac{d\zeta}{dx}+\frac{d\xi}{dz}\right)\mathrm{D}z\mathrm{D}x;$$

c'est-à-dire que ρ_1 est une fonction linéaire et homogène des six quantités

$$\frac{d\xi}{dx}, \quad \frac{d\eta}{dy}, \quad \frac{d\zeta}{dz}, \quad \frac{d\xi}{dy}+\frac{d\eta}{dx}, \quad \frac{d\eta}{dz}+\frac{d\zeta}{dy}, \quad \frac{d\zeta}{dx}+\frac{d\xi}{dz}.$$

La somme des deux derniers termes de W_2 est donc une fonction homogène et du second degré de ces six quantités; par suite elle ne contiendra que 21 coefficients arbitraires (6 coefficients pour les carrés et 15 pour les doubles produits).

17. Nous voyons déjà que, dans le cas le plus général, la fonction W_2 ne contiendra que $21+6=27$ coefficients arbitraires, nombre qui se réduira à 21 quand la pression extérieure sera nulle dans l'état d'équilibre.

Dans l'hypothèse des forces centrales, nous avons vu (**11**) que l'on avait :

$$\frac{d^2F}{dRdR'}=0.$$

Le troisième terme du développement (20) de W_2 disparaît, et si, dans le second terme, on remplace ρf par sa valeur tirée de la relation (22), on constate que, parmi les 21 coefficients, six sont égaux deux à deux. Ainsi on a :

$$\text{coef. de}\left(\frac{d\xi}{dy}+\frac{d\eta}{dx}\right)^2=\text{coef. de } 2\frac{d\xi}{dx}\frac{d\eta}{dy},$$

$$\text{coef. de } 2\frac{d\zeta}{dz}\left(\frac{d\xi}{dy}+\frac{d\eta}{dx}\right)=\text{coef. de} 2\left(\frac{d\eta}{dz}+\frac{d\zeta}{dy}\right)\left(\frac{d\zeta}{dx}+\frac{d\xi}{dz}\right).$$

Le nombre des coefficients arbitraires se trouve alors réduit à 15.

En résumé, nous aurons dans W_2 :

1° 27 coefficients arbitraires dans le cas général;

2° 21 coefficients quand la pression extérieure est nulle dans l'état d'équilibre et que les forces ne sont pas centrales ;

3° 21 coefficients quand les forces sont centrales et la

pression extérieure différente de zéro dans l'état d'équilibre (hypothèses de Cauchy) ;

4°. 15 coefficients quand les forces sont centrales et la pression extérieure nulle dans l'état d'équilibre.

La valeur de ces coefficients, dans un milieu quelconque, dépendra en général des coordonnées du centre de gravité de l'élément de volume $d\tau$. Pour simplifier la question et nous placer dans le cas le plus ordinaire, nous supposerons le milieu homogène : les coefficients deviendront des constantes.

18. Fonctions isotropes. — Un milieu homogène est dit isotrope quand, dans ce milieu, toutes les directions sont identiques. L'éther dans le vide, les corps gazeux, les liquides, les solides amorphes sont isotropes ; les solides cristallisés ne le sont pas. De cette définition il résulte que, dans un isotrope, un plan quelconque est un plan de symétrie ; en particulier les plans de coordonnées sont des plans de symétrie. Les équations du mouvement et, par suite, la fonction W_2 ne doivent pas changer quand on substitue $-x$ et $-\xi$ à x et ξ, ou $-y$ et $-\eta$ à y et η, ou enfin $-z$ et $-\zeta$ à z et ζ. Remarquons d'ailleurs que les corps isotropes ne sont pas les seuls qui jouissent de cette propriété ; elle appartient à tous les corps cristallisés qui possèdent trois plans de symétrie rectangulaires, c'est-à-dire aux corps cristallisés appartenant aux quatre premiers systèmes cristallins. Pour ces corps et les isotropes la fonction W_2 ne doit pas contenir de termes changeant de signe par l'une des trois substitutions précédentes ; il est facile de reconnaître que les termes qui peuvent subsister forment quatre groupes :

1° les termes carrés de la forme $\frac{d\xi^2}{dx^2}$; 2° ceux de la forme

$\frac{d\xi^2}{dy^2}$; 3° les termes rectangles tels que $\frac{d\xi}{dx}\frac{d\eta}{dy}$; 4° le terme $\frac{d\xi}{dy}\frac{d\eta}{dx}$ et ceux qu'on en déduit par permutation.

Dans les corps isotropes et les corps cristallisés du système cubique, tous les termes d'un même groupe ont le même coefficient. En effet, dans ces corps les trois directions des axes de coordonnées jouent le même rôle ; par conséquent, nous pouvons permuter deux des axes ou les trois axes sans changer W_2, c'est-à-dire que W_2 doit conserver la même valeur quand on y permute, par exemple, x et y, ξ et η. Pour qu'il en soit ainsi il faut que les coefficients des termes $\frac{d\xi^2}{dx^2}$, $\frac{d\eta^2}{dy^2}$, $\frac{d\zeta^2}{dz^2}$ soient les mêmes ; par suite, les termes du premier groupe entrent dans la fonction W_2 par leur somme :

$$\frac{d\xi^2}{dx^2}+\frac{d\eta^2}{dy^2}+\frac{d\zeta^2}{dz^2}.$$

Comme il en est de même pour les termes des trois autres groupes, la fonction W_2 est la somme de quatre polynômes, homogènes et du second degré par rapport aux neuf dérivées partielles, multipliés respectivement par des coefficients numériques. Ces quatre polynômes sont :

$$\xi'^2_x+\eta'^2_y+\zeta'^2_z$$

$$\xi'^2_y+\xi'^2_z+\eta'^2_x+\eta'^2_z+\zeta'^2_x+\zeta'^2_y$$

$$\xi'_x\,\eta'_y+\xi'_x\,\zeta'_z+\eta'_y\,\zeta'_z$$

$$\xi'_y\,\eta'_x+\xi'_z\,\zeta'_x+\eta'_z\,\zeta'_y.$$

19. Il reste à chercher si ces quatre polynômes indépendants subsisteront dans le cas d'un corps parfaitement isotrope. Nous allons montrer qu'ils se réduisent à trois que nous appellerons polynômes isotropes.

Puisque dans un corps isotrope toutes les directions sont identiques, l'expression d'un polynôme isotrope ne doit pas changer quand on fait un changement quelconque de coordonnées en conservant la même origine ; la forme d'un polynôme isotrope doit être indépendante du choix des axes.

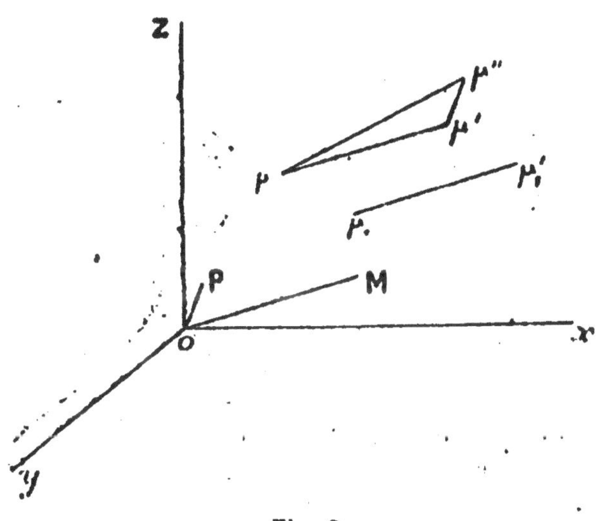

Fig. 2.

Soient x, y, z les coordonnées d'une molécule μ (*fig.* 2) d'un milieu isotrope ; $x + Dx$, $y + Dy$, $z + Dz$ celles d'une molécule voisine μ'. Lorsque la molécule μ sera dérangée de sa position d'équilibre, elle viendra en μ_1 dont les coordonnées sont $x + \xi$, $y + \eta$, $z + \zeta$; la molécule μ' occupera le point μ'_1 de coordonnées $x + \xi + Dx + D\xi$, $y + \eta + Dy + D\eta$, $z + \zeta + Dz + D\zeta$. Par le point μ menons la droite $\mu\mu''$ égale et parallèle à $\mu_1 \mu'_1$, et joignons μ' à μ''. Par le point O, origine des coordonnées, traçons une droite OM égale et parallèle à $\mu\mu'$ et une droite OP égale et parallèle à $\mu'\mu''$; les coordonnées du point M seront Dx, Dy, Dz; celles du point P seront $D\xi$, $D\eta$, $D\zeta$. En désignant par l la longueur de la droite OP, nous aurons :

$$(23) \qquad l^2 = D\xi^2 + D\eta^2 + D\zeta^2,$$

et comme, d'après les équations (21), $D\xi$, $D\eta$, $D\zeta$ sont des fonctions homogènes et du premier degré par rapport à Dx, Dy, Dz, l^2 est une fonction homogène et du second degré par rapport aux coordonnées du point M. Par suite le lieu des points M tels que la longueur OP reste constante est un ellipsoïde dont le centre est en O. Le milieu étant isotrope on doit trouver le même ellipsoïde, quelle que soit la direction des axes. L'équation de l'ellipsoïde dépendra naturellement du choix des axes ; mais l'ellipsoïde lui-même ne changera pas quand on changera les trois plans de coordonnées. Or on sait que, si un ellipsoïde est fixe dans l'espace, il existe certaines fonctions des coefficients de son équation, connues sous le nom d'invariants, qui sont indépendantes du choix des axes ; elles devront être des fonctions isotropes. L'un des invariants est la somme des carrés des coefficients des termes carrés. Pour le trouver, remplaçons dans l'équation (23) les quantités $D\xi$, $D\eta$, $D\zeta$ par les valeurs (21). Nous aurons entre les coordonnées Dx, Dy, Dz du point M une relation qui sera précisément l'équation de notre ellipsoïde et nous obtiendrons pour le coefficient de Dx^2 la somme :

$$\xi'^2_x + \eta'^2_x + \zeta'^2_x ;$$

celui de Dy^2 sera :

$$\xi'^2_y + \eta'^2_y + \zeta'^2_y;$$

et celui de Dz^2 :

$$\xi'^2_z + \eta'^2_z + \zeta'^2_z.$$

La somme de ces trois coefficients sera donc une fonction isotrope. Nous la désignerons par H ; ce sera la somme des carrés des neuf dérivées partielles

$$(24) \quad H = \sum \xi'^2_x.$$

20. Pour trouver d'autres fonctions isotropes, considérons le cas où les molécules μ et μ' se déplacent de façon que la droite $\mu\mu'$ reste toujours parallèle à elle-même : les droites OP et OM sont parallèles, et, en désignant par α le rapport de leurs longueurs, on a :

$$D\xi = \alpha Dx, \qquad D\eta = \alpha Dy, \qquad D\zeta = \alpha Dz.$$

Si on porte ces valeurs dans les équations (21) du n° **14**, on obtient :

$$\begin{aligned} \alpha Dx &= \xi'_x\, Dx + \xi'_y\, Dy + \xi'_z\, Dz, \\ \alpha Dy &= \eta'_x\, Dx + \eta'_y\, Dy + \eta'_z\, Dz, \\ \alpha Dz &= \zeta'_x\, Dx + \zeta'_y\, Dy + \zeta'_z\, Dz, \end{aligned}$$

et l'élimination de Dx, Dy, Dz entre ces équations conduit au déterminant :

$$\begin{vmatrix} \xi'_x - \alpha & \xi'_y & \xi'_z \\ \eta'_x & \eta'_y - \alpha & \eta'_z \\ \zeta'_x & \zeta'_y & \zeta'_z - \alpha \end{vmatrix} = 0.$$

Cette équation déterminera α. Or cette quantité est évidemment indépendante du choix des axes de coordonnées, par conséquent les coefficients de cette équation en α sont des invariants. Le coefficient du terme en α^2 est :

$$\xi'_x + \eta'_y + \zeta'_z.$$

Nous désignerons cette nouvelle fonction isotrope par Θ, et, comme elle entrera au second degré dans la fonction W_2, nous considérerons son carré :

$$(25) \qquad \Theta^2 = (\xi'_x + \eta'_y + \zeta'_z)^2.$$

21. Cette fonction Θ a une signification géométrique intéressante.

Le volume d'une portion du milieu élastique dans sa position d'équilibre a pour expression :

$$\int\int\int dxdydz.$$

Par suite de la déformation du milieu, les coordonnées du centre de gravité de chaque élément du volume deviennent $x + \xi$, $y + \eta$, $z + \zeta$, et le volume de la portion considérée prend pour valeur :

$$\int\int\int (dx + d\xi)(dy + d\eta)(dz + d\zeta).$$

Rappelons que, si l'on a une intégrale

$$\int\int\int F(x, y, z) dxdydz$$

où x, y, z sont des fonctions de trois nouvelles variables α, β, γ, cette intégrale devient, lorsqu'on prend pour variables α, β, γ :

$$\int\int\int \Phi(\alpha,\beta,\gamma)\frac{D(x,y,z)}{D(\alpha,\beta,\gamma)}d\alpha.d\beta.d\gamma,$$

$\frac{D(x,y,z)}{D(\alpha,\beta,\gamma)}$ désignant le déterminant fonctionnel de x, y, z par rapport à α, β, γ. En nous appuyant sur ce théorème nous aurons, pour l'expression du volume après la déformation :

$$\int\int\int \frac{D[(x+\xi),(y+\eta),(z+\zeta)]}{D(x,y,z)}\,dx\,dy\,dz.$$

Le déterminant fonctionnel qui entre dans cette intégrale a pour valeur :

$$\begin{vmatrix} 1+\xi'_x & \xi'_y & \xi'_z \\ \eta'_x & 1+\eta'_y & \eta'_z \\ \zeta'_x & \zeta'_y & 1+\zeta'_z \end{vmatrix}$$

et si, dans le développement de ce déterminant, on néglige les puissances des dérivées qui sont supérieures au premier degré, on obtient :

$$1+\xi'_x+\eta'_y+\zeta'_z,$$

c'est-à-dire

$$1+\Theta.$$

Si nous portons cette valeur du déterminant fonctionnel dans l'intégrale qui donne le volume après la déformation, nous obtenons :

$$\int\int\int (1+\Theta)\,dx\,dy\,dz.$$

Un élément de volume $dxdydz$ devient donc, après la déformation, $(1+\Theta)dxdydz$; par suite Θ est le coefficient de dilatation cubique du milieu.

22. Revenons à notre équation en α. Le coefficient du terme en $-\alpha$ est :

$$(26)\quad K = \xi'_x \eta'_y - \xi'_y \eta'_x + \eta'_y \zeta'_z - \eta'_z \zeta'_y + \zeta'_z \xi'_x - \zeta'_x \xi'_z.$$

C'est un troisième polynôme isotrope qui peut s'écrire :

$$K = \frac{D(\xi,\eta)}{D(x,y)} + \frac{D(\eta,\zeta)}{D(y,z)} + \frac{D(\zeta,\xi)}{D(z,x)}.$$

23. Les trois polynômes isotropes du second degré, H, Θ^2, K, sont trois polynômes indépendants. Il ne peut y en avoir d'autres, car, s'il y en avait quatre, tous les corps jouissant de la symétrie cubique, pour laquelle la fonction W_2 est une somme de quatre polynômes du second degré et indépendants, jouiraient en même temps de l'isotropie. D'ailleurs le premier des polynômes qui entre dans W_2, dans le cas des corps à symétrie cubique (18) :

$$\xi'^2_x + \eta'^2_y + \zeta'^2_z$$

n'est pas un polynôme isotrope, car il change quand on fait tourner les axes, comme il est facile de s'en convaincre en faisant tourner les axes des x et des y de 45° dans le plan des xy.

24. Expression de W_2 dans le cas des corps isotropes. — La fonction W_2 ne peut contenir que les trois polynômes isotropes que nous venons de trouver, et comme cette fonction est homogène et du second degré par rapport aux neuf dérivées partielles ξ'_x, ξ'_y,..., elle doit être linéaire et homogène par rapport aux trois polynômes isotropes qui sont eux-mêmes homogènes et du second degré par rapport aux neuf dérivées partielles; elle sera de la forme

$$(27) \qquad W_2 = \lambda K + \mu H + \nu \Theta^2.$$

Comparons cette expression au développement (20) de cette même fonction. Le premier terme de ce développement et l'ensemble des deux derniers devront être séparément isotropes, car, dans un milieu isotrope, toute fonction symétrique des distances mutuelles des points occupés par les molécules avant et après le déplacement doit être une fonction isotrope.

Considérons d'abord le premier terme $\sum \frac{dF}{dR}\rho_2$ de cette expression ; nous allons démontrer qu'il est égal au polynôme H multiplié par un facteur constant.

Dans l'étude de la fonction W_2 (**15**) nous avons vu que, si on remplaçait dans le premier terme du développement de cette fonction les quantités $D\xi$, $D\eta$, $D\zeta$ par leurs valeurs données par les relations (21), nous obtenions pour ce terme un polynôme homogène et du second degré par rapport aux neuf dérivées partielles, contenant les carrés de ces dérivées et les neuf doubles produits de la forme $\frac{d\xi}{dx}\frac{d\xi}{dy}$. Mais ce terme, étant une fonction isotrope, ne peut contenir ces doubles produits qui ne rentrent pas dans les quatre groupes des termes subsistant dans le cas des corps à symétrie cubique (**18**); le premier terme de W_2 se réduit donc à un polynôme ne contenant que les carrés des dérivées partielles. Il ne peut renfermer ni Θ ni K, car dans la fonction K se trouvent des doubles produits tels que $\xi'_y \eta'_x$ ne pouvant se réduire avec les doubles produits de Θ^2 qui ne sont pas de cette forme. Nous devons donc avoir :

$$\sum \frac{dF}{dR} \rho_2 = \mu_1 H. \tag{28}$$

25. L'ensemble des deux derniers termes :

$$\frac{1}{2} \sum \frac{d^2F}{dR^2} \rho_1^2 + \sum \frac{d^2F'}{dRdR'} \rho_1 \rho'_1$$

du développement (20) de la fonction W_2 est aussi, dans le cas des corps isotropes, une fonction isotrope, et des relations (20) (27) et (28) nous déduisons l'égalité

$$\frac{1}{2} \sum \frac{d^2F}{dR^2} \rho_1^2 + \sum \frac{d^2F}{dRdR'} \rho_1 \rho'_1 = \lambda K + (\mu - \mu_1) H + \nu \Theta^2. \tag{29}$$

Dans l'étude de la fonction W_2 (**16**), nous avons montré que, dans le cas général, le premier membre de cette égalité est une fonction homogène et du second degré des six quantités :

$$\xi'_x, \quad \eta'_y, \quad \zeta'_z$$

$$\xi'_y + \eta'_x, \quad \eta'_z + \zeta'_y, \quad \zeta'_x + \xi'_z.$$

Les termes ξ'^2_y et $2\xi'_y \eta'_x$ ne peuvent provenir que du carré de la quantité $\xi'_y + \eta'_x$; par conséquent, ces termes doivent avoir même coefficient. Or le terme ξ'^2_y ne se trouve que dans la fonction H où il a le coefficient 1 ; il entrera donc dans le second membre de la relation (29) avec le coefficient $\mu - \mu_1$.

Le terme $2\xi'_y\eta'_x$ ne peut provenir que de la fonction K où il a le coefficient $-\frac{1}{2}$; son coefficient, dans le second membre de (29), sera $-\frac{\lambda}{2}$. Les deux termes considérés ayant le même coefficient dans le premier membre de la relation, il doit en être de même dans le second membre ; par suite, nous aurons:

$$(30) \qquad \mu - \mu_1 = -\frac{\lambda}{2}.$$

26. Quand on suppose que la pression extérieure est nulle dans l'état d'équilibre, le terme $\sum \frac{dF}{dR}\rho_2$ du développement (20) disparaît (**15**) ; par conséquent μ_1 est nul et la relation précédente devient :

$$(31) \qquad \mu = -\frac{\lambda}{2}.$$

Il ne reste alors que deux coefficients arbitraires dans la fonction W_2.

Dans l'hypothèse des forces centrales le terme $\sum \frac{d^2F}{dR\,dR'}\rho_1\rho'_1$ est nul (**17**), et le premier membre de la relation (29) se réduit à $\frac{1}{2}\sum \frac{d^2F}{dR^2}\rho_1^2$. Or nous avons vu que, si on remplace ρ_1^2 par sa valeur tirée de la relation (22), on obtenait

$$\text{coef. de } \left(\frac{d\xi}{dy} + \frac{d\eta}{dx}\right)^2 = \text{coef. de } 2\,\frac{d\xi}{dx}\frac{d\eta}{dy};$$

par suite, le coefficient de ξ'^2_y doit être égal à celui de $2\,\xi'_x\eta'_y$ dans le premier membre de l'égalité (29), et il doit en être de même dans le second membre. Le terme $\xi_y'^2$ s'y trouve avec le coefficient $\mu - \mu_1$; le terme $2\xi_x'\eta_y'$ entrant dans Θ^2 avec le coefficient 1 et dans K avec le coefficient $\frac{1}{2}$, il est dans le second membre de (29) avec le coefficient $\nu + \frac{\lambda}{2}$. Par conséquent, on a la relation:

$$\mu - \mu_1 = \nu + \frac{\lambda}{2}.$$

En y remplaçant $\mu - \mu_1$ par sa valeur donnée par (30), on obtient :

$$(32) \qquad \lambda + \nu = 0;$$

et le nombre des coefficients arbitraires se trouve réduit à deux.

27. En résumé, la fonction W_2 relative aux forces intérieures qui résultent de la déformation d'un milieu isotrope est une fonction homogène et du second degré des neuf dérivées des quantités ξ, qui contient au plus trois coefficients arbitraires λ, μ, ν. Le nombre de ces coefficients pouvant se réduire dans certains cas particuliers, nous aurons :

1° Trois coefficients arbitraires dans le cas général;

2° Deux coefficients quand la pression extérieure est nulle dans l'état d'équilibre et que les forces ne sont pas centrales;

3° Deux coefficients quand les forces sont centrales et la pression extérieure différente de zéro dans l'état d'équilibre (hypothèses de Cauchy);

4° Un seul coefficient quand les forces sont centrales et la pression extérieure nulle dans l'état d'équilibre, car, dans ce cas, les relations (31) et (32) sont vérifiées simultanément.

28. Expression de W_1 en fonction des dérivées partielles. — La fonction W_1 est le terme du premier degré du développement de la fonction W par rapport aux puissances croissantes des ξ (**13**); cette dernière fonction peut, comme la fonction U', être développée par rapport aux puissances croissantes des ρ, et, en nous reportant aux relations (12) et (17), nous obtiendrons :

$$W_1 = \sum \frac{dF}{dR} \rho_1,$$

la sommation s'étendant seulement aux molécules de l'élément de volume $d\tau$. En remplaçant ρ_1 par sa valeur tirée de la relation (22), la fonction W_1 devient :

$$\frac{1}{2} W_1 = \xi'_x \sum \frac{dF}{dR} Dx^2 + \eta'_y \sum \frac{dF}{dR} Dy^2 + \xi'_z \sum \frac{dF}{dR} Dz^2$$
$$+ (\xi_y + \eta'_x) \sum \frac{dF}{dR} Dx\, Dy + \dots.$$

C'est donc une fonction homogène et du premier degré par rapport aux neuf dérivées partielles.

29. Pressions extérieures. — Équations du mouvement. — Considérons une surface fermée S (*fig.* 1) divisant le milieu élastique en deux parties : l'une R intérieure à la surface, l'autre R' extérieure. Les diverses molécules de R' exercent des actions sur les molécules de R, mais, le rayon de la sphère d'activité moléculaire étant très petit, il n'y a que les molécules de R voisines de la surface qui sont soumises aux actions de R'. Ces actions peuvent être remplacées par un système de forces appliquées aux éléments $d\omega$ de la surface S et qui, en général, agiront obliquement sur l'élément considéré. Nous désignerons par

$$P_x\, d\omega, \qquad P_y\, d\omega, \qquad P_z\, d\omega,$$

les composantes suivant les trois axes de la pression s'exerçant sur l'élément $d\omega$; ce sont des forces extérieures au système, si on ne considère que le volume R limité par la surface. L'application du principe de d'Alembert et du principe des vitesses virtuelles à ce système va nous permettre de trouver les valeurs des composantes des pressions, et, en même temps, nous donner une nouvelle forme des équations du mouvement.

Si ρ est la densité d'un élément de volume $d\tau$ (la lettre ρ sera désormais exclusivement employée dans ce sens), la masse de l'élément est $\rho d\tau$, et les trois composantes de la force d'inertie qu'il faut supposer appliquée à cet élément, pour que, d'après le principe de d'Alembert, cet élément puisse être considéré comme étant en équilibre, sont :

$$-\rho d\tau \frac{d^2\xi}{dt^2}, \qquad -\rho d\tau \frac{d^2\eta}{dt^2}, \qquad -\rho d\tau \frac{d^2\zeta}{dt^2}.$$

Tous les éléments du volume R étant en équilibre sous l'action des forces effectives et des forces d'inertie, on pourra appliquer à ce volume le principe des vitesses virtuelles : dans un système en équilibre la somme des travaux virtuels est nulle. En désignant par U la fonction des forces relatives aux forces intérieures et extérieures à R, la somme des travaux virtuels de ces forces est δU; et, en appelant $\delta\xi$, $\delta\eta$, $\delta\zeta$ les projections du déplacement virtuel d'un élément $d\tau$, le travail virtuel de la force d'inertie est :

$$-\rho d\tau\left(\frac{d^2\xi}{dt^2}\delta\xi+\frac{d^2\eta}{dt^2}\delta\eta+\frac{d^2\zeta}{dt^2}\delta\zeta\right).$$

La somme des travaux de toutes les forces d'inertie sera :

$$-\int\rho d\tau\left(\frac{d^2\xi}{dt^2}\delta\xi+\frac{d^2\eta}{dt^2}\delta\eta+\frac{d^2\zeta}{dt^2}\delta\zeta\right);$$

et, d'après le principe des vitesses virtuelles, on aura :

$$(33)\qquad \delta U-\int\rho d\tau\left(\frac{d^2\xi}{dt^2}\delta\xi+\frac{d^2\eta}{dt^2}\delta\eta+\frac{d^2\zeta}{dt^2}\delta\zeta\right)=0,$$

quels que soient $\delta\xi$, $\delta\eta$, $\delta\zeta$.

Remarquons que, d'après la relation (19), nous avons :

$$\delta U=\delta U''+\int\delta W d\tau;$$

$\delta U''$ étant la somme des travaux virtuels des forces extérieures, c'est-à-dire des pressions précédemment définies, nous aurons donc :

$$\delta U''=\int d\omega\,(P_x\,\delta\xi+P_y\,\delta\eta+P_z\,\delta\zeta),$$

l'intégrale étant étendue à toute la surface S. Si on suppose que les composantes $\delta\eta$ et $\delta\zeta$ du déplacement sont nulles, le travail virtuel des forces extérieures se réduit à :

$$\delta U''=\int d\omega\,P_x\,\delta\xi.$$

La fonction W relative aux forces intérieures est une fonction des neuf dérivées partielles des ξ. Par suite du déplacement virtuel donné au système, chacune de ces dérivées varie en général, mais dans le cas particulier où l'on a $\delta\eta = \delta\zeta = 0$, les seules dérivées qui changent de valeur sont ξ'_x, ξ'_y, ξ'_z. Par conséquent :

$$\delta W = \frac{dW}{d\xi'_x}\delta\xi'_x + \frac{dW}{d\xi'_y}\delta\xi'_y + \frac{dW}{d\xi'_z}\delta\xi'_z = \sum \frac{dW}{d\xi'_x}\delta\xi'_x.$$

Or $\delta\xi'_x$ c'est-à-dire $\delta\frac{d\xi}{dx}$ est égal à $\frac{d}{dx}\delta\xi$, et l'expression de δW devient

$$\delta W = \sum \frac{dW}{d\xi'_x}\frac{d}{dx}\delta\xi.$$

Par suite, on a :

$$\delta U = \int d\omega\, P_x\,\delta\xi + \int d\tau \sum \frac{dW}{d\xi'_x}\frac{d}{dx}\delta\xi,$$

et, en portant cette valeur dans l'égalité (33) où l'on fait $\delta\eta = \delta\zeta = 0$ dans le terme relatif aux travaux des forces d'inertie, on obtient :

$$(34)\qquad \int d\omega P_x \delta\xi + \int d\tau \sum \frac{dW}{d\xi'_x}\frac{d}{dx}\delta\xi - \int \rho\, d\tau \frac{d^2\xi}{dt^2}\delta\xi = 0.$$

30. Il faut maintenant transformer cette expression qui contient à la fois $\delta\xi$ et la dérivée de cette quantité par rapport à x. Pour cela nous nous appuierons sur le lemme suivant, qui sert ordinairement à la démonstration du théorème de Green dans la théorie du potentiel :

Étant donnée une fonction F des coordonnées x, y, z d'un point, l'intégrale de la différentielle $F\alpha\, d\omega$, où α est le premier cosinus directeur de la normale à l'élément $d\omega$ d'une surface fermée S, cette intégrale étant étendue à tous les éléments de la surface S, est égale à l'intégrale de la différentielle $\frac{dF}{dx}d\tau$, étendue à tous les éléments $d\tau$ du volume R limité par la surface S.

Si nous posons :

$$F = \frac{dW}{d\xi'_x}\delta\xi,$$

nous aurons :

$$\int \frac{dW}{d\xi'_x}\alpha\,\delta\xi d\omega = \int \frac{d\,\frac{dW}{d\xi'_x}\,\delta\xi}{dx}\,d\tau\,;$$

ou, en développant l'intégrale du second membre,

$$\int \frac{dW}{d\xi'_x}\,\delta\xi\alpha\, d\omega = \int \frac{d\,\frac{dW}{d\xi'_x}}{dx}\,\delta\xi d\tau + \int \frac{dW}{d\xi'_x}\,\frac{d.\delta\xi}{dx}\,d\tau.$$

Nous obtiendrons de la même manière les deux relations :

$$\int \frac{dW}{d\xi'_y}\delta\xi\beta d\omega = \int \frac{d\frac{dW}{d\xi'_y}}{dy}\,\delta\xi d\tau + \int \frac{dW}{d\xi'_y}\,\frac{d.\delta\xi}{dy}d\tau$$

$$\int \frac{dW}{d\xi'_z}\delta\xi\gamma d\omega + \int \frac{d\frac{dW}{d\xi'_z}}{dz}\,\delta\xi d\tau + \int \frac{dW}{d\xi'_z}\,\frac{d.\delta\xi}{dz}d\tau$$

En additionnant ces trois relations membre à membre, nous

avons :

$$\int \delta\xi d\omega \sum \alpha \frac{dW}{d\xi'_x} = \int \delta\xi d\tau \sum \frac{d\frac{dW}{d\xi'_x}}{dx} + \int d\tau \sum \frac{dW}{d\xi'_x}\frac{d.\delta\xi}{dx}.$$

ou,

$$\int d\tau \sum \frac{dW}{d\xi'_x}\frac{d.\delta\xi}{dx} = \int \delta\xi d\omega \sum \alpha \frac{dW}{d\xi'_x} - \int \delta\xi d\tau \sum \frac{d\frac{dW}{d\xi'_x}}{dx}.$$

Le premier membre de cette relation est précisément le terme de l'égalité (34) qui contient la dérivée de $\delta\xi$; remplaçons ce terme par sa valeur, nous obtiendrons :

$$\int d\omega P_x \delta\xi + \int \delta\xi d\omega \sum \alpha \frac{dW}{d\xi'_x} - \int \delta\xi d\tau \sum \frac{d\frac{dW}{d\xi'_x}}{dx} - \int \rho d\tau \frac{d^2\xi}{dt^2}\delta\xi = 0;$$

ou, en réunissant sous le même signe les quantités qui subissent la même intégration,

$$\int \delta\xi d\omega \left(P_x + \sum \alpha \frac{dW}{d\xi'_x}\right) - \int \delta\xi d\tau \left(\rho \frac{d^2\xi}{dt^2} + \sum \frac{d\frac{dW}{d\xi'_x}}{dx}\right) = 0.$$

Cette égalité devant avoir lieu, quel que soit $\delta\xi$, il faut que les coefficients de $\delta\xi\, d\omega$ et de $\delta\xi\, d\tau$ soient nuls ; par conséquent, nous aurons :

(35) $$P_x = -\sum \alpha \frac{dW}{d\xi'_x},$$

$$(36) \qquad -\rho \frac{d^2\xi}{dt^2} = \sum \frac{d}{dx} \frac{dW}{d\xi'_x}.$$

31. La première de ces égalités donne la valeur de la composante de la pression suivant l'axe des x; en posant

$$-\frac{dW}{d\xi'_x} = P_{xx}, \quad -\frac{dW}{d\xi'_y} = P_{xy}, \quad -\frac{dW}{d\xi'_z} = P_{xz}.$$

l'expression de cette composante devient :

$$P_x = \alpha P_{xx} + \beta P_{xy} + \gamma P_{xz}.$$

Considérons l'une des quantités P_{xx}, qui entrent dans cette expression, on a :

$$P_{xx} = -\frac{dW}{d\xi'_x} = -\frac{dW_1}{d\xi'_x} - \frac{dW_2}{d\xi'_x}.$$

Or W_1 est une fonction linéaire et homogène des dérivées partielles, W_2 une fonction du second degré de ces mêmes quantités, donc le premier terme de P_{xx} est une constante et le second une fonction du premier degré des dérivées partielles. Lorsque le milieu est dans sa position d'équilibre, les quantités ξ sont nulles et, comme zéro est un minimum pour ces quantités, leurs dérivées ξ'_x, ξ'_y... sont nulles aussi; le second terme de P_{xx} disparaît et la valeur de P_{xx} dans la position d'équilibre est :

$$P_{xx} = -\frac{dW_1}{d\xi'_x}.$$

Si l'on se reporte à la valeur de W_1 que nous avons trouvée

(28), on voit que:

$$P_{xx} = -2\sum \frac{dF}{dR} Dx^2.$$

On trouverait que, pour la position d'équilibre du système, on a de même :

$$P_{xy} = -2\sum \frac{dF}{dR} DxDy, \qquad P_{xz} = -2\sum \frac{dF}{dR} DxDz, \ldots.$$

Ces expressions montrent que, si les six quantités

$$\sum \frac{dF}{dR} Dx^2, \qquad \sum \frac{dF}{dR} Dy^2, \qquad \sum \frac{dF}{dR} Dz^2,$$

$$\sum \frac{dF}{dR} DyDz, \qquad \sum \frac{dF}{dR} DzDx, \qquad \sum \frac{dF}{dR} DxDy,$$

sont nulles, la pression extérieure est nulle dans l'état d'équilibre. C'est la réciproque de la propriété que nous avons démontrée au n° **10**.

32. Considérons maintenant l'équation (36) qui est une des équations du mouvement; en y remplaçant W par son développement $W_1 + W_2$, elle devient :

$$-\rho \frac{d^2\xi}{dt^2} = \sum \frac{d\,\dfrac{dW_1}{d\xi'_x}}{dx} + \sum \frac{d\,\dfrac{dW_2}{d\xi'_x}}{dx}.$$

W_1 étant linéaire et homogène par rapport aux dérivées partielles, $\frac{dW_1}{d\xi'_x}$ est une constante; la dérivée de cette fonction par rapport à x est nulle et le premier terme du second membre de l'équation disparaît. Les équations du mouvement se réduiront donc à :

$$-\rho\frac{d^2\xi}{dt^2}=\sum\frac{d\frac{dW_2}{d\xi'_x}}{dx}$$

$$-\rho\frac{d^2\eta}{dt^2}=\sum\frac{d\frac{dW_2}{d\eta'_x}}{dx}$$

$$-\rho\frac{d^2\zeta}{dt^2}=\sum\frac{d\frac{dW_2}{d\zeta'_x}}{dx}.$$

33. Équations du mouvement dans les corps isotropes. — Dans le cas des corps isotropes, la fonction W_2 est donnée par la relation (27) (**24**) :

$$W_2=\lambda K+\mu H+\nu\Theta^2.$$

En portant cette valeur dans les équations du mouvement, la première de ces équations devient :

$$-\rho\frac{d^2\xi}{dt^2}=\lambda\sum\frac{d\frac{dK}{d\xi'_x}}{dx}+\mu\sum\frac{d\frac{dH}{d\xi'_x}}{dx}+\nu\sum\frac{d\frac{d\Theta^2}{d\xi'_x}}{dx}.$$

Cherchons la valeur de chacun des termes qui composent le second membre.

De la valeur de K donnée par la relation (26) (**22**) on tire :

$$\frac{dK}{d\xi'_x}=\eta'_y+\zeta'_z,\qquad \frac{dK}{d\xi'_y}=-\eta'_x,\qquad \frac{dK}{d\xi'_z}=-\zeta'_x$$

et, par suite,

$$\frac{d\frac{dK}{d\xi'_x}}{dx}=\frac{d^2\eta}{dxdy}+\frac{d^2\zeta}{dxdz},\quad \frac{d\frac{dK}{d\xi'_y}}{dy}=-\frac{d^2\eta}{dxdy},\quad \frac{d\frac{dK}{d\xi'_z}}{dz}=-\frac{d^2\zeta}{dxdz}$$

En additionnant ces dernières égalités, on obtient :

$$\sum \frac{d \frac{dK}{d\xi'_x}}{dx} = 0\,;$$

le coefficient λ disparait donc des équations du mouvement, mais il entrerait dans la valeur des pressions si l'on cherchait ces quantités dans le cas des corps isotropes.

En se reportant à la valeur de H donnée par la relation (24) :

$$H = \sum \xi'^2_x,$$

on en déduit :

$$\frac{dH}{d\xi'_x} = 2\xi'_x, \qquad \frac{dH}{d\xi'_y} = 2\xi'_y, \qquad \frac{dH}{d\xi'_z} = 2\xi'_z,$$

$$\frac{d \frac{dH}{d\xi'_x}}{dx} = 2\frac{d^2\xi}{dx^2}, \quad \frac{d \frac{dH}{d\xi'_y}}{dy} = 2\frac{d^2\xi}{dy^2}, \quad \frac{d \frac{dH}{d\xi'_z}}{dz} = 2\frac{d^2\xi}{dz^2},$$

et

$$\mu \sum \frac{d \frac{dH}{d\xi'_x}}{dx} = 2\mu\left(\frac{d^2\xi}{dx^2} + \frac{d^2\xi}{dy^2} + \frac{d^2\xi}{dz^2}\right) = 2\mu\Delta\xi.$$

Cherchons maintenant la valeur du terme contenant Θ : nous aurons

$$\frac{d\Theta^2}{d\xi'_x} = 2\Theta, \qquad \frac{d\Theta^2}{d\xi'_y} = 0, \qquad \frac{d\Theta^2}{d\xi'_z} = 0,$$

$$\frac{d \frac{d\Theta^2}{d\xi'_x}}{dx} = 2\frac{d\Theta}{dx}, \qquad \frac{d \frac{d\Theta^2}{d\xi'_y}}{dy} = 0, \qquad \frac{d \frac{d\Theta^2}{d\xi'_z}}{dz} = 0$$

et

$$\nu \sum \frac{d \frac{d\Theta^2}{d\xi'_x}}{dx} = 2\nu \frac{d\Theta}{dx}.$$

Par conséquent, les équations du mouvement deviennent :

$$(38) \qquad \begin{aligned} -\rho \frac{d^2\xi}{dt^2} &= 2\mu\Delta\xi + 2\nu \frac{d\Theta}{dx} \\ -\rho \frac{d^2\eta}{dt^2} &= 2\mu\Delta\eta + 2\nu \frac{d\Theta}{dy} \\ -\rho \frac{d^2\zeta}{dt^2} &= 2\mu\Delta\zeta + 2\nu \frac{d\Theta}{dz}. \end{aligned}$$

Elles contiennent deux coefficients arbitraires, qui se réduisent à un seul dans le cas où les forces sont centrales et la pression extérieure nulle dans l'état d'équilibre. On a vu, en effet (**27**), que l'on avait alors :

$$\mu = -\frac{\lambda}{2}, \qquad \lambda + \nu = 0,$$

ce qui donne

$$\mu = \frac{\nu}{2}.$$

34. Mouvements longitudinaux et mouvements transversaux. — Nous allons montrer que le mouvement d'une molécule d'un milieu isotrope peut être considéré comme résultant de la superposition de deux mouvements ; nous appellerons l'un, mouvement transversal, l'autre, mouvement longitudinal, et nous justifierons plus tard ces dénominations.

Prenons les équations (38), dérivons la première par rapport à x, la seconde par rapport à y, la troisième par rapport à z, et additionnons ; nous obtiendrons

$$-\rho\left(\frac{d^2\xi'_x}{dt^2}+\frac{d^2\eta'_y}{dt^2}+\frac{d^2\zeta'_z}{dt^2}\right)=2\mu\left(\Delta\frac{d\xi}{dx}+\Delta\frac{d\eta}{dy}+\Delta\frac{d\zeta}{dz}\right)$$
$$+2\nu\left(\frac{d^2\Theta}{dx^2}+\frac{d^2\Theta}{dy^2}+\frac{d^2\Theta}{dz^2}\right).$$

Or, on a, d'après la relation (25) :

$$\Theta=\xi'_x+\eta'_y+\zeta'_z,$$

par suite

$$\Delta\Theta=\Delta\xi'_x+\Delta\eta'_y+\Delta\zeta'_z=\frac{d^2\Theta}{dx^2}+\frac{d^2\Theta}{dy^2}+\frac{d^2\Theta}{dz^2},$$

et

$$\frac{d^2\Theta}{dt^2}=\frac{d^2\xi'_x}{dt^2}+\frac{d^2\eta'_y}{dt^2}+\frac{d^2\zeta'_z}{dt^2}.$$

On voit donc que la somme précédente peut s'écrire :

$$-\rho\frac{d^2\Theta}{dt^2}=2(\mu+\nu)\Delta\Theta,$$

équation différentielle à laquelle doit satisfaire la fonction Θ. Si on suppose qu'à l'origine des temps, c'est-à-dire pour $t=o$, la fonction Θ et sa dérivée par rapport au temps sont nulles, l'équation précédente montre que la dérivée seconde est encore nulle. En dérivant cette équation, on en obtiendrait une nouvelle de laquelle on conclurait facilement que la dérivée troisième de Θ par rapport au temps est nulle pour $t=0$. Les autres dérivées seraient également nulles, ce qui exige que la fonction Θ soit identiquement nulle. Les petits mouvements pour lesquels la fonction Θ est identiquement nulle sont les mouvements appelés transversaux.

35. Considérons les quantités

$$u=\frac{d\eta}{dz}-\frac{d\zeta}{dy}, \qquad v=\frac{d\zeta}{dx}-\frac{d\xi}{dz}, \qquad w=\frac{d\xi}{dy}-\frac{d\eta}{dx},$$

et cherchons l'équation différentielle qui les lie. Pour cela, différentions la seconde des équations (38) par rapport à z, la troisième par rapport à y, et retranchons : nous aurons

$$-\rho\left(\frac{d^2\eta'_z}{dt^2}-\frac{d^2\zeta'_y}{dt^2}\right)=2\mu\left(\Delta\frac{d\eta}{dz}-\Delta\frac{d\zeta}{dy}\right)+2\nu\left(\frac{d^2\Theta}{dydz}-\frac{d^2\Theta}{dydz}\right)$$

ou

$$-\rho\frac{d^2u}{dt^2}=2\mu\Delta u.$$

Nous obtiendrions de la même manière deux autres relations analogues :

$$-\rho\frac{d^2v}{dt^2}=2\mu\Delta v,$$

$$-\rho\frac{d^2w}{dt^2}=2\mu\Delta w.$$

Si, pour $t=0$, les quantités u, v, w, et leurs dérivées du premier ordre sont nulles, les relations précédentes montrent que, pour cette même valeur de t, les dérivées de second ordre le sont aussi. En différentiant ces relations, on en obtiendrait de nouvelles montrant que les dérivées du troisième ordre sont nulles pour $t = 0$. Par conséquent les fonctions u, v, w, sont identiquement nulles. Les mouvements pour lesquels il en est ainsi sont appelés mouvements longitudinaux.

36. Remarquons que les trois relations identiques

$$\frac{d\eta}{dz} - \frac{d\zeta}{dy} = 0,$$

$$\frac{d\zeta}{dx} - \frac{d\xi}{dz} = 0, \qquad \frac{d\xi}{dy} - \frac{d\eta}{dx} = 0,$$

sont les trois conditions nécessaires et suffisantes pour que la quantité

$$\xi dx + \eta dy + \zeta dz$$

soit une différentielle exacte. Dans le cas des mouvements longitudinaux, nous pouvons donc poser

$$\xi dx + \eta dy + \zeta dz = d\varphi,$$

et alors on a :

$$\xi = \frac{d\varphi}{dx}, \qquad \eta = \frac{d\varphi}{dy}, \qquad \zeta = \frac{d\varphi}{dz}.$$

37. Ces préliminaires établis, considérons un déplacement ξ, η, ζ. Pour démontrer que le mouvement peut être considéré comme résultant de la superposition d'un mouvement longitudinal et d'un mouvement transversal, il faut montrer que l'on peut avoir

$$\xi = \xi_1 + \xi_2, \qquad \eta = \eta_1 + \eta_2, \qquad \zeta = \zeta_1 + \zeta_2,$$

ξ_1, η_1, ζ_1, se rapportant à un mouvement transversal, et ξ_2, η_2, ζ_2, à un mouvement longitudinal. Nous aurons, d'après ce qui précède :

$$\xi_2 = \frac{d\varphi}{dx}, \qquad \eta_2 = \frac{d\varphi}{dy}, \qquad \zeta_2 = \frac{d\varphi}{dz},$$

et, par suite,

$$\xi = \xi_1 + \frac{d\varphi}{dx}, \qquad \eta = \eta_1 + \frac{d\varphi}{dy}, \qquad \zeta = \zeta_1 + \frac{d\varphi}{dz},$$

ξ_1, η_1, ζ_1, satisfaisant à l'équation différentielle des mouvements transversaux,

$$\frac{d\xi_1}{dx} + \frac{d\eta_1}{dy} + \frac{d\zeta_1}{dz} = 0.$$

Différentions successivement ξ, η, ζ par rapport à x, y, z et additionnons ; nous aurons

$$\frac{d\xi}{dx} + \frac{d\eta}{dy} + \frac{d\zeta}{dz} = \frac{d\xi_1}{dx} + \frac{d\eta_1}{dy} + \frac{d\zeta_1}{dz} + \frac{d^2\varphi}{dx^2} + \frac{d^2\varphi}{dy^2} + \frac{d^2\varphi}{dz^2},$$

relation qui, d'après nos hypothèses, se réduit à

$$\Theta = \Delta\varphi.$$

D'après l'équation de Poisson, la somme des dérivées secondes du potentiel en un point est égale à $-4\pi\rho$, ρ étant la densité de la matière attirante au point considéré ; on aura donc une fonction φ satisfaisant à la relation

$$\Theta = \Delta\varphi$$

en cherchant le potentiel dû à l'attraction d'une matière attirante dont la densité serait $-\frac{\Theta}{4\pi}$. Il existe toujours une telle fonction, et, par conséquent, le mouvement d'une molécule peut toujours être considéré comme résultant de la superposition d'un mouvement longitudinal et d'un mouvement transversal.

38. Équations des mouvements transversaux dans les corps isotropes. — Les équations des mouvements transversaux dans les corps isotropes s'obtiendront en faisant $\Theta = 0$ dans les équations (38) ; elles seront :

$$
(39) \qquad \begin{aligned}
-\rho \frac{d^2\xi}{dt^2} &= 2\mu\Delta\xi \\
-\rho \frac{d^2\eta}{dt^2} &= 2\mu\Delta\eta \\
-\rho \frac{d^2\zeta}{dt^2} &= 2\mu\Delta\zeta.
\end{aligned}
$$

39. Équations des mouvements longitudinaux. — Les équations des mouvements longitudinaux prennent également une forme simple. On sait que

$$\Theta = \frac{d\xi}{dx} + \frac{d\eta}{dy} + \frac{d\zeta}{dz},$$

donc

$$\frac{d\Theta}{dx} = \frac{d^2\xi}{dx^2} + \frac{d}{dy} \cdot \frac{d\eta}{dx} + \frac{d}{dz} \cdot \frac{d\zeta}{dx};$$

mais, puisque u, v, w, sont nuls, on a

$$\frac{d\eta}{dx} = \frac{d\xi}{dy} \qquad \frac{d\zeta}{dx} = \frac{d\xi}{dz},$$

d'où l'on tire :

$$\frac{d}{dy}\frac{d\eta}{dx} = \frac{d^2\xi}{dy^2} \qquad \frac{d}{dz}\frac{d\zeta}{dx} = \frac{d^2\xi}{dx^2}.$$

En portant ces valeurs dans l'expression de $\frac{d\Theta}{dx}$, on obtient

$$\frac{d\Theta}{dx} = \frac{d^2\xi}{dx^2} + \frac{d^2\xi}{dy^2} + \frac{d^2\xi}{dz^2} = \Delta\xi,$$

et si on remplace $\frac{d\Theta}{dx}$ par cette valeur dans les équations (38), on a, pour les équations des mouvements longitudinaux :

$$(40) \qquad \begin{aligned} -\rho\,\frac{d^2\xi}{dt^2} &= 2(\mu+\nu)\Delta\xi \\ -\rho\,\frac{d^2\eta}{dt^2} &= 2(\mu+\nu)\Delta\eta \\ -\rho\,\frac{d^2\zeta}{dt^2} &= 2(\mu+\nu)\Delta\zeta. \end{aligned}$$

CHAPITRE II

PROPAGATION D'UNE ONDE PLANE. — INTERFÉRENCES

40. Cas particulier du mouvement par ondes planes. — Supposons que les composantes ξ, η, ζ des déplacements qui en général sont des fonctions de x, y, z, t, ne dépendent que de z et de t. Si on considère un plan perpendiculaire à l'axe des z, les déplacements de toutes les molécules de ce plan auront, au même instant t, la même valeur, puisque le z de tous les points du plan est le même. Ce plan est le plan de l'onde.

Dans le cas des mouvements transversaux, la fonction isotrope Θ est identiquement nulle ; or puisque, dans le mouvement que nous considérons, ξ, η, ζ ne dépendent ni de x, ni de y, on a

$$\frac{d\xi}{dx} = 0, \qquad \frac{d\eta}{dy} = 0 ;$$

et, par suite, la condition $\Theta = 0$ se réduit à

$$\frac{d\zeta}{dz} = 0.$$

La composante ζ du déplacement est donc une constante ; si nous la supposons nulle, le déplacement des molécules du milieu élastique a lieu dans le plan de l'onde, ce qui justifie la dénomination de mouvements transversaux donnée aux mouvements pour lesquels on a $\Theta = 0$.

Les mouvements que nous avons appelés mouvements longitudinaux sont caractérisés par les identités suivantes (35) :

$$u = \frac{d\eta}{dz} - \frac{d\zeta}{dy} = 0, \quad v = \frac{d\zeta}{dx} - \frac{d\xi}{dz} = 0, \quad w = \frac{d\xi}{dy} - \frac{d\eta}{dx} = 0.$$

Dans le cas des ondes planes ces conditions se réduisent à

$$\frac{d\eta}{dz} = 0, \qquad \frac{d\xi}{dz} = 0.$$

Au même instant t, les composantes ξ et η des déplacements de toutes les molécules sont donc les mêmes ; si nous les supposons nulles, le déplacement des molécules a lieu suivant une perpendiculaire au plan de l'onde ; c'est pourquoi nous avons appelé mouvements longitudinaux les mouvements qui satisfont aux conditions précédentes.

41. Les équations (39) des mouvements transversaux dans les corps isotropes se simplifient dans le cas de la propagation par ondes planes ; les quantités ξ, η, ζ ne dépendant ni de x, ni de y, on a, pour le mouvement de la molécule dans le plan de l'onde,

$$-\rho \frac{d^2\xi}{dt^2} = 2\mu \frac{d^2\xi}{dz^2},$$

$$-\rho \frac{d^2\eta}{dt^2} = 2\mu \frac{d^2\eta}{dz^2}.$$

Si nous posons :

$$V = \sqrt{-\frac{2\mu}{\rho}},$$

ces équations deviennent

$$\frac{d^2\xi}{dt^2} = V^2 \frac{d^2\xi}{dz^2}$$

$$\frac{d^2\eta}{dt^2} = V^2 \frac{d^2\eta}{dz^2}.$$

En intégrant la première, nous obtenons

$$\xi = F(z - Vt) + F'(z + Vt),$$

F et F' étant des fonctions arbitraires. Le déplacement ξ d'une molécule du plan de l'onde peut donc être considéré comme la somme de deux déplacements, l'un donné par la fonction F $(z - Vt)$, l'autre par la fonction F' $(z + Vt)$.

42. La quantité V a une signification géométrique très simple. Considérons deux molécules A et A', et désignons par h la distance qui sépare les plans menés par A et A' perpendiculairement à l'axe des z ; en appelant z_0 le z du point le plus bas A, nous aurons, pour la valeur de $z - Vt$ au point A et à l'instant t_0,

$$z_0 - Vt_0.$$

Pour le point A' la valeur de cette expression, à l'instant $t_0 + \frac{h}{V}$, est

$$z_0 + h - V\left(t_0 + \frac{h}{V}\right) = z_0 - Vt_0.$$

Elle a donc la même valeur qu'au point A au temps t_0 ; par conséquent la fonction F $(z - Vt)$ prend au point A' la valeur qu'elle avait au point A à un instant antérieur de $\frac{h}{V}$. Pour un observateur se déplaçant suivant OZ avec une vitesse V, la fonction F sera une constante ; si cette fonction représente le déplacement d'une molécule, les différentes molécules rencontrées par l'observateur lui paraîtront dans la même position. Par conséquent le mouvement des molécules du milieu élastique est le même que celui qui résulterait de la propagation avec une vitesse V suivant OZ d'un déplacement de toutes les molécules d'un plan perpendiculaire à OZ ; c'est pourquoi on dit que F représente un mouvement qui se propage avec une vitesse V. Pour les mêmes raisons on dit que F' représente un mouvement se propageant avec une vitesse — V. Les mouvements transversaux peuvent donc être considérés comme résultant de la superposition de deux mouvements se propageant, en sens contraires et avec la même vitesse, en valeur absolue.

43. En posant

$$V_1 = \sqrt{-\frac{2(\mu + \nu)}{\rho}},$$

les équations (40) des mouvements longitudinaux donnent, pour le mouvement suivant la normale au plan de l'onde,

$$\frac{d^2\zeta}{dt^2} = V_1^2 \frac{d^2\zeta}{dz^2}.$$

L'intégrale générale de cette équation est

$$\zeta = F_1(z - V_1 t) + F'_1(z + V_1 t).$$

On peut donc considérer un mouvement longitudinal comme résultant de la superposition de deux mouvements se propageant avec les vitesses $+ V_1$ et $- V_1$.

44. Quand la pression extérieure est nulle dans l'état d'équilibre et que les forces qui s'exercent entre les molécules sont centrales, les vitesses V et V_1 dépendent l'une de l'autre. On a vu en effet (**27**) que, dans ces conditions, λ, μ et ν sont liées par les relations

$$\mu = -\frac{\lambda}{2}, \qquad \lambda + \nu = 0.$$

En éliminant λ, on obtient

$$\nu = 2\mu\,;$$

et en portant cette valeur de ν dans les expressions de V et V_1, on arrive à la relation

$$V_1^2 = 3V^2.$$

Dans tous les autres cas les vitesses V et V_1 sont indépendantes.

45. Hypothèses sur les propriétés de l'éther. — L'expérience montre que les vibrations de l'éther sont toujours transversales. Pour tenir compte de ce fait expérimental on peut faire plusieurs hypothèses.

Première hypothèse. On peut admettre que l'éther est susceptible de propager les vibrations transversales et les vibrations longitudinales, mais que ces dernières n'impressionnent ni la rétine, ni les papiers photographiques, ni les instruments employés dans la chaleur rayonnante. Cette hypothèse est contredite par les expériences de Fresnel sur la réflexion et la réfraction de la lumière ; ces expériences montrent en effet que la force vive du rayon incident se retrouve tout entière dans les rayons réfléchi et réfracté transversaux.

46. *Seconde hypothèse.* On peut supposer que l'on a $V_1=0$, c'est-à-dire, d'après la valeur de cette quantité, que l'on a

$$\mu=-\nu.$$

En nous reportant (34) à l'équation différentielle

$$-\rho\frac{d^2\Theta}{dt^2}=2(\mu+\nu)\Delta\Theta,$$

nous voyons que cette hypothèse exige que l'on ait $\frac{d^2\Theta}{dt^2}=0$. Si, à l'origine des temps, la fonction Θ et sa dérivée $\frac{d\Theta}{dt}$ sont nulles, la fonction Θ est identiquement nulle, comme nous l'avons déjà montré (34); dans le cas contraire, la condition $\frac{d^2\Theta}{dt^2}=0$ donne, pour la forme de Θ,

$$\Theta=at+b.$$

Si a est différent de zéro, la fonction Θ croîtra au-delà de toute limite avec le temps. Or Θ représente l'accroissement de l'unité de volume du milieu (31) ; par conséquent un volume d'éther, aussi petit qu'on voudra, à l'origine des temps, pourra, au bout d'un temps suffisamment long, devenir plus grand que toute quantité donnée. C'est là une conséquence singulière de l'hypothèse ; cependant, il ne faut pas y attacher trop d'importance car si l'augmentation de volume du milieu élastique devenait trop grande, les quantités ξ, η, ζ ne pourraient plus être considérées comme très petites et nous sortirions des conditions dans lesquelles nous nous sommes placés au commencement de cette étude (2). Cette hypothèse permet d'expliquer tous les phénomènes connus en Optique;

de plus elle conduit aux mêmes équations que celles qui résultent de la théorie électro-magnétique de la lumière ; c'est cette hypothèse que nous adopterons de préférence.

47. *Troisième hypothèse.* Elle consiste à admettre que la vitesse de propagation V_1 des mouvements longitudinaux est imaginaire, c'est-à-dire que l'on a

$$\mu + \nu > 0.$$

Cette hypothèse rend mieux compte que la première de la réflexion et de la réfraction de la lumière ; mais elle conduit à admettre que la position d'équilibre du milieu élastique n'est pas toujours stable. Si l'équilibre est stable, le second terme U_2 du développement de la fonction U par rapport aux ξ doit être négatif ou nul. Or, nous avons trouvé (**18**) :

$$U_2 = U_2'' + \int W_2 d\tau$$

et, dans le cas des corps isotropes, on a (**24**) :

$$W_2 = \lambda K + \mu H + \nu \Theta^2.$$

Si nous considérons le cas particulier où toutes les dérivées partielles ξ'_x, η'_x.... sont nulles à l'exception de ζ'_z, que nous supposerons égale à l'unité, les fonctions isotropes H, K, Θ^2, dont nous avons trouvé les valeurs, deviennent :

$$K = 0 \qquad H = 1 \qquad \Theta^2 = 1.$$

On a donc

$$W_2 = \mu + \nu ;$$

c'est-à-dire que W_2 est une quantité positive. L'intégrale qui entre dans l'expression de U_2 est positive, et par conséquent l'équilibre est instable ; mais, dans l'ignorance où nous sommes de la véritable nature de l'éther, nous ne devons attacher qu'une importance secondaire aux objections tirées de la théorie de l'élasticité.

48. *Quatrième hypothèse.* On peut admettre que les molécules de l'éther ne sont pas libres, qu'elles sont soumises à des liaisons telles que l'on ait $\Theta = 0$. Cette condition revient à supposer que l'éther est incompressible. Cette hypothèse de l'incompressibilité de l'éther est, pour ainsi dire, inverse de la seconde hypothèse, qui conduit à admettre que Θ peut devenir aussi grand qu'on le veut, en d'autres termes que la résistance de l'éther à la compression est nulle. Fresnel a adopté tantôt l'une, tantôt l'autre de ces hypothèses ; dans ses calculs il suppose, souvent implicitement, tantôt que cette résistance à la compression est nulle, tantôt qu'elle est infinie.

49. Equations du mouvement dans l'éther. — Admettons que l'on a $\mu + \nu = o$, et posons

$$V = \sqrt{-\frac{2\mu}{\rho}},$$

V étant la vitesse de propagation de la lumière. Nous aurons

$$2\mu = -\rho V^2, \qquad 2\nu = \rho V^2 ;$$

en portant ces valeurs de μ et de ν dans les équations (38) du mouvement dans les corps isotropes, nous obtiendrons

$$\frac{d^2\xi}{dt^2} = V^2\left(\Delta\xi - \frac{d\Theta}{dx}\right)$$

(1) $$\frac{d^2\eta}{dt^2} = V^2\left(\Delta\eta - \frac{d\Theta}{dy}\right)$$

$$\frac{d^2\zeta}{dt^2} = V^2\left(\Delta\zeta - \frac{d\Theta}{dz}\right).$$

Ces équations peuvent se mettre sous une autre forme en posant

$$u = \frac{d\eta}{dz} - \frac{d\zeta}{dy}, \qquad v = \frac{d\zeta}{dx} - \frac{d\xi}{dz}, \qquad w = \frac{d\xi}{dy} - \frac{d\eta}{dx}.$$

On a en effet :

$$\Delta\xi - \frac{d\Theta}{dx} = \frac{d^2\xi}{dx^2} + \frac{d^2\xi}{dy^2} + \frac{d^2\xi}{dz^2} - \frac{d^2\xi}{dx^2} - \frac{d^2\eta}{dxdy} - \frac{d^2\zeta}{dxdz}$$

$$= \frac{d^2\xi}{dy^2} - \frac{d^2\eta}{dxdy} + \frac{d^2\xi}{dz^2} - \frac{d^2\zeta}{dxdz},$$

ou $$\Delta\xi - \frac{d\Theta}{dx} = \frac{dw}{dy} - \frac{dv}{dz}.$$

En transformant de la même manière les quantités

$$\Delta\eta - \frac{d\Theta}{dy}, \qquad \Delta\zeta - \frac{d\Theta}{dz}$$

qui entrent dans les deux dernières équations du mouvement, on obtient :

$$\frac{d^2\xi}{dt^2} = V^2\left(\frac{dw}{dy} - \frac{dv}{dz}\right),$$

$$\frac{d^2\eta}{dt^2} = V^2\left(\frac{du}{dz} - \frac{dw}{dx}\right),$$

$$\frac{d^2\zeta}{dt^2} = V^2\left(\frac{dv}{dx} - \frac{du}{dy}\right).$$

50. Résolution des équations des mouvements transversaux. — Les équations des mouvements transversaux s'obtiennent en faisant $\Theta = 0$ dans les équations (1) ; elles sont

$$(2) \qquad \frac{d^2\xi}{dt^2} = V^2\Delta\xi, \qquad \frac{d^2\eta}{dt^2} = V^2\Delta\eta, \qquad \frac{d^2\zeta}{dt^2} = V^2\Delta\zeta.$$

Nous allons chercher à satisfaire à ces équations en posant

$$\xi = Ae^P, \qquad \eta = Be^P, \qquad \zeta = Ce^P,$$

A, B, C, étant des constantes et P un polynôme du premier degré et homogène par rapport aux variables x, y, z, t,

$$P = \alpha x + \beta y + \gamma z + \delta t.$$

Nous aurons, en différentiant ξ, η, ζ,

$$\frac{d\xi}{dx} = A\alpha e^P, \qquad \frac{d^2\xi}{dx^2} = A\alpha^2 e^P, \qquad \frac{d^2\xi}{dt^2} = A\delta^2 e^P,$$

$$\frac{d\eta}{dy} = B\beta e^P, \qquad \frac{d^2\eta}{dy^2} = B\beta^2 e^P, \qquad \frac{d^2\eta}{dt^2} = B\delta^2 e^P,$$

$$\frac{d\zeta}{dz} = C\gamma e^P, \qquad \frac{d^2\zeta}{dz^2} = C\gamma^2 e^P, \qquad \frac{d^2\zeta}{dt^2} = C\delta^2 e^P.$$

Par conséquent

$$\Theta = \frac{d\xi}{dx} + \frac{d\eta}{dy} + \frac{d\zeta}{dz} = (A\alpha + B\beta + C\gamma)e^P$$

$$\Delta\xi = \frac{d^2\xi}{dx^2} + \frac{d^2\xi}{dy^2} + \frac{d^2\xi}{dz^2} = Ae^P(\alpha^2 + \beta^2 + \gamma^2).$$

En remplaçant, dans les équations (2), $\Delta\xi$, $\Delta\eta$, $\Delta\zeta$ et les dérivées secondes de ξ, η, ζ, par rapport au temps, par leurs valeurs, on obtient :

$$\delta^2 = V^2(\alpha^2 + \beta^2 + \gamma^2).$$

Puisque les mouvements sont transversaux, $\Theta = 0$, c'est-à-dire

$$A\alpha + B\beta + C\gamma = 0.$$

Telles sont les deux conditions que doivent remplir les coefficients α, β, γ, δ pourque les expressions de ξ, η, ζ satisfassent aux équations du mouvement.

51. Si les quantités A, B, C, α, β, γ, δ sont réelles, il en sera de même de ξ, η, ζ ; mais si une de ces quantités est imaginaire, ξ, η, ζ le seront aussi. Comme les équations du mouvement sont linéaires par rapport aux dérivées du second ordre de ξ, η, ζ, la partie réelle et la partie imaginaire d'une solution imaginaire devront séparément satisfaire aux équations du mouvement ; on aura donc deux solutions.

Dans l'étude de la lumière on ne rencontre que des solutions imaginaires ; en effet les mouvements lumineux sont toujours des mouvements vibratoires, c'est-à-dire périodiques par rapport au temps. Par suite, les quantités ξ, η, ζ doivent être périodiques par rapport au temps ; si on les met sous la forme d'exponentielles, comme nous venons de le faire, e^{P} doit prendre la même valeur pour des valeurs de t différant d'une même quantité, τ ; il faut donc que l'on ait

$$\delta\tau = 2i\pi,$$

d'où

$$\delta = \frac{2i\pi}{\tau}.$$

δ est donc imaginaire ; son carré sera négatif, et la relation

$$\delta^2 = V^2(\alpha^2 + \beta^2 + \gamma^2)$$

montre que la somme $\alpha^2 + \beta^2 + \gamma^2$ doit être négative, ce qui exige que l'une au moins des quantités α, β, γ soit imaginaire.

Lorsque nous aurons obtenu la solution imaginaire d'une équation, nous en prendrons la partie réelle qui doit répondre aux faits expérimentaux. La partie réelle d'une exponentielle pouvant s'exprimer à l'aide d'un cosinus, nous pourrions trouver directement les solutions réelles des équations différentielles que nous rencontrerons en cherchant à y satisfaire par des valeurs de ξ, η, ζ contenant un cosinus en facteur. Dans certaines questions, nous adopterons cette dernière marche, dans d'autres, au contraire, nous nous servirons d'exponentielles imaginaires dont nous prendrons la partie réelle pour solution de la question.

52. Considérons maintenant un plan parallèle au plan

$$\alpha x + \beta y + \gamma z = 0.$$

Pour tous les points de ce plan le polynôme P a la même valeur à chaque instant ; par conséquent, les déplacements de tous ces points seront les mêmes au même instant. Conformément à la définition donnée (**40**), ce plan est le plan de l'onde.

Examinons d'abord le cas où le plan

$$\alpha x + \beta y + \gamma z = 0$$

est réel. Nous pouvons le prendre pour plan des xy et son équation se réduit à

$$z = 0.$$

Nous devons donc avoir $\alpha = \beta = 0$ et $\delta^2 = V^2\gamma^2$; d'où

$$\gamma = \frac{\delta}{V} = \frac{2i\pi}{V\tau}.$$

Le produit $V\tau$ qui se trouve au dénominateur de l'expression de γ se représente par λ et s'appelle la longueur d'onde : c'est le chemin parcouru par la lumière pendant une période du mouvement vibratoire.

En remplaçant, dans P, les quantités α, β, γ, δ par leurs valeurs, on obtient :

$$P = \frac{2i\pi}{\lambda}(z + Vt).$$

P est donc une fonction périodique par rapport à z et à t ; pour z la période est λ. La valeur de ξ qui satisfait à la première des équations du mouvement devient alors

$$\xi = Ae^{\frac{2i\pi}{\lambda}(z+Vt)}.$$

Le coefficient A peut être imaginaire ; si A_0 est son module et φ son argument, on peut l'écrire

$$A = A_0 e^{i\varphi}$$

et la valeur de ξ devient :

$$\xi = A_0 e^{\frac{2i\pi}{\lambda}(z+Vt)+i\varphi}.$$

La partie réelle de cette expression donne le déplacement suivant l'axe des x ; elle a pour valeur

$$\xi = A_0 \cos\left(\frac{2\pi}{\lambda}(z + Vt) + \varphi\right).$$

On aura, pour le déplacement suivant l'axe des y,

$$\eta = B_0 \cos\left(\frac{2\pi}{\lambda}(z + Vt) + \varphi_1\right).$$

Supposons maintenant le plan $\alpha x + \beta y + \gamma z = 0$ imaginaire. L'équation de ce plan pourra se mettre sous la forme $P + iQ = 0$, les plans $P = 0$ et $Q = 0$ étant les plans bissecteurs du plan imaginaire et de son conjugué. Prenons $P = 0$ pour plan des yz, $Q = 0$ pour plan des xy; l'équation du plan de l'onde devient

$$\alpha x + i\varepsilon z = 0.$$

La condition $\Theta = 0$ donne, dans ce cas,

$$A\alpha + Ci\varepsilon = 0,$$

relation qui montre que le rapport $\frac{A}{C}$ est imaginaire. A cause de la périodicité du mouvement lumineux on a

$$\delta^2 = -\frac{4\pi^2}{\tau^2},$$

et la condition $\delta^2 = V^2(\alpha^2 + \beta^2 + \gamma^2)$ donne

$$-\frac{4\pi^2}{\lambda^2} = \alpha^2 - \varepsilon^2.$$

Il en résulte que ε doit être plus grand que α. La solution de la première équation du mouvement est

$$\xi = A_0 e^{\alpha x + i\varepsilon z + \frac{2i\pi t}{\tau} + i\varphi},$$

En en prenant la partie réelle, on obtient, pour le déplacement ξ suivant l'axe des x,

$$\xi = A_0 e^{\alpha x} \cos\left(\varepsilon z + \varphi + \frac{2\pi t}{\tau}\right).$$

On aurait deux expressions analogues pour les composantes η et ζ du déplacement suivant les deux autres axes.

53. Rayons évanescents. — La forme que nous venons de trouver pour ξ ne diffère de celle que nous avons précédemment trouvée dans le cas de l'onde réelle que par un facteur $e^{\alpha x}$. Si α est négatif, ce facteur décroît très rapidement quand x croît; dans le voisinage du plan $x=0$ le mouvement sera sensible, mais dès qu'on s'écarte un peu de ce plan, l'amplitude est très petite. Comme α est à peu près de l'ordre de $\frac{1}{\lambda}$, le mouvement deviendra insensible dès qu'on sera à une distance comparable à une longueur d'onde. Un pareil mouvement peut se rencontrer dans la réflexion totale. Quand l'angle du rayon incident avec la normale à la surface de séparation est plus grand que l'angle limite, la valeur du sinus de l'angle de réfraction, donnée par la formule

$$\frac{\sin i}{\sin r}=n,$$

est imaginaire ; la direction du rayon réfracté est imaginaire, et le plan de l'onde réfractée, perpendiculaire au rayon, est aussi imaginaire. Dans le milieu le moins réfringent, nous aurons donc un mouvement devenant rapidement insensible. Une expérience, due à Fresnel, tend à prouver l'existence des rayons évanescents. En mettant une lame de verre à une très petite distance d'une surface sur laquelle s'opérait une réflexion totale, il a obtenu des franges obscures et lumineuses.

Dans l'étude des mouvements longitudinaux, Cauchy a trouvé des mouvements évanescents, mais leur existence n'a pu être confirmée par l'expérience. Supposons que les déplacements ξ et η, qui sont les mêmes pour tous les points d'une onde plane, soient nuls, et cherchons à satisfaire à l'équation qui donne ζ,

$$\frac{d^2\zeta}{dt^2} = V_1^2 \Delta\zeta,$$

en posant $$\zeta = Ce^{(\gamma z + \delta t)}.$$

En calculant les dérivées secondes de cette expression par rapport à z et à t, et en portant leurs valeurs dans l'équation du mouvement, on obtient la condition

$$\delta^2 = V_1^2 \gamma^2.$$

La quantité δ étant purement imaginaire par suite de la périodicité du mouvement vibratoire, son carré est négatif. Cauchy s'étant placé dans l'hypothèse $\mu + \nu > 0$, on a $V_1^2 < 0$; par conséquent γ est réel et l'exponentielle qui satisfait à l'équation du mouvement est

$$\zeta = Ce^{\gamma z + \frac{2i\pi t}{\tau}}.$$

Sa partie réelle est

$$\zeta = C_0 e^{\gamma z} \cos \frac{2\pi t}{\tau}.$$

Si nous supposons $\gamma < 0$ l'amplitude du mouvement vibratoire décroîtra très rapidement quand on s'éloignera du plan $z = 0$ dans le sens des z positifs ; nous aurons donc un rayon évanescent.

54. Trajectoire des molécules d'éther dans les mouvements transversaux. — Si nous posons

$$\frac{2\pi}{\lambda}(z + Vt) + \varphi = \omega, \qquad \varphi_1 - \varphi = 0,$$

les expressions

$$\xi = A_0 \cos\left(\frac{2\pi}{\lambda}(z + Vt) + \varphi\right)$$

$$\eta = B_0 \cos\left(\frac{2\pi}{\lambda}(z + Vt) + \varphi_1\right)$$

trouvées (52) pour les déplacements suivant le plan de l'onde d'une molécule animée d'un mouvement transversal deviennent :

$$\xi = A_0 \cos \omega$$

$$\eta = B_0 \cos(\omega + \theta).$$

L'équation de la courbe décrite par la molécule s'obtiendra en éliminant ω entre ces deux équations. On tire de ces équations

$$\cos \omega = \frac{\xi}{A_0}, \qquad \sin \omega = -\frac{\eta}{B_0}\frac{1}{\sin \theta} + \frac{\xi}{A_0} \operatorname{cotg} \theta.$$

En élevant au carré et additionnant, on a

$$\frac{\xi^2}{A_0^2} + \left(\frac{\xi}{A_0} \operatorname{cotg} \theta - \frac{\eta}{B_0 \sin \theta}\right)^2 = 1.$$

C'est l'équation d'une ellipse ; cette ellipse se réduit à une droite quand θ est égal à zéro ou à π, comme on peut le voir facilement en éliminant $\cos \omega$ entre les valeurs de ξ et de η qui ne contiennent plus θ. Lorsque la trajectoire de la molécule vibrante est une ellipse, la lumière est dite polarisée elliptiquement ; si la trajectoire est une droite, la polarisation est dite rectiligne.

Dans l'étude expérimentale de l'optique, il n'est pas possible de déterminer directement la direction des vibrations de l'éther qui propage de la lumière polarisée rectilignement ; ce qu'on peut observer c'est que les phénomènes dépendent de la position d'un certain plan appelé plan de polarisation. Par raison de symétrie, la direction des vibrations doit être, soit dans le plan de polarisation, soit perpendiculaire à ce plan. Fresnel admet qu'elle lui est perpendiculaire, d'autres savants ont préféré l'hypothèse contraire; nous y reviendrons longuement dans la suite du cours.

55. Remarque sur les constantes introduites dans les valeurs du déplacement. — Dans la résolution des équations d'un mouvement transversal (50) les quantités A_0, B_0, C_0, α, β, γ, φ, V, λ, ont été considérées comme des constantes. En réalité, les sept premières de ces neuf quantités prennent une infinité de valeurs dans une seconde ; mais comme elles varient beaucoup plus lentement que ξ, η, ζ, on peut les considérer comme constantes pendant la durée d'un certain nombre de vibrations (50,000 environ, dont la durée est à peu près un dix-milliardième de seconde). V, vitesse de propagation de la lumière, est une constante absolue dans un milieu homogène ; il en est de même de λ dans une lumière monochromatique. On pourrait considérer λ comme variant d'une manière quelconque dans la lumière blanche, ou bien admettre que la lumière blanche est formée par la superposition d'un grand nombre de lumières monochromatiques. Mais, comme dans la suite du cours nous n'envisagerons jamais, que la lumière homogène, nous pourrons, dans nos calculs, regarder λ comme une constante. Si l'on voulait ensuite avoir la valeur des déplacements d'une molécule dans le cas de la lumière blanche, on n'aurait qu'à faire la somme d'un grand nombre de déplacements pour chacun desquels λ serait une constante.

56. Intensité lumineuse. — On définit l'intensité d'une vibration lumineuse comme une quantité proportionnelle à la force vive de la molécule en mouvement. Cette force vive étant une fonction du temps qui varie très rapidement, il est naturel d'admettre que l'intensité mesurable, celle qui impressionne nos sens, est proportionnelle à la valeur moyenne de cette fonction.

La force vive de la molécule en mouvement est à un certain moment

$$\rho \left[\left(\frac{d\xi}{dt}\right)^2 + \left(\frac{d\eta}{dt}\right)^2\right].$$

Nous avons vu (**54**) que, dans le cas de la propagation de la lumière par ondes réelles, le seul cas qu'il y ait lieu de considérer dans l'étude expérimentale, on avait, pour les composantes du déplacement de la molécule,

$$\xi = A_0 \cos \omega \qquad\qquad \eta = B_0 \cos (\omega + \theta)$$

où

$$\omega = \frac{2\pi}{\lambda}(x + Vt) + \varphi.$$

En différentiant ξ et η nous aurons, en regardant A_0, B_0 et φ comme constantes,

$$\frac{d\xi}{dt} = -A_0 \frac{2\pi V}{\lambda} \sin \omega, \qquad\qquad \frac{d\eta}{dt} = -B_0 \frac{2\pi V}{\lambda} \sin (\omega + \theta).$$

Comme $\sin \alpha = -\cos\left(\alpha + \frac{\pi}{2}\right)$, nous voyons que $\frac{d\xi}{dt}$ et $\frac{d\eta}{dt}$ sont égaux, au facteur près $\frac{2\pi V}{\lambda}$, à ξ et η où l'on augmente ω de $\frac{\pi}{2}$. Or, d'après l'expression de ω, augmenter cette quantité de $\frac{\pi}{2}$ revient à augmenter le temps de $\frac{\lambda}{4V}$ ou $\frac{\tau}{4}$; par conséquent les valeurs de $\frac{d\xi}{dt}$ et de $\frac{d\eta}{dt}$ au temps t sont proportionnelles aux valeurs de ξ et de η au temps $t + \frac{\tau}{4}$. La force vive d'une molécule au temps t sera, par suite, proportionnelle à la somme des carrés des valeurs de ξ et de η au temps $t + \frac{\tau}{4}$. Si on change t en $t + \frac{\tau}{4}$ la valeur moyenne de la force vive ne change pas ; elle sera donc proportionnelle à la valeur moyenne de $\xi^2 + \eta^2$. Il en résulte que nous pouvons prendre pour valeur de l'intensité lumineuse une quantité proportionnelle à la valeur moyenne de $\xi^2 + \eta^2$.

57. Interférence de la lumière non polarisée. — Soit P un point de l'espace où arrive la lumière provenant d'une source située à une distance z ; nous aurons (**52**), pour les composantes du déplacement de la molécule d'éther placée en P,

$$\xi = A_0 \cos\left[\frac{2\pi}{\lambda}(z + Vt) + \varphi\right], \quad \eta = B_0 \cos\left[\frac{2\pi}{\lambda}(z + Vt) + \varphi_1\right].$$

Ces expressions deviennent

$$(1) \qquad \xi = A_0 \cos \omega, \qquad \eta = B_0 \cos(\omega + \theta),$$

en posant

$$\omega = \frac{2\pi}{\lambda}(z + Vt) + \varphi, \qquad \theta = \varphi_1 - \varphi.$$

Supposons maintenant que le point P reçoive en même temps de la lumière de même longueur d'onde provenant soit d'une seconde source, soit de la première source par un chemin différent, et que cette lumière ait parcouru une distance z', nous aurons pour les composantes du déplacement suivant les mêmes axes

$$(2)\quad \xi = A_0' \cos\left[\frac{2\pi}{\lambda}(z'+Vt)+\varphi'\right],\quad \eta = B_0' \cos\left[\frac{2\pi}{\lambda}(z'+Vt)+\varphi_1'\right]$$

Introduisons une nouvelle quantité ψ qu'on appelle différence de marche des rayons lumineux au point P et qui est définie par la relation

$$\frac{2\pi}{\lambda}(z'-z)=\psi.$$

Posons :

$$\psi+\varphi'-\varphi=\varepsilon,$$

$$\psi+\varphi_1'-\varphi_1=\varepsilon_1 :$$

nous aurons pour les équations (2)

$$\xi = A_0' \cos(\omega+\varepsilon),\qquad \eta = B_0' \cos(\omega+\theta+\varepsilon_1).$$

Le déplacement de la molécule P, résultant des deux mouvements auxquels elle est soumise, aura pour composantes

$$(3)\qquad \xi = A_0 \cos\omega + A_0' \cos(\omega+\varepsilon),$$

$$\eta = B_0 \cos(\omega+\theta) + B_0' \cos(\omega+\theta+\varepsilon_1).$$

58. Pour avoir l'intensité lumineuse au point P, nous allons chercher la valeur moyenne de $\xi^2+\eta^2$. On a

$$\xi^2 = A_0^2 \cos^2\omega + A_0'^2 \cos^2(\omega+\varepsilon) + 2A_0A_0' \cos\omega \cos(\omega+\varepsilon)$$

$$\eta^2 = B_0^2 \cos^2(\omega+\theta) + B_0'^2 \cos^2(\omega+\theta+\varepsilon_1)$$
$$+ 2B_0B_0' \cos(\omega+\theta)\cos(\omega+\theta+\varepsilon_1).$$

Pendant la durée d'une vibration A_0, φ et φ' et, par suite ε, peuvent être considérés comme des constantes ; ω prend toutes les valeurs comprises entre 0 et 2π. On aura donc, pour la valeur moyenne de ξ^2 pendant la durée d'une vibration, une quantité proportionnelle à l'intégrale de ξ^2 prise entre 0 et 2π. Convenons de représenter la valeur moyenne d'une quantité par cette quantité placée entre crochets ; nous aurons

$$\left[A_0^2 \cos^2 \omega\right] = \frac{1}{2\pi} A_0^2 \int_0^{2\pi} \cos^2 \omega \, d\omega = \frac{A_0^2}{2}.$$

$$\left[A_0'^2 \cos^2(\omega + \varepsilon)\right] = \frac{1}{2\pi} A_0'^2 \int_0^{2\pi} \cos^2(\omega + \varepsilon) \, d\omega = \frac{A_0'^2}{2}$$

$$\left[2A_0A_0' \cos\omega \cos(\omega + \varepsilon)\right] = \frac{1}{2\pi} 2A_0A_0' \int_0^{2\pi} \cos\omega \cos(\omega + \varepsilon) \, d\omega$$

$$= \frac{1}{2\pi} A_0A_0' \int_0^{2\pi} [\cos(2\omega + \varepsilon) + \cos\varepsilon] \, d\omega$$

$$= A_0A_0' \cos\varepsilon,$$

et par conséquent

$$\left[\xi^2\right] = \frac{A_0^2}{2} + \frac{A_0'^2}{2} + A_0A_0' \cos\varepsilon.$$

Nous aurions, pour la valeur moyenne de η^2 pendant la durée d'une vibration,

$$\left[\eta^2\right] = \frac{B_0^2}{2} + \frac{B_0'^2}{2} + B_0B_0' \cos\varepsilon_1.$$

Cherchons maintenant la valeur moyenne de ces quantités pendant l'unité de temps, une seconde. A_0, A'_0, B_0, B'_0, doivent alors être considérés comme des variables ; il en est de même de φ et de φ', et comme ces quantités prennent une infinité de valeurs pendant l'unité de temps, la quantité ε prendra aussi, en général, une infinité de valeurs pendant le même intervalle. Par conséquent, $\cos \varepsilon$ passera par toutes les valeurs comprises entre -1 et $+1$; sa valeur moyenne pendant l'unité de temps sera nulle, et, par suite, la valeur moyenne de ξ^2 pendant cet intervalle se réduira à $\left[\frac{A_0^2}{2} + \frac{A_0'^2}{2}\right]$. Pour les mêmes raisons, la valeur moyenne de η^2 pendant une seconde sera $\left[\frac{B_0^2}{2} + \frac{B_0'^2}{2}\right]$. Donc, sauf dans certains cas exceptionnels, l'intensité au point P ne dépendra pas de la position de ce point et se réduira à la somme arithmétique des intensités dues à chacun des deux rayons composants.

59. Appelons φ_0 et φ'_0 les valeurs de φ et de φ' dans le voisinage des sources, pendant que nous continuerons à désigner par les lettres φ et φ' les valeurs de ces mêmes angles au point P. Ces quatre quantités φ, φ', φ_0 et φ'_0 seront fonctions du temps, et on aura

$$\varphi(t) = \varphi_0\left(t - \frac{z}{V}\right), \qquad \varphi'(t) = \varphi'_0\left(t - \frac{z'}{V}\right).$$

Si les deux rayons ne proviennent pas de la même source, il n'y a aucune raison pour que φ_0 soit égal à φ'_0 et φ à φ'. Les deux angles φ et φ' varieront indépendamment l'un de l'autre. Leur différence $\varphi - \varphi'$, et par conséquent ε pourront prendre toutes les valeurs possibles, de telle façon que la valeur moyenne de $\cos \varepsilon$ sera nulle. Les deux rayons n'interféreront pas.

Si les deux rayons proviennent de la même source, on aura

$$\varphi'(t) = \varphi_0\left(t - \frac{z'}{V}\right) = \varphi\left(t + \frac{z - z'}{V}\right).$$

Si ψ n'est pas assez petit pour que $\frac{z - z'}{V}$ soit inférieur à un dix-milliardième de seconde, il n'y a pas de raison pour que φ' soit égal à φ et, par conséquent, pour les raisons qui viennent d'être développées dans le cas précédent, les rayons n'interféreront pas.

Si enfin les deux rayons proviennent de la même source et que leur différence de marche ψ soit assez petite pour que $\frac{z - z'}{V}$ soit inférieur à un dix-milliardième de seconde, on aura

$$\varphi = \varphi';$$

par conséquent

$$\varepsilon = \psi + \varphi' - \varphi = \psi.$$

Quant à φ_1 et φ'_1 ils pourront aussi être considérés comme égaux, et nous aurons $\varepsilon_1 = \psi$. La valeur moyenne de $\xi^2 + \eta^2$ contiendra, en y remplaçant ε et ε_1 par leur valeur ψ, la valeur moyenne de

$$A_0A'_0 \cos \psi + B_0B'_0 \cos \psi.$$

La différence de marche ψ est une constante pour le point considéré P, mais la valeur de cette quantité varie quand on s'éloigne du point P; l'intensité lumineuse ne sera donc pas la même au point P et en un point voisin, et nous aurons des franges d'interférence.

60. Interférence de la lumière polarisée. — Recevons les deux rayons lumineux sur deux polarisateurs H et H'. Si leurs plans de polarisation sont parallèles, en prenant pour plan des yz un plan parallèle aux plans de polarisation et admettant que les vibrations sont normales à ces plans, les composantes η des deux rayons lumineux seront détruites. L'intensité lumineuse, en un point P où arrivent les deux rayons après leur passage dans les polarisateurs, sera proportionnelle à la valeur moyenne du carré de la somme des élongations ξ suivant l'axe des x. L'interférence des rayons polarisés se produira alors dans les mêmes conditions que celle des rayons naturels.

Supposons maintenant les polarisateurs H et H' orientés à angle droit. Les plans de polarisation des rayons qui ont traversé les polariseurs étant rectangulaires, prenons-les pour plans des xz et des yz. L'une des deux composantes, η par exemple, du premier rayon sera détruite par le passage de la lumière à travers le polariseur H ; nous avons donc $B_0 = 0$. La composante ξ du second rayon sera détruite par le polariseur H' ; par suite $A'_0 = 0$. Dans la valeur moyenne de l'expression qui donne l'intensité lumineuse au point P, on n'aura pas de termes en $\cos \varepsilon$ puisque les coefficients de ces termes sont nuls ; il n'y aura pas interférence.

61. Faisons maintenant passer à travers un polariseur H'' les deux rayons lumineux qui ont déjà traversé séparément les polariseurs H et H'. A son entrée dans le polariseur H'', le premier rayon a un déplacement suivant OX

$$\xi = A_0 \cos \omega ;$$

le second a un déplacement suivant OY,

$$\eta = B'_0 \cos (\omega + \theta + \varepsilon_1),$$

ou, si on admet que la différence de marche des deux rayons est très petite,

$$\eta = B'_0 \cos(\omega + \theta + \psi).$$

Sous l'influence de ces deux mouvements, la molécule d'éther placée en O vient au point M (*fig.* 3) de coordonnées ξ et η. Soit OG la nouvelle direction des vibrations à la sortie du polariseur Π''; la vibration OM peut se décomposer en deux, l'une OQ suivant OG, l'autre MQ perpendiculaire à OG, qui sera détruite par le passage dans Π''. On a

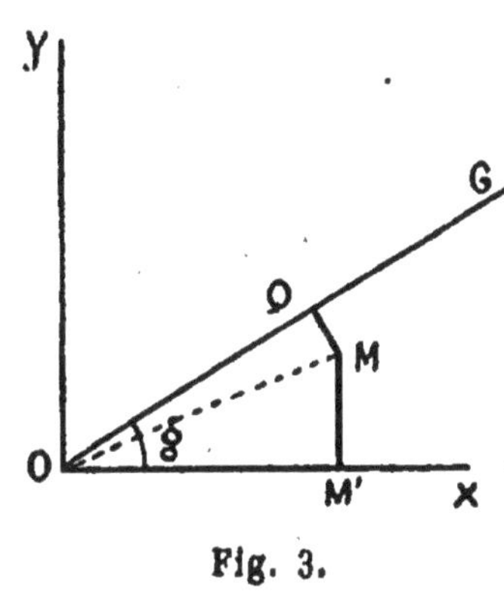

Fig. 3.

$$OQ = OM' \cos g + MM' \sin g$$

ou $$OQ = \xi \cos g + \eta \sin g.$$

En remplaçant ξ et η par leurs valeurs, on obtient

$$OQ = A_0 \cos g \cos \omega + B'_0 \sin g \cos(\omega + \theta + \psi).$$

Pour avoir l'intensité lumineuse en un point P, nous allons chercher la valeur moyenne de $\overline{OQ}^2$ pour un très grand nombre de vibrations. La valeur moyenne de cette quantité pendant une vibration est

$$\frac{1}{2}\left[A_0^2 \cos^2 g + B_0'^2 \sin^2 g + 2A_0B'_0 \sin g \cos g \cos(\theta + \psi)\right]$$

Si, avant son passage dans les polariseurs Π et Π', la lumière était naturelle, θ peut prendre une infinité de valeurs, et dans la valeur moyenne de l'expression précédente le terme rectangle qui contient cos $(\theta + \psi)$ disparaît. Dans ce cas il n'y a pas interférence.

Quand, au contraire, la lumière est polarisée rectilignement avant son passage dans les polariseurs Π et Π', la quantité θ est égale à o ou à π. La valeur du terme rectangle est, au signe près,

$$2A_0B_0' \cos g \sin g \cos \psi ;$$

sa valeur moyenne pendant un grand nombre de vibrations contiendra cos ψ, et les rayons interféreront.

CHAPITRE III

PRINCIPE DE HUYGHENS

61. Le principe de Huyghens sur lequel repose la théorie de la diffraction a été l'objet de nombreuses objections. Afin de lever ces objections et de donner une justification aussi complète que possible de cet important principe, nous serons obligés de nous étendre longuement sur ce sujet.

Exposons d'abord les idées de Huyghens. Supposons que, toutes les molécules d'éther étant au repos, on donne un ébranlement à celles qui sont contenues à l'intérieur d'une sphère A (*fig.* 4) de très petit rayon, puis qu'on abandonne l'éther à lui-même. L'ébranlement donné aux molécules de A se propagera dans l'éther ; Huyghens admet qu'il se produit une onde sphérique, et qu'au bout d'un temps t, les *seules* molécules en mouvement occupent une couche infiniment mince située à la surface d'une sphère S de rayon Vt et concentrique à A. Cette hypothèse revient à admettre la possibilité de la propagation d'une onde isolée et, bien qu'expérimentalement la réalisation de ce fait n'ait

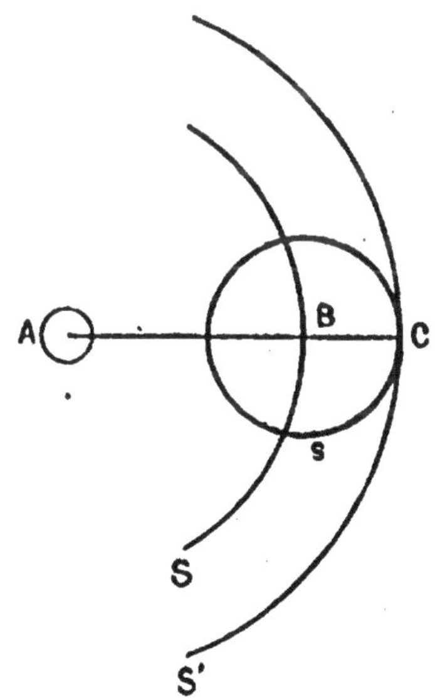

Fig. 4.

jamais lieu, on peut faire usage de cette abstraction dans la théorie. S'il en est ainsi, les seules molécules en mouvement au bout du temps $t + t'$ seront situées dans une couche sphérique S' concentrique à S et de rayon $V(t + t')$. Le principe de Huyghens consiste à admettre que le mouvement de l'éther en tout point de cette onde S' est la résultante des mouvements qu'enverraient isolément tous les éléments de la même onde considérée dans une position antérieure S.

Si ce principe est vrai, on doit pouvoir en déduire que les molécules en mouvement au temps $t + t'$ sont toutes situées à l'intérieur de la couche S'. Or, l'onde partielle, provenant de la propagation du mouvement qui animait au temps t un élément B de l'onde S, sera une sphère de centre B et de rayon Vt' ; cette onde s est donc tangente à l'onde S'. Il en sera de même pour toutes les ondes partielles, et l'on peut regarder l'onde S' comme l'enveloppe des ondes partielles provenant des différents points de S. Il est donc évident qu'il ne pourra pas y avoir de mouvement au delà de l'onde S'. Mais rien ne prouve a priori qu'il n'y en aura pas en deçà. Au premier abord, il semble même difficile qu'il en soit ainsi, car, les mouvements des molécules de la sphère d'ébranlement paraissant être de même sens, ils devraient donner naissance à des mouvements de même sens qui ne peuvent se détruire. Huyghens expliquait cette anomalie en admettant que, la couche S étant infiniment mince, les mouvements provenant de l'ébranlement des divers éléments de cette surface devaient être infiniment petits et qu'ils ne pouvaient être appréciables que sur la surface S' où un grand nombre de ces mouvements se composent. Cette explication ne résiste pas à une analyse rigoureuse.

62. Fresnel, dans sa théorie de la diffraction, modifie le principe de Huyghens en considérant, non plus une onde isolée, mais une succession d'ondes provenant de mouvements vibratoires. Voici d'ailleurs comment il énonce ce principe : *Les vibrations d'une onde lumineuse dans chacun de ses points peuvent être regardées comme la somme des mouvements élémentaires qu'y enverraient au même instant, en agissant isolément, toutes les parties de cette onde considérée dans une quelconque de ses positions antérieures.* A cet énoncé il ajoute, en note (1) : « Je considère toujours la succession « d'une infinité d'ondulations ou une vibration générale du « fluide. Ce n'est que dans ce sens qu'on peut dire que deux « ondes lumineuses se détruisent lorsqu'elles sont à une demi- « ondulation l'une de l'autre. Les formules d'interférence que « je viens de donner ne sont point applicables au cas d'une « ondulation isolée, qui d'ailleurs n'est pas celui de la « nature. » — En considérant ainsi des ondes successives, les mouvements des molécules de S sont tantôt dans un sens, tantôt dans un autre, et on peut concevoir qu'au temps $t + t'$, les molécules qui sont en dehors de la surface s' ne soient pas en mouvement. Cette explication est loin d'être à l'abri de tout reproche, comme nous allons le voir dans le paragraphe suivant. D'ailleurs la théorie de la propagation d'une onde isolée, propagation mathématiquement possible, laisse subsister une difficulté qu'il est nécessaire d'expliquer.

63. Controverse de Fresnel avec Poisson. — Que l'on considère une onde isolée ou une série d'ondes successives, le principe de Huyghens conduit à admettre qu'outre l'onde S'

(1) *Œuvres de Fresnel*, t. I, p. 293.

il s'en produit une autre S″ qui est l'enveloppe intérieure des ondes élémentaires *s*. C'est une des objections que fait Poisson à Fresnel, dans une lettre (1) dont nous extrayons le passage suivant : « Je vous ferai aussi remarquer que, dans le « raisonnement qui vous a conduit à la formule de la page 287 « de votre Mémoire sur la diffraction (2), rien n'exprime que « le point P (*fig.* 5) soit situé au delà de l'onde AMF, et que, « s'il était situé en deçà de cette onde, le même raisonnement « appliqué mot à mot vous conduirait à une formule semblable pour exprimer la « vitesse qu'il reçoit, avec « cette seule différence qu'au « lieu de $a + b$, cette for- « mule contiendrait $a - b$, « qui serait alors la distance « CP. Il suivrait donc de « vos principes que l'onde « AMF, même quand elle « est complète, devrait pro- « duire du mouvement en « deçà et au delà de sa po- « sition, conclusion qui suffirait pour montrer qu'il y a un « vice quelconque dans votre manière d'envisager la question. « Et, en effet, la production d'une nouvelle onde en avant de

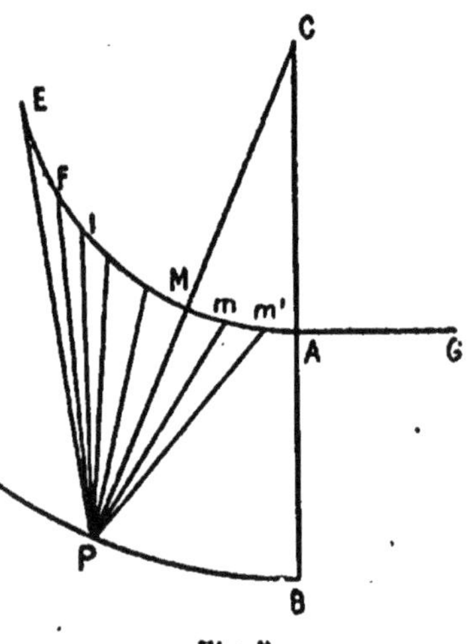

Fig. 5.

(1) *Œuvres de Fresnel*, t. II, p. 209.

(2) C'est la formule

$$\left[\left[\int ds \cos\left(\pi\,\frac{s^2(a+b)}{ab\lambda}\right)\right]^2+\left[\int ds \sin\left(\pi\,\frac{s^2(a+b)}{ab\lambda}\right)\right]^2\right]^{\frac{1}{2}}$$

qui donne la vitesse du déplacement au point P et que Fresnel a trouvée en s'appuyant sur le principe de Huyghens (*Œuvres de Fresnel*, t. I, p. 316). *a* désigne la distance CM, *b* la distance MP.

« celle que vous considérez, et la non-communication du « mouvement en arrière, n'ont lieu qu'à raison d'un rapport « déterminé qui subsiste, dans l'onde donnée, entre les « condensations et les vitesses propres des molécules fluides, « et nullement à raison de l'interférence des ondes élémen- « taires parties de tous ses points à des instants diffé- « rents. »

64. Dans sa réponse à cette lettre, Fresnel, après avoir répondu à d'autres objections de Poisson, arrive enfin à la véritable explication de l'anomalie qui avait si longtemps arrêté les géomètres. Il y a, dit-il, deux choses à considérer dans le mouvement d'une molécule : la vitesse dont elle est animée, et son écartement de sa position d'équilibre ; il en résulte deux systèmes d'ondes dérivées.

Mais, avant de citer ce passage de Fresnel, nous devons donner quelques explications au sujet de ce qu'il appelle *la loi du cosinus*. A l'époque où avait lieu cette controverse, Fresnel avait déjà fait sa grande découverte de la transversalité des vibrations. Mais Poisson et les géomètres de son temps se refusaient à l'admettre. Aussi Fresnel, désireux de diminuer la divergence de ses vues avec celles de Poisson, et convaincu que sa théorie de la diffraction était également applicable à toutes les hypothèses, raisonne-t-il constamment comme si les vibrations étaient longitudinales.

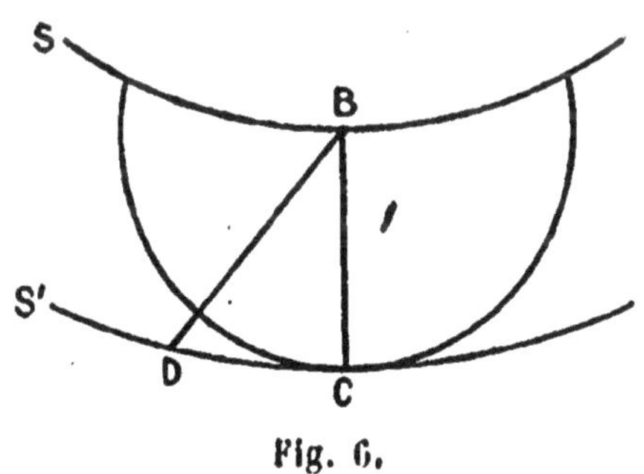

Fig. 6.

C'est ainsi qu'il arrive, par un raisonnement qui ne serait d'ailleurs pas à l'abri de tout reproche, à cette conséquence que le mouvement envoyé par un point B (*fig.* 6) de l'onde S à un point D de l'onde S' est proportionnel au cosinus de l'angle DBC formé par la direction DB avec la normale à l'onde S. Ce raisonnement n'est en aucune façon applicable au cas des mouvements transversaux.

Heureusement la loi du cosinus ne joue aucun rôle essentiel dans la théorie de Fresnel, et ne doit être considérée que comme un incident de sa controverse. Les objections auxquelles cette loi peut donner lieu ne portent aucune atteinte à la théorie elle-même.

65. Citons maintenant le passage le plus important de la lettre de Fresnel (*Œuvres complètes*, t. II, p. 227).

« Vous objecterez peut-être encore au raisonnement que « je viens de faire pour le cas d'un petit ébranlement, qu'il « établirait l'existence de rayons d'une égale intensité « en sens opposé, lors même que l'ébranlement initial ferait « partie d'une onde dérivée ; mais je répondrai, comme je « l'ai déjà fait, que ce n'est point une conséquence du prin- « cipe sur lequel je m'appuie. En effet, j'arrive à cette « loi du cosinus, en considérant séparément l'onde produite « par les vitesses imprimées aux molécules comprises dans « le centre d'ébranlement, et celle qui résulte de leurs simples « déplacements, puis en les ajoutant ensemble : or, quand « ces deux ondes poussent le fluide dans le même sens, elles « se fortifient mutuellement par leur superposition ; et si les « intensités des divers points de la surface suivent la loi du « cosinus dans l'une et dans l'autre, cette même loi aura en- « core lieu dans l'onde résultant de leur réunion. Si elles « tendent à pousser les molécules du fluide en sens opposés, « les vitesses absolues qu'elles apportent se retranchent et

« peuvent même se détruire mutuellement, dans le cas où « elles sont égales ; c'est ce qui a lieu pour les ondes rétro- « grades, lorsque le centre d'ébranlement a la constitution « particulière des ondes dérivées. Que l'on considère, par « exemple, un élément d'une pareille onde au moment où ses « molécules sont poussées en avant, c'est-à-dire dans le sens « de la propagation de l'onde dérivée : on sait qu'alors ce « mouvement en avant est accompagné d'une condensation, « c'est-à-dire d'un rapprochement des molécules ; si les mo- « lécules n'étaient que déplacées et d'ailleurs sans vitesse au « même instant, il résulterait de leur rapprochement une force « expansive qui pousserait le fluide en arrière comme en « avant, et produirait ainsi une onde rétrograde semblable à « celle qu'elle exciterait en avant, mais dans laquelle les vi- « tesses absolues seraient de signe contraire ; si, d'un autre « côté, les molécules se trouvaient dans leurs positions d'équi- « libre au moment où l'on considère l'ébranlement, et rece- « vaient seulement à cet instant les vitesses qui les poussent « en avant, il en résulterait encore une onde en arrière, « comme une onde en avant, puisque ces molécules seraient « suivies par celles qui sont derrière, et ainsi de proche en « proche ; l'onde rétrograde serait encore de même intensité « que l'onde qui se propagerait en avant, et elle déplacerait « les molécules du fluide dans le même sens ; mais l'onde ré- « trograde résultant de la simple condensation les pousse en « sens contraire. Ces deux mouvements se retrancheront donc « l'un de l'autre dans les ondes rétrogrades dues à la conden- « sation et aux vitesses des molécules, tandis qu'ils s'ajoute- « ront dans les deux ondes qui se propagent en avant ; si donc « ces deux causes tendent à produire des effets égaux,

« comme cela a lieu dans le cas particulier des ondes dérivées, les ondes rétrogrades s'effaceront mutuellement, et « les vibrations ne pourront se propager que dans le sens de « la marche de l'onde dérivée. »

C'était bien là la véritable explication du principe de Huyghens ; nous allons le montrer avec plus de rigueur dans ce qui va suivre.

66. Intégration des équations des mouvements transversaux dans le cas des ondes sphériques. — Reprenons les équations des mouvements transversaux

$$\frac{d^2\xi}{dt^2} = V^2\Delta\xi, \qquad \frac{d^2\eta}{dt^2} = V^2\Delta\eta, \qquad \frac{d^2\zeta}{dt^2} = V^2\Delta\zeta,$$

que nous avons déjà résolues dans le cas des ondes planes (**50**), et proposons-nous d'en trouver les intégrales dans le cas des ondes sphériques.

Dans les ondes de cette nature les déplacements et les vitesses d'un point M (*fig.* 7) doivent avoir les mêmes valeurs pour tous les points situés à une même distance r du centre des ondes ; donc ξ, η, ζ, et leurs dérivées ne dépendront que de r et du temps t. En prenant pour origine des coordonnées le centre des ondes sphériques et appelant x, y, z, les coordonnées du point M, nous aurons

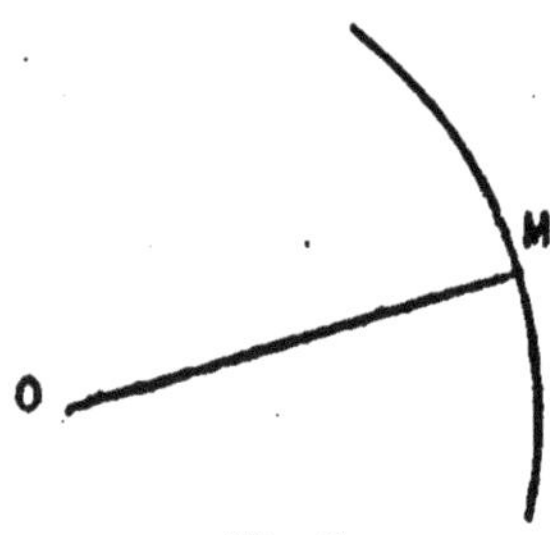

Fig. 7.

$$r^2 = x^2 + y^2 + z^2.$$

Posons $$\xi = \frac{u}{r},$$

u étant une fonction quelconque de r et de t, et cherchons

quelle doit être la forme de cette fonction pour satisfaire aux équations du mouvement.

La quantité $\Delta\xi$ est une fonction linéaire et homogène de u et de ses deux premières dérivées par rapport à r ; nous pouvons l'écrire

$$\Delta\xi = Au + B\frac{du}{dr} + C\frac{d^2u}{dr^2}.$$

67. La valeur des coefficients A, B, C pourrait s'obtenir en calculant les dérivées secondes de ξ par rapport à x, y, z et les additionnant, mais il est plus simple de les déterminer en faisant des hypothèses particulières sur la fonction u.

Supposons d'abord que l'on ait $u = 1$; on aura $\xi = \frac{1}{r}$. C'est la forme de la fonction potentielle dans l'attraction de deux points suivant la loi de Newton. On doit donc avoir $\Delta\xi = 0$, et comme l'expression de $\Delta\xi$ se réduit à A dans ce cas particulier, A doit être nul.

Prenons $u = r$; nous aurons $\xi = 1$, et par suite $\Delta\xi = 0$. D'autre part, nous avons

$$\frac{du}{dr} = 1, \qquad \frac{d^2u}{dr^2} = 0 ;$$

par conséquent, comme A est nul d'après ce qui précède,

$$\Delta\xi = B\frac{du}{dr} = 0.$$

Le coefficient B doit donc aussi être nul.

Pour trouver le coefficient C, faisons $u = r^3$; la dérivée seconde de cette fonction par rapport à r sera égale à $6r$ et la valeur de $\Delta\xi$ se réduira à

$$\Delta\xi = 6Cr.$$

Mais si $u = r^3$, nous avons $\xi = r^2 = x^2 + y^2 + z^2$, et le calcul donne pour $\Delta\xi$

$$\Delta\xi = 6.$$

En égalant ces deux valeurs de $\Delta\xi$, nous avons pour valeur de C

$$C = \frac{1}{r}.$$

L'expression de $\Delta\xi$ dans le cas général est donc :

$$\Delta\xi = \frac{1}{r}\frac{d^2u}{dr^2}.$$

Portant cette valeur dans la première des équations du mouvement et remplaçant $\frac{d^2\xi}{dt^2}$ par sa valeur $\frac{1}{r}\frac{du^2}{d^2t}$, nous aurons une équation qui déterminera u ; cette équation est

$$\frac{1}{r}\frac{d^2u}{dt^2} = V^2\frac{1}{r}\frac{d^2u}{dr^2},$$

ou
$$\frac{d^2u}{dt^2} = V^2\frac{d^2u}{dr^2}.$$

En intégrant, on aura

$$u = F(r - Vt) + F_1(r + Vt),$$

d'où
$$\xi = \frac{F(r - Vt)}{r} + \frac{F_1(r + Vt)}{r}.$$

68. Les fonctions F et F_1 étant quelconques, nous pouvons supposer que l'une d'elles, F_1, se réduise à o ; nous aurons alors

$$\xi = \frac{F(r - Vt)}{r},$$

expression qui satisfait aux équations du mouvement. Par conséquent, dans le cas général, ξ peut être considéré comme le déplacement résultant de deux mouvements se propageant par ondes sphériques, à partir du centre O, l'un avec une vitesse V, l'autre avec une vitesse — V. Le facteur $\frac{1}{r}$ qui entre dans l'expression de ξ montre que le mouvement s'affaiblit quand on s'éloigne du centre d'ébranlement.

Les deux dernières équations des mouvements transversaux nous donneraient pour η et ζ des expressions analogues à celle que nous venons de trouver pour ξ.

69. Quand on se donne les valeurs initiales des composantes des vitesses, le mouvement est complètement déterminé et on peut trouver les fonctions F et F_1. Supposons qu'au temps $t = o$ nous ayons

$$\xi = \varphi(r), \qquad \frac{d\xi}{dt} = \psi(r).$$

En faisant $t = o$ dans l'expression de ξ, et en égalant à la valeur donnée $\varphi(r)$, nous obtenons la relation

$$(1) \qquad r\varphi(r) = F(r) + F_1(r).$$

La dérivée de ξ par rapport au temps est

$$\frac{d\xi}{dt} = -V\frac{F'(r - Vt)}{r} + V\frac{F_1'(r + Vt)}{r};$$

sa valeur pour $t = o$ se réduit à

$$\frac{d\xi}{dt} = -V\frac{F'(r)}{r} + V\frac{F_1'(r)}{r}.$$

On a donc la relation

$$(2) \qquad r\psi(r) = V(F_1' - F').$$

Les relations (1) et (2) détermineront les fonctions F et F_1.

Une solution particulière des équations des mouvements transversaux qui est intéressante en optique est celle où l'on a

$$F_1(r) = 0, \qquad F(r) = e^{-i\alpha r}.$$

Le valeur de ξ est alors

$$\xi = \frac{e^{-i\alpha(r-Vt)}}{r}$$

Sa dérivée seconde par rapport à t a pour valeur $\alpha^2V^2\xi$. Comme ξ satisfait aux équations du mouvement, on doit avoir

$$\frac{d^2\xi}{dt^2} = V^2\Delta\xi,$$

$$-\alpha^2 V^2\xi = V^2\Delta\xi,$$

ou enfin

$$\Delta\xi + \alpha^2\xi = 0.$$

70. Intégrales générales des équations des mouvements transversaux. — Considérons la première de ces équations que nous écrirons sous la forme

$$(1) \qquad \frac{d^2\xi}{dt^2} = V^2\Delta\xi.$$

Nous aurons l'intégrale générale de cette équation si nous trouvons une fonction ξ de x, y, z et t qui y satisfasse identiquement et qui se réduise, pour $t = 0$, à une fonction arbitraire de x, y et z, pendant que sa dérivée $\frac{d\xi}{dt}$ se réduit aussi, pour $t = 0$, à une autre fonction arbitraire de x, y et z.

L'intégrale générale contient donc deux fonctions arbitraires.

Voyons d'abord à quoi nous conduit l'application du principe de Huyghens. Supposons qu'à l'origine des temps toutes les molécules de l'éther soient ébranlées de telle façon que l'ébranlement initial au point x', y', z' soit égal à $F(x', y', z')$. Au bout du temps t, le point x', y', z' aura envoyé un ébranlement égal à $\frac{F}{r}$ à tous les points x, y, z situés à une distance $r = Vt$ du point x', y', z', et n'en aura envoyé aucun à tous les points situés à une distance plus grande ou plus petite.

Donc, d'après le principe de Huyghens, le point x, y, z aura reçu à l'instant t un ébranlement $\frac{F}{r}$ de tous les points x', y', z' de la sphère qui a pour centre x, y, z et pour rayon $r = Vt$, et n'en aura reçu d'aucun autre point de l'espace.

Faisons donc

$$\xi = \int \frac{F(x', y', z')}{r} d\omega, \tag{2}$$

l'intégrale étant étendue à tous les éléments $d\omega$ de la sphère de centre x, y, z et de rayon $r = Vt$; et x', y', z' désignant les coordonnées de l'élément $d\omega$. La valeur de l'intégrale dépendra évidemment du centre et du rayon de cette sphère, et par conséquent ξ sera fonction de x, y, z et t. Nous devons donc, pour justifier le principe de Huyghens, démontrer que la valeur (2) de ξ satisfait à l'équation (1).

Calculons $\frac{d\xi}{dx}$. Pour cela donnons à x un accroissement dx en conservant à y, à z, à t, et par conséquent à r leurs valeurs cela revient à donner à la sphère une translation dx parallèle à l'axe des x. Il en résultera pour x' un accroissement dx, tandis que y', z', $d\omega$ et r conserveront la même valeur. L'accroissement de F (x', y', z') sera $\frac{dF}{dx'}dx$, et on aura

$$d\xi = \int \frac{dF}{dx'} dx \frac{d\omega}{r}.$$

Comme l'accroissement de x' est le même pour tous les éléments de l'intégrale, on peut mettre dx en facteur, et en divisant les deux membres de l'égalité par cette quantité, on obtiendra

$$\frac{d\xi}{dx} = \int \frac{dF}{dx'} \frac{d\omega}{r}.$$

En dérivant une seconde fois par rapport à x, on aura, pour la dérivée seconde,

$$\frac{d^2\xi}{dx^2} = \int \frac{d^2F}{dx'^2} \frac{d\omega}{r}.$$

Le même raisonnement conduirait aux expressions

$$\frac{d^2\xi}{dy^2} = \int \frac{d^2F}{dy'^2} \frac{d\omega}{r},$$

$$\frac{d^2\xi}{dz^2} = \int \frac{d^2F}{dz'^2} \frac{d\omega}{r},$$

pour les dérivées secondes de ξ par rapport à y et à z. En faisant la somme de ces dérivées secondes, on aura

$$(3) \qquad \Delta\xi = \int \Delta F\,(x'y'z')\,\frac{d\omega}{r}.$$

71. Cherchons maintenant la dérivée seconde de l'intégrale (2) par rapport au temps. Si nous donnons au temps t un accroissement dt sans faire varier x, y, z, le centre de la sphère ne changera pas, mais son rayon subira un accroissement :

$$dr = V dt.$$

L'élément de surface $d\omega$ deviendra $d\omega'$. On peut faire disparaître $d\omega$ de l'intégrale en introduisant l'angle solide $d\sigma$ sous lequel cet élément est vu du centre de la sphère ; on a

$$d\omega = r^2 d\sigma,$$

d'où

$$\frac{d\omega}{r} = r d\sigma.$$

Par conséquent, l'intégrale devient

$$(4) \qquad \xi = \int F\,(x'y'z')\,r d\sigma,$$

et comme r est le même pour tous les éléments de l'intégrale, on peut écrire

$$\xi = r \int F\,(x'\,y'\,z')\,d\sigma.$$

Si donc r subit un accroissement dr, l'accroissement $d\xi$ qui en résultera pour ξ sera

$$d\xi = dr \int F d\sigma = r\, d.\int F d\sigma,$$

ou

$$d\xi = dr \int \mathrm{F} d\sigma + r dr \int \frac{d\mathrm{F}}{dr} d\sigma.$$

Pour calculer la valeur de la seconde intégrale qui entre dans cette expression, remarquons que, le rayon r étant normal à l'élément de surface $d\omega$, on a, d'après le théorème de Green,

$$\int \frac{d\mathrm{F}}{dr} d\omega = \int \Delta \mathrm{F} d\tau,$$

$d\tau$ étant un élément de volume, et l'intégrale du second membre étant étendue à toute la sphère. En introduisant dans cette dernière égalité l'angle solide $d\sigma$ qui correspond à $d\omega$, elle devient

$$(5) \qquad \int \frac{d\mathrm{F}}{dr} d\sigma = \frac{1}{r^2} \int \Delta \mathrm{F} d\tau.$$

Nous pouvons donc remplacer la valeur trouvée précédemment pour $d\xi$ par la suivante :

$$d\xi = dr \int \mathrm{F} d\sigma + \frac{dr}{r} \int \Delta \mathrm{F} d\tau ;$$

ou, en divisant par $dr = \mathrm{V} dt$,

$$(6) \qquad \frac{1}{\mathrm{V}} \frac{d\xi}{dt} = \int \mathrm{F} d\sigma + \frac{1}{r} \int \Delta \mathrm{F} d\tau.$$

En différentiant cette dernière expression par rapport à r, nous obtenons l'égalité

$$\frac{1}{V^2}\frac{d^2\xi}{dt^2} = \int \frac{dF}{dr} d\sigma - \frac{1}{r^2}\int \Delta F d\tau + \frac{1}{r}\frac{d}{dr} \cdot \int \Delta F d\tau,$$

qui, si nous tenons compte de la relation (5), se réduit à

$$(7) \qquad \frac{1}{V^2}\frac{d^2\xi}{dt^2} = \frac{1}{r}\frac{d}{dr} \cdot \int \Delta F d\tau.$$

Le second membre de cette relation est, au facteur près $\frac{1}{rdr}$, la valeur de l'intégrale

$$\int \Delta F d\tau,$$

étendue aux éléments de volume d'une couche comprise entre les sphères de rayons r et $r + dr$. Considérons un de ces éléments limité par ces deux sphères et par un cône ayant pour sommet le centre commun des deux sphères et pour base l'élément $d\omega$ de la surface de la première sphère. Le volume de cet élément sera, en négligeant les infiniment petits d'un ordre supérieur au troisième, $d\omega\ dr$. Par conséquent l'intégrale précédente devient

$$\int \Delta F d\omega dr,$$

ou

$$dr \int \Delta F d\omega,$$

intégrale étendue à tous les éléments de la sphère de rayon r.

On obtient alors, pour la relation (7),

$$\frac{1}{V^2}\frac{d^2\xi}{dt^2} = \frac{1}{r}\int \Delta F . d\omega. \tag{8}$$

72. En remplaçant, dans l'équation (1) du mouvement, $\frac{d^2\xi}{dt^2}$ par sa valeur tirée de cette dernière relation, et $\Delta\xi$ par sa valeur (3), l'équation sera satisfaite. Par conséquent

$$\xi = \int \frac{F(x', y', z')}{r} d\omega$$

est une solution particulière de l'équation du mouvement. Ce ne peut être encore l'intégrale générale, puisqu'elle ne contient qu'une fonction arbitraire.

Cherchons les valeurs initiales de ξ et de $\frac{d\xi}{dt}$. Quand t tend vers zéro, le rayon de la sphère r tend vers zéro, et la valeur de F (x', y', z') tend vers F (x, y, z). Si x', y', z' diffèrent peu de x, y, z, l'intégrale

$$\int F(x', y', z') d\sigma$$

aura une valeur voisine de

$$F(x, y, z)\int d\sigma = 4\pi F(x, y, z).$$

Il en résulte que la valeur de ξ donnée par l'expression (4) diffère peu de

$$r . 4\pi F(x, y, z).$$

A la limite, quand r est égal à zéro, ξ est donc nul. Par conséquent la valeur initiale de ξ est nulle.

La relation (6) nous donne, pour $\frac{d\xi}{dt}$,

$$\frac{d\xi}{dt} = V\int F d\sigma + \frac{V}{r}\int \Delta F d\tau.$$

Le second terme du second membre peut être négligé quand le rayon r est infiniment petit. En effet, l'intégrale qu'il contient, devant être étendue à tous les élémen[illegible]e la sphère, sera un infiniment petit du troisième ordre; son quotient par r sera du second ordre et sera négligeable vis-à-vis du premier terme dont la valeur est à la limite $4\pi VF$. Nous aurons donc

$$(9) \qquad \left(\frac{d\xi}{dt}\right)_0 = 4\pi V F(x, y, z).$$

Comme la fonction F est quelconque, la vitesse initiale du déplacement est arbitraire.

73. Pour avoir l'intégrale générale de l'équation du mouvement, il nous faut trouver une seconde solution particulière dont la valeur initiale puisse être prise arbitrairement. Nous allons montrer que

$$\xi' = \frac{1}{V}\frac{d\xi}{dt}$$

satisfait à ces conditions.

D'abord, c'est une solution de l'équation du mouvement. En effet, on a

$$\frac{d^2\xi'}{dt^2} = \frac{1}{V}\frac{d^3\xi}{dt^3} = \frac{1}{V}\frac{d}{dt}\cdot\frac{d^2\xi}{dt^2},$$

et $$\Delta\xi' = \frac{d^2}{dx^2}\cdot\frac{1}{V}\frac{d\xi}{dt} + \frac{d^2}{dy^2}\cdot\frac{1}{V}\frac{d\xi}{dt} + \frac{d^2}{dz^2}\cdot\frac{1}{V}\frac{d\xi}{dt} = \frac{1}{V}\frac{d}{dt}\cdot\Delta\xi.$$

Par conséquent pour que l'équation du mouvement soit satisfaite, il faut que l'on ait

$$\frac{1}{V}\frac{d}{dt}\cdot\frac{d^2\xi}{dt^2}=V^2\frac{1}{V}\frac{d}{dt}\Delta\xi,$$

ou

$$\frac{d}{dt}\cdot\frac{d^2\xi}{dt^2}=V^2\frac{d}{dt}\Delta\xi.$$

Cette égalité sera satisfaite puisqu'on l'obtient en différentiant par rapport à t l'équation (1) à laquelle ξ satisfait identiquement,

Pour avoir la valeur initiale de ξ' il suffit de chercher ce que devient la relation (6) quand on y fait $t = 0$. D'après ce que nous avons dit précédemment dans la recherche de la valeur initiale de $\frac{d\xi}{dt}$, on aura

$$(10) \qquad (\xi')_0 = 4\pi F(x, y, z).$$

On peut donc prendre une valeur quelconque pour la valeur initiale du déplacement, puisque la fonction F est arbitraire.

La valeur initiale de $\frac{d\xi'}{dt}$ se déduira de la relation (8). On a

$$\frac{d\xi'}{dt}=\frac{1}{V}\frac{d^2\xi}{dt^2}=\frac{V}{r}\int\Delta F\,.\,d\omega\,;$$

par conséquent la valeur initiale de la vitesse $\frac{d\xi'}{dt}$ est nulle.

74. La somme des deux solutions particulières ξ et ξ' que nous venons de trouver sera la solution la plus générale de l'équation du mouvement. Cette solution est

$$\xi=\int\frac{F(x',y'.z')}{r}d\omega+\int F_1(x',y',z')d\sigma+\frac{1}{r}\int\Delta F_1 d\tau$$

en désignant par F_1 la fonction arbitraire qui entre dans la seconde solution particulière.

Cherchons l'expression de cette solution quand on se donne les valeurs initiales du déplacement et de la vitesse :

$$\xi_0 = \varphi(x, y, z), \qquad \left(\frac{d\xi}{dt}\right)_0 = \psi(x, y, z).$$

La valeur initiale de l'expression générale de ξ se réduit à la valeur initiale de la seconde solution particulière ; par conséquent, la relation (10) nous donne

$$\varphi = 4\pi F_1.$$

La vitesse initiale de la seconde solution particulière étant nulle, nous aurons d'après la relation (9)

$$\psi = 4\pi V F.$$

En remplaçant, dans l'expression générale de ξ, les fonctions F et F_1 par leurs valeurs tirées de ces dernières relations, nous obtiendrons

$$\xi = \int \frac{\psi d\omega}{4\pi V r} + \int \frac{\varphi d\sigma}{4\pi} + \frac{1}{r} \int \frac{\Delta\varphi \,.\, d\tau}{4\pi}$$

ou (11) $$\xi = \frac{1}{4\pi} \int \frac{d\omega}{r} \left(\frac{\psi}{V} + \frac{\varphi}{r} + \frac{d\varphi}{dr} \right).$$

75. Justification du principe de Huyghens. — L'expression précédente montre que la valeur, au temps t, du déplacement d'un point d'une sphère de rayon Vt dépend à la fois des valeurs du déplacement et de la vitesse du centre de la sphère à l'origine des temps. Nous allons tirer de là la justification du principe de Huyghens, soit dans le cas d'une onde isolée, soit dans le cas d'une série d'ondes périodiques.

Supposons, comme le faisait Huyghens, qu'on ébranle les molécules d'une sphère de rayon infiniment petit. Cet ébranlement se propagera par ondes sphériques et à un certain moment les molécules ébranlées seront situées dans une couche S comprise entre deux sphères de rayons r_0 et $r_0 + \varepsilon$. Le déplacement d'une molécule sera donné par la formule

$$\xi = \frac{F(r - Vt)}{r},$$

que nous avons trouvée (68) dans le cas de la propagation par ondes sphériques. Comme il n'y a de mouvement que dans la couche sphérique, ξ et par suite F, devront être nuls pour tout point pris en dehors de cette couche. Cette fonction F, nulle pour r_0 et pour $r_0 + \varepsilon$, doit passer par un maximum ou un minimum pour une valeur de r comprise entre r_0 et $r_0 + \varepsilon$; par conséquent, sa dérivée par rapport à r n'a pas le même signe pour tous les points de la couche. Or, la vitesse d'une molécule a pour valeur :

$$\frac{d\xi}{dt} = -\frac{V}{r} F'_r ;$$

elle doit donc changer de signe pour une valeur de r telle que

$$r_0 < r < r_0 + \varepsilon.$$

Au bout du temps $t + t'$, il n'y aura de mouvement qu'à l'intérieur d'une couche sphérique S' limitée par deux sphères concentriques de rayons $r_0 + Vt'$ et $r_0 + \epsilon + Vt'$. D'autre part, si nous voulons avoir la valeur de ξ à l'époque $t + t'$ et en un point P quelconque de l'espace, nous pouvons regarder les diverses molécules de S comme des centres d'ébranlement. Cette valeur de ξ nous sera donnée par la formule (11) du n° **74**.

$$\xi = \frac{1}{4\pi} \int \frac{d\omega}{r'} \left(\frac{\psi}{V} + \frac{\varphi}{r'} + \frac{d\varphi}{dr'} \right).$$

L'intégrale doit être étendue à tous les éléments $d\omega$, d'une sphère de centre P et de rayon $r' = Vt'$, ou plutôt à tous ceux de ces éléments qui appartiennent à la couche infiniment mince S ; φ désigne la valeur du déplacement du centre de gravité de $d\omega$ à l'époque t ; et ψ représente la valeur de la vitesse de ce même point à ce même instant.

Il s'agit d'expliquer comment l'expression de ξ ainsi trouvée est nulle toutes les fois que le point P n'appartient pas à la couche S'. On s'en rendra compte en observant que la vitesse initiale ψ ne conserve pas toujours le même signe ainsi que nous venons de le voir. L'intégrale a donc des éléments positifs et négatifs et l'on conçoit qu'elle puisse être nulle.

Il nous suffira d'avoir montré qu'il n'y a là aucune anomalie réelle ; le calcul montrerait que l'intégrale s'annule effectivement pour tous les points de l'espace situés en dehors de S'.

CHAPITRE IV

DIFFRACTION

76. Équations des mouvements transversaux dans le cas de déplacements périodiques. — Supposons que les composantes ξ, η, ζ du déplacement soient des fonctions périodiques du temps ; la valeur de la composante ξ peut alors s'écrire

$$\xi = A \cos \frac{2\pi V t}{\lambda} + B \sin \frac{2\pi V t}{\lambda}$$

A et B étant des fonctions de x, y, z seulement. En remarquant que $\cos z$ est la partie réelle de l'exponentielle e^{-iz} et $\sin z$ la partie réelle de $-ie^{-iz}$, on peut considérer ξ comme la partie réelle de l'exponentielle

$$(A - Bi)\, e^{-\frac{2i\pi}{\lambda} V t},$$

ou

$$\xi_0 e^{-\frac{2i\pi}{\lambda} V t}.$$

Or, les équations des mouvements transversaux étant

linéaire. par rapport aux dérivées secondes de ξ, η, ζ, si une exponentielle de cette forme satisfait à ces équations, la partie réelle et la partie imaginaire y satisferont séparément. Nous pourrons donc, comme nous l'avons déjà dit (**51**), chercher les solutions de la forme

$$\xi = \xi_0 e^{-\frac{2i\pi}{\lambda} Vt}$$

et ensuite prendre pour valeur de la composante du déplacement la partie réelle de cette solution,

Pour simplifier, posons

$$\frac{2\pi}{\lambda} = \alpha,$$

nous aurons

$$\xi = \xi_0 e^{-i\alpha Vt}.$$

La dérivée seconde de ξ par rapport à t sera,

$$\frac{d^2\xi}{dt^2} = -\alpha^2 V^2 \xi_0 e^{-i\alpha Vt},$$

ξ_0 ne dépendant pas du temps puisque les fonctions A et B n'en dépendent pas. La dérivée seconde par rapport à x est

$$\frac{d^2\xi}{dx^2} = \frac{d^2\xi_0}{dx^2} e^{-i\alpha Vt};$$

par conséquent on aura

$$\Delta\xi = \Delta\xi_0 e^{-i\alpha Vt}.$$

Pour que la première équation des mouvements transversaux,

$$\frac{d^2\xi}{dt^2} = V^2 \Delta\xi$$

soit satisfaite, il faut donc que l'on ait

$$-\alpha^2 V^2 \xi_0 e^{-i\alpha Vt} = V^2 \Delta \xi_0 e^{-i\alpha Vt},$$

c'est-à-dire

$$(1) \qquad \Delta \xi_0 + \alpha^2 \xi_0 = 0$$

Les deux autres équations du mouvement nous donneraient deux nouvelles équations de condition,

$$(2) \qquad \Delta \eta_0 + \alpha^2 \eta_0 = 0,$$

$$(3) \qquad \Delta \zeta_0 + \alpha^2 \zeta_0 = 0.$$

En outre, les mouvements étant transversaux, nous devons avoir

$$\Theta = \frac{d\xi}{dx} + \frac{d\eta}{dy} + \frac{d\zeta}{dz} = 0;$$

et comme,

$$\frac{d\xi}{dx} = \frac{d\xi_0}{dx} e^{-i\alpha Vt}, \qquad \frac{d\eta}{dy} = \frac{d\eta_0}{dy} e^{-i\alpha Vt}, \qquad \frac{d\zeta}{dz} = \frac{d\zeta_0}{dz} e^{-i\alpha Vt},$$

la condition de transversalité devient,

$$(4) \qquad \frac{d\xi_0}{dx} + \frac{d\eta_0}{dy} + \frac{d\zeta_0}{dz} = 0.$$

Telles sont les quatre conditions que doivent remplir ξ_0, η_0, ζ_0, pour que ξ, η, ζ satisfassent aux équations des mouvements transversaux.

77. Intégration de la première des équations de condition. — Dans la recherche des intégrales des équations des mouvements transversaux dans le cas des ondes sphériques, nous avons trouvé (69) pour solution particulière de l'équation

$$\Delta\xi + \alpha^2\xi = 0,$$

l'expression

$$\xi = \frac{e^{-i\alpha(r-Vt)}}{r}.$$

Par conséquent,

$$\xi_0 = \frac{1}{r} e^{i\alpha r},$$

sera une solution particulière de l'équation de condition (1), r étant la distance du point x, y, z à l'origine. Cette quantité sera encore solution de la même équation quand r désignera la distance du point x, y, z à un point fixe quelconque, car l'équation différentielle conserve la même forme quand on prend pour origine le point fixe.

Soient maintenant P_1, P_2, P_3,.... P_n un certain nombre de points fixes dont les distances au point M de coordonnées x, y, z, sont r_1, r_2, r_3,.... r_n ; la somme

$$\xi_0 = m_1 \frac{e^{i\alpha r_1}}{r_1} + m_2 \frac{e^{i\alpha r_2}}{r_2} + m_3 \frac{e^{i\alpha r_3}}{r_3} + \ldots + m_n \frac{e^{i\alpha r_n}}{r_n}$$

satisfera à l'équation (1). Si on supposait $\alpha = 0$, ξ_0 se réduirait à une somme de termes tels que $\frac{m_1}{r_1}$, c'est-à-dire que ξ_0 serait le potentiel au point M, supposé attiré suivant la loi de Newton par des points P_1, P_2,... P_n, de masses m_1, m_2... m_n. Cette analogie va nous permettre de trouver facilement plusieurs solutions particulières de l'équation (1).

Considérons en effet une matière attirante répandue d'une manière quelconque dans l'espace, mais de telle façon que l'attraction, au lieu d'être régie par la loi de Newton, soit rereprésentée par la fonction

$$\frac{d}{dr}\left(\frac{e^{i\alpha r}}{r}\right),$$

r désignant la distance du point attiré au point attirant. D'après ce qui précède, on voit que le potentiel dû à l'attraction de cette matière satisfera à l'équation (1).

78. Dans la théorie du potentiel, on considère non seulement l'attraction de points isolés, mais encore l'attraction de volumes et de surfaces. En supposant que les points P_1, P_2,... P_n forment un volume on aura pour ξ_0

$$\xi_0 = \int \frac{e^{i\alpha r} X d\tau}{r}. \tag{5}$$

L'intégrale est étendue à tous les éléments $d\tau$ du volume attirant, et X est une fonction quelconque des coordonnées de l'élément $d\tau$. Cette fonction X représente la densité de la matière attirante.

Il est clair que pour tout point pris en dehors du volume attirant, ξ_0 satisfera à l'équation (1). L'analogie avec la théorie ordinaire du potentiel suffit pour nous avertir qu'il n'en sera plus de même pour un point appartenant au volume attirant. Démontrons qu'on aura en un point P de ce volume :

$$\Delta\xi_0 + \alpha^2\xi_0 + 4\pi X = 0, \tag{6}$$

X désigne ici la valeur que prend au point P la densité de la matière attirante. Il est aisé de reconnaître que si l'on fait $\alpha = 0$, on retombe sur l'équation de Poisson.

Pour démontrer cette équation, décrivons du point P comme centre une très petite sphère s, et décomposons le volume attirant en deux volumes partiels, à savoir la sphère s et le volume T situé en dehors de cette sphère. Posons ensuite

$$\xi_0 = \xi_1 + \xi_2 + \xi_3,$$

où

$$\xi_1 = \int X \frac{e^{i\alpha r}}{r} d\tau \qquad \text{(intégrale étendue au volume T)},$$

$$\xi_2 = \int \frac{X}{r} d\tau \qquad \text{(intégrale étendue à } s\text{)},$$

$$\xi_3 = \int X \left(\frac{e^{i\alpha r} - 1}{r}\right) d\tau \quad \text{(intégrale étendue à } s\text{)}.$$

Le point P étant en dehors du volume T, on aura

$$\Delta\xi_1 + \alpha^2\xi_1 = 0.$$

D'ailleurs, l'équation de Poisson nous donne

$$\Delta\xi_2 + 4\pi X = 0.$$

Le rayon de la sphère s étant très petit, on aura à des infiniment petits près

$$\xi_2 = \xi_3 = 0, \qquad \xi_1 = \xi_0.$$

D'autre part, si nous considérons l'intégrale qui définit la fonction ξ_3, nous voyons que la fonction sous le signe $\int$ ne devient pas infinie pour $r = o$; nous en conlurons que $\Delta\xi_3$ est du même ordre de grandeur que la sphère s ; on a donc

$$\Delta\xi_3 = o, \qquad \Delta\xi_0 = \Delta\xi_1 + \Delta\xi_2,$$

d'où

$$\Delta\xi_0 + \alpha^2\xi_0 + 4\pi X = o.$$

79. Envisageons maintenant une surface attirante. Le potentiel dû à l'attraction de cette surface sera représenté par l'intégrale

$$(7) \qquad \xi_0 = \int X \frac{e^{i\alpha r}}{r} d\omega,$$

étendue à tous les éléments $d\omega$ de la surface attirante ; X désigne une fonction quelconque des coordonnées de l'élément $d\omega$, et r est la distance de cet élément au point attiré x, y, z.

Nous trouverons encore ici la plus grande analogie avec la théorie du potentiel newtonien et en effet si nous posons

$$\xi_0 = \xi_1 + \xi_2,$$

$$\xi_1 = \int \frac{X}{r} d\omega, \qquad \xi_2 = \int X \frac{e^{i\alpha r} - 1}{r} d\omega,$$

la première intégrale est le potentiel ordinaire, la seconde est telle que la fonction sous le signe $\int$ ne devient jamais infinie ; c'est donc une fonction continue ainsi que toutes ses dérivées.

D'après la théorie du potentiel newtonien, ξ_1 est aussi une fonction continue, il en est donc de même de ξ_0. Mais il n'en est pas de même de ses dérivées.

En effet $\frac{d\xi_0}{dx}$, $\frac{d\xi_0}{dy}$, $\frac{d\xi_0}{dz}$ sont les composantes de la force attractive suivant les trois axes; nous désignerons de même suivant l'usage, par la notation $\frac{d\xi_0}{dn}$, la projection de cette même force sur la normale à l'élément $d\omega$. On aura donc

$$\frac{d\xi_0}{dn} = l\frac{d\xi_0}{dx} + m\frac{d\xi_0}{dy} + n\frac{d\xi_0}{dz},$$

l, m et n désignant les cosinus directeurs de cette normale.

Nous savons que $\frac{d\xi_1}{dn}$ est une fonction discontinue et que si l'on considère deux points infiniment voisins situés de part et d'autre de l'élément $d\omega$, les valeurs de cette fonction en ces deux points différeront d'une quantité égale à $4\pi X$. Or $\frac{d\xi_2}{dn}$ est continu. Donc $\frac{d\xi_0}{dn} = \frac{d\xi_1}{dn} + \frac{d\xi_2}{dn}$ sera discontinu et subira un saut brusque égal à $4\pi X$ quand on franchira la surface attirante.

80. Il nous reste à étendre au cas qui nous occupe la théorie de la double couche attirante dont le rôle est si grand dans l'étude du potentiel newtonien.

Considérons deux surfaces parallèles infiniment voisines, telles que les normales aux deux surfaces soient les mêmes, et que la distance infiniment petite de ces deux surfaces, comptée sur l'une des normales communes, soit constante.

Imaginons que de la matière attirante soit répandue sur ces deux surfaces, de telle façon que les densités sur deux éléments correspondants des deux surfaces soient égales et de signe contraire.

En considérant le potentiel dû à l'attraction d'une pareille double couche, nous allons trouver de nouvelles solutions particulières de l'équation (1).

Désignons par ε la distance qui sépare les deux couches, par X_1 et $-X_1$ les valeurs de la densité aux centres de gravité P et P' (*fig.* 8) de deux éléments correspondants $d\omega$, et posons

$$F(r) = \frac{e^{i\alpha r}}{r}.$$

Nous aurons pour le potentiel dû à l'attraction de ces deux éléments sur un point M situé en dehors de la couche, et dont la distance à l'un des éléments de surface est r,

$$(8) \qquad X_1 d\omega F(r) - X_1 d\omega F(r + dr) = - X_1 d\omega dr F'(r).$$

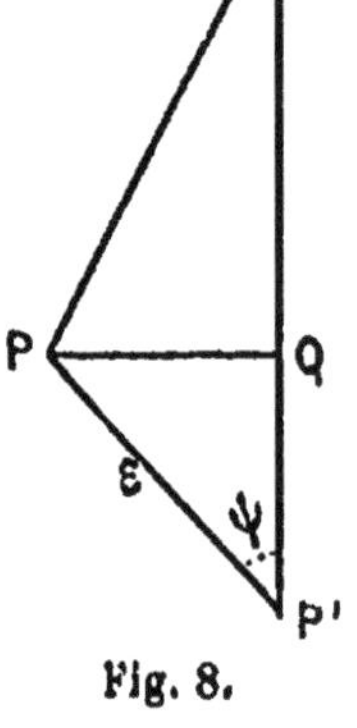

Fig. 8.

Pour avoir la valeur de dr nous abaisserons du centre P d'un des éléments une perpendiculaire PQ sur la droite MP'; la distance P'Q sera, à un infiniment petit du second ordre près, égale à dr; nous aurons donc

$$dr = \varepsilon \cos \psi,$$

ψ désignant l'angle de la droite MP' avec la droite PP' qui est normale à chacune des couches. En portant cette valeur dans (8) nous obtenons pour le potentiel total,

$$(9) \qquad \xi_0 = \int X_1 \varepsilon d\omega \cos \psi F'(r).$$

Comme la fonction X_1 est quelconque, on pourra, sans diminuer la généralité de la solution particulière (9) remplacer $X_1\varepsilon$ par une seule lettre X_2 désignant une fonction quelconque de x, y, z. En outre, puisqu'on a posé

$$F(r) = \frac{e^{i\alpha r}}{r},$$

on aura pour la dérivée,

$$F'r = \frac{e^{i\alpha r}}{r}\left(i\alpha - \frac{1}{r}\right).$$

Par conséquent l'expression (9) de ξ_0 peut s'écrire

$$(10) \qquad \xi_0 = \int X_2 \frac{e^{i\alpha r}}{r}\left(i\alpha - \frac{1}{r}\right) \cos\psi\, d\omega.$$

Posons encore :

$$\xi_0 = \xi_1 + \xi_2,$$

$$\xi_1 = -\int \frac{X_2 \cos\psi}{r^2}\, d\omega,$$

$$\xi_2 = \int X_2 \cos\psi \left[\frac{i\alpha e^{i\alpha r}}{r} - \frac{e^{i\alpha r}}{r^2} + \frac{1}{r^2}\right] d\omega.$$

Nous voyons que ξ_1 représente le potentiel newtonien d'une double couche. Quant à la seconde intégrale ξ_2 (comme la fonction sous le signe $\int$ ne devient pas infinie) elle sera continue ainsi que toutes ses dérivées.

La théorie du potentiel newtonien nous apprend que $\frac{d\xi_1}{dn}$

est continu, mais que ξ_1 est une fonction discontinue. Donc $\frac{d\xi_0}{dn}$ est continu et ξ_0 sera une fonction discontinue qui subira un saut brusque égal à $4\pi X_2$ quand on franchira la surface attirante.

81. La combinaison des intégrales (7) et (10) nous donne la solution la plus générale de l'équation (1).

En effet si X_1 et X_2 sont deux fonctions quelconques des coordonnées d'un élément $d\omega$ d'une surface quelconque ; si r est la longueur de la droite qui joint l'élément $d\omega$ au point x, y, z ; et que ψ désigne l'angle que fait cette droite avec la normale à l'élément $d\omega$, l'expression.

$$(11)\quad \xi_0 = \int X_1 \frac{e^{i\alpha r}}{r} d\omega + \int X_2 \cos\psi \frac{e^{i\alpha r}}{r}\left(i\alpha - \frac{1}{r}\right) d\omega$$

satisfera à l'équation (1). Il nous reste à montrer que c'en est là l'intégrale générale.

Soit U une fonction quelconque finie et continue ainsi que toutes ses dérivées et satisfaisant à l'équation (1) en dehors d'une certaine surface S.

Soit V le potentiel dû à un certain volume attirant dont une partie pourra se trouver en dehors de la surface S. On aura

$$(12)\qquad \Delta V + \alpha^2 V = 0,$$

en dehors du volume attirant, et en un point de ce volume

$$(13)\qquad \Delta V + \alpha^2 V + 4\pi\rho = 0,$$

ρ étant la densité de la matière attirante.

Le théorème de Green nous donne :

$$(14)\qquad \int\left(U\frac{dV}{dn}-V\frac{dU}{dn}\right)d\omega=\int(U\Delta V-V\Delta U)d\tau,$$

la première intégrale étant étendue à tous les éléments $d\omega$ de la surface S et la seconde à tous les éléments de volume $d\tau$ de l'espace extérieur à cette surface. Dans le calcul des dérivées $\frac{dU}{dn}$ et $\frac{dV}{dn}$ on considère la normale à l'élément $d\omega$ comme dirigée vers l'intérieur de la surface S.

Comme U satisfait à l'équation (1) et V aux équations (12) et (13) l'intégrale du second membre de (14) se réduira à

$$-4\pi\int U\rho d\tau,$$

l'intégration devant être étendue au volume attirant qui engendre le potentiel V ou plutôt à la portion de ce volume qui est extérieure à S.

Supposons maintenant que le volume attirant qui engendre V se réduise à une sphère de rayon très petit ayant pour centre le point x_0, y_0, z_0, et que la densité ρ soit telle que la masse attirante totale soit égale à 1. Alors, en appelant r_0 la distance d'un élément $d\omega$ de S au point x_0, y_0, z_0, la valeur de V au centre de gravité de cet élément se réduira à :

$$\frac{e^{i\alpha r_0}}{r_0}$$

et celle de $\frac{dV}{dn}$ à :

$$+\cos\psi\,\frac{e^{i\alpha r_0}}{r_0}\left(i\alpha-\frac{1}{r_0}\right),$$

ψ désignant toujours l'angle de la normale extérieure à l'élément $d\omega$ avec la droite qui joint cet élément au point x_0, y_0, z_0.

L'intégrale $\int U\rho d\tau$ se réduira à U_0 (U_0 étant la valeur de U au point x_0, y_0, z_0), si ce point est extérieur à S. Cette intégrale est nulle dans le cas contraire, car elle s'étend à la portion du volume attirant extérieur à S, et si le point x_0, y_0, z_0 est intérieur à S, il en est de même du volume attirant tout entier. On a donc simplement :

$$-4\pi U_0 = \int \left(U\frac{dV}{dn} - V\frac{dU}{dn}\right) d\omega.$$

Si, supprimant les indices, nous appelons x, y, z le point que nous avons appelé x_0, y_0, z_0 ; r sa distance à l'élément $d\omega$, et U la valeur de la fonction U en ce point ; il vient simplement :

$$(15)\quad U = -\int \frac{U}{4\pi}\frac{e^{i\alpha r}}{r}\left(i\alpha - \frac{1}{r}\right)\cos\psi\, d\omega + \int \frac{dU}{dn}\frac{e^{i\alpha r}}{4\pi r} d\omega.$$

On voit ainsi que U, qui est une fonction *quelconque* satisfaisant à l'équation (1), est égale à l'expression (11) pourvu qu'on prenne pour la fonction arbitraire X_1 la valeur de $\frac{dU}{4\pi dn}$ sur l'élément $d\omega$ et pour la fonction arbitraire X_2 la valeur de $-\frac{U}{4\pi}$ sur ce même élément.

82. L'équation (15) est vraie si le point x, y, z est extérieur à S. Dans le cas contraire le second membre de cette équation

(15) se réduit à 0, car nous venons de voir que, si le point x_0, y_0, z_0 est intérieur à S, l'intégrale $\int U\rho d\tau$ est nulle.

Si dans l'expression (11), les fonctions arbitraires X_1 et X_2 sont quelconques, cette expression représentera toujours à l'extérieur de S une fonction U qui satisfera à l'équation (1) ; mais il n'arrivera pas en général que U se réduira à $-4\pi X_2$ et $\frac{dU}{dn}$ à $4\pi X_1$ quand le point x, y, z se rapprochera indéfiniment d'un élément $d\omega$ de S.

Pour qu'il en soit ainsi, il faut, d'après ce que nous venons de voir, que l'expression (11) soit nulle toutes les fois que le point x, y, z est intérieur à S.

Cette condition est suffisante. En effet, si elle est remplie, en un point infiniment voisin de S, mais intérieur à cette surface, les valeurs de l'expression (11) et de ses dérivées seront nulles.

Considérons maintenant un point infiniment voisin du premier, mais extérieur à S. D'après ce que nous avons dit plus haut de la discontinuité du potentiel d'une simple couche ou d'une double couche, les valeurs de U et de $\frac{dU}{dn}$ en ces deux points infiniment voisins devront différer de quantités égales respectivement à $4\pi X_1$ et $-4\pi X_2$.

Or au premier point on a

$$U = \frac{dU}{dn} = 0.$$

On aura donc au second

$$U = -4\pi X_2, \qquad \frac{dU}{dn} = 4\pi X_1.$$

83. Équations de la diffraction. — Soit O une source lumineuse que nous supposerons réduite à un point dont les déplacements sont des fonctions périodiques du temps. Ce point deviendra le centre d'une série d'ondes sphériques dont chaque point sera animé d'un mouvement périodique. Les composantes du déplacement d'un de ces points seront les parties réelles d'expressions de la forme

$$(1) \qquad \begin{aligned} \xi &= \xi_1 e^{-i\alpha V t}, \\ \eta &= \eta_1 e^{-i\alpha V t}, \\ \zeta &= \zeta_1 e^{-i\alpha V t}, \end{aligned}$$

ξ_1, η_1, ζ_1, satisfaisant aux équations différentielles

$$(2) \qquad \begin{aligned} \Delta\xi_1 + \alpha^2\xi_1 &= 0, \\ \Delta\eta_1 + \alpha^2\eta_1 &= 0, \\ \Delta\zeta_1 + \alpha^2\zeta_1 &= 0, \end{aligned}$$

$$\Theta_1 = \frac{d\xi_1}{dx} + \frac{d\eta_1}{dy} + \frac{d\zeta_1}{dz} = 0.$$

Les ondes sont sphériques, d'où il résulte, non que ξ_1 η_1 ζ_1 sont fonctions de r seulement, (ce qui est incompatible avec la condition de transversalité) mais que ces quantités varient beaucoup plus lentement quand on se déplace sur la surface d'une sphère S ayant son centre en O que si l'on se déplace normalement à cette sphère.

Nous poserons donc

$$\xi_1 = \xi_2 e^{i\alpha r}, \qquad \eta_1 = \eta_2 e^{i\alpha r}, \qquad \zeta_1 = \zeta_2 e^{i\alpha r},$$

ξ_2, η_2, ξ_2 variant beaucoup plus lentement que le facteur $e^{i\alpha r}$.

La dérivée de $e^{i\alpha r}$ est égale à $i\alpha e^{i\alpha r}$; comme $\alpha = \frac{2\pi}{\lambda}$ est une quantité très grande; cette dérivée est elle-même très grande. Au contraire, nous supposerons que les dérivées de ξ_2, η_2 et ζ_2 sont des quantités finies.

Soient l, m, n les cosinus directeurs de la normale à la sphère S; nous avons besoin de

$$\frac{d\xi_1}{dn} = l\frac{d\xi_1}{dx} + m\frac{d\xi_1}{dy} + n\frac{d\xi_1}{dz}$$

Nous trouvons :

$$\frac{d\xi_1}{dn} = \frac{d\xi_1}{dr} = i\alpha\xi_2 e^{i\alpha r} + \frac{d\xi_2}{dr} e^{i\alpha r}.$$

Le second terme est très petit par rapport au premier parce que α est très grand ; on a donc *approximativement*

$$\frac{d\xi_1}{dn} = i\alpha\xi_1;$$

et de même,

$$\frac{d\eta_1}{dn} = i\alpha\eta_1, \qquad \frac{d\zeta_1}{dn} = i\alpha\zeta_1.$$

Supposons maintenant qu'une portion d'une sphère S ayant pour centre le point lumineux soit occupée par un écran. L'intensité lumineuse en un point de l'éther intérieur à la sphère, sera très sensiblement le même que si l'écran n'existait pas. Il en sera de même pour les points de la sphère extérieurs à l'écran. Pour les points de l'écran, l'intensité doit être très sensiblement nulle.

84. Voici donc les conditions que nous aurons à remplir :

A l'extérieur de la sphère S les trois composantes du déplacement seront les parties réelles des exponentielles

$$\xi_0 e^{-i\alpha V t}, \qquad \eta_0 e^{-i\alpha V t}, \qquad \zeta_0 e^{-i\alpha V t},$$

et les fonctions ξ_0, η_0, ζ_0 devront satisfaire aux quatre conditions suivantes.

A. On devra avoir en dehors de S

$$\Delta\xi_0 + \alpha^2\xi_0 = \Delta\eta_0 + \alpha^2\eta_0 = \Delta\zeta_0 + \alpha^2\zeta_0 = 0.$$

B. En tous les points de S qui n'appartiennent pas à l'écran on doit avoir très sensiblement

$$\xi_0 = \xi_1, \qquad \frac{d\xi_0}{dn} = \frac{d\xi_1}{dn} = i\alpha\xi_1,$$

$$\eta_0 = \eta_1, \qquad \frac{d\eta_0}{dn} = \frac{d\eta_1}{dn} = i\alpha\eta_1,$$

$$\zeta_0 = \zeta_1, \qquad \frac{d\zeta_0}{dn} = \frac{d\zeta_1}{dn} = i\alpha\zeta_1.$$

C. En tous les points de l'écran, on doit avoir très sensiblement.

$$\xi_0 = \eta_0 = \zeta_0 = \frac{d\xi_0}{dn} = \frac{d\eta_0}{dn} = \frac{d\zeta_0}{dn} = 0.$$

D. La condition de transversalité

$$\Theta_0 = \frac{d\xi_0}{dx} + \frac{d\eta_0}{dy} + \frac{d\zeta_0}{dz} = 0,$$

doit être remplie.

Il est impossible de satisfaire exactement aux conditions

B et C ; on n'y peut satisfaire que *très sensiblement*, c'est-à-dire à des quantités près de l'ordre de la longueur d'onde λ.

Nous avons vu plus haut que si une fonction ξ_0 satisfait à l'équation $\Delta\xi_0 + \alpha^2\xi_0 = 0$ à l'extérieur d'une surface S, si aux divers points de cette surface elle se réduit à $-4\pi X_2$ pendant que $\frac{d\xi_0}{dn}$ se réduit à $4\pi X_1$, on aura à l'extérieur de S

$$(3) \qquad \xi_0 = \int X_2 \frac{e^{i\alpha r}}{r}\left(i\alpha - \frac{1}{r}\right)\cos\psi d\omega + \int X_1 \frac{e^{i\alpha r}}{r} d\omega,$$

tandis qu'à l'intérieur de S, le second membre de (3) se réduira à 0.

Ici notre surface S se réduit à une sphère de centre O ; ξ_0 et $\frac{d\xi_0}{dn}$ sont très sensiblement nuls pour les points de l'écran ; pour les points extérieurs à l'écran, ξ_0 est à peu près égal à ξ_1 et $\frac{d\xi_0}{dn}$ à $i\alpha\xi_1$ si l'on considère la normale à S comme dirigée vers l'extérieur, et à $-i\alpha\xi_1$, si on regarde cette normale dirigée vers l'intérieur, ainsi qu'on doit le faire dans l'application de la formule (15) du n° **81**.

Si donc nous prenons

$$X_1 = i\alpha X_2 = 0,$$

pour les points de l'écran de S et

$$X_1 = i\alpha X_2 = -\frac{i\alpha\xi_1}{4\pi},$$

pour les points extérieurs à l'écran, le second membre de (3) différera très peu de ξ_0 à l'extérieur de S et très peu de 0 à l'intérieur de S.

Nous arrivons donc à la conclusion suivante.

S'il existe des fonctions ξ_0, η_0, ζ_0, satisfaisant approximativement aux conditions A, B, C, D, ces fonctions seront très sensiblement représentées par les intégrales

$$\xi_0 = \int X_2 d\omega \frac{e^{i\alpha r}}{r}\left(i\alpha + i\alpha\cos\psi - \frac{\cos\psi}{r}\right),$$

$$(4) \qquad \eta_0 = \int Y_2 d\omega \frac{e^{i\alpha r}}{r}\left(i\alpha + i\alpha\cos\psi - \frac{\cos\psi}{r}\right),$$

$$\zeta_0 = \int Z_2 d\omega \frac{e^{i\alpha r}}{r}\left(i\alpha + i\alpha\cos\psi - \frac{\cos\psi}{r}\right),$$

étendues à tous les éléments $d\omega$ de la sphère S. Dans ces formules,

$$X_2 = Y_2 = Z_2 = 0$$

si l'élément $d\omega$ appartient à l'écran, et on a

$$X_2 = -\frac{\xi_1}{4\pi}, \qquad Y_2 = -\frac{\eta_1}{4\pi}, \qquad Z_2 = -\frac{\zeta_1}{4\pi}$$

si l'élément $d\omega$ n'appartient pas à l'écran.

85. Il nous reste à faire voir qu'il existe effectivement des fonctions satisfaisant à ces conditions ; nous avons donc à montrer que les expressions (4) remplissent à très peu près les conditions A, B, C, D.

1° La condition A est certainement remplie d'après ce que nous avons dit au n° **82**.

2° D'après ce que nous avons vu dans ce même paragraphe, les conditions B et C seraient remplies exactement si les intégrales (4) étaient exactement nulles à l'intérieur de S. Elles seront donc sensiblement remplies si ces intégrales sont sensiblement nulles à l'intérieur de S.

Nous avons donc à démontrer d'abord que les intégrales (4) sont sensiblement nulles à l'intérieur de S et pour cela à donner une méthode pour calculer approximativement ces intégrales. C'est ce que nous ferons dans le paragraphe suivant.

Nous établirons ensuite que si ξ_0, η_0, ζ_0 sont définis par les formules (4) on a très sensiblement

$$\Theta_0 = \frac{d\xi_0}{dx} + \frac{d\eta_0}{dy} + \frac{d\zeta_0}{dz} = 0.$$

Remarquons en passant que les intégrales (4) représentent à l'intérieur et à l'extérieur de S deux fonctions différentes qui ne sont pas la continuation analytique l'une de l'autre. Cela tient à la discontinuité du potentiel d'une simple ou d'une double couche. Aussi les intégrales de Fresnel qui rendent compte des phénomènes optiques qui se passent à l'extérieur de la sphère S, ne représentent pas les phénomènes qui se passent à l'intérieur de cette sphère. C'est là l'explication des anomalies signalées par Poisson.

86. Calcul des intégrales (4). Nous allons chercher à calculer approximativement la première intégrale (4) que nous écrirons

$$(5) \qquad \xi_0 = \int X \frac{e^{i\alpha r}}{r} d\omega,$$

en posant pour abréger

$$(6) \qquad X = X_2 \left[i\alpha (1 + \cos\psi) - \frac{\cos\psi}{r} \right]$$

Changeons de coordonnées. S (*fig*, 9) étant la sphère dont une portion est occupée par un écran et P le point éclairé x, y, z, la position d'un point sera déterminée dans le nouveau système de coordonnées, par l'angle φ que fait le plan passant par ce point et la droite OP avec un plan fixe mené

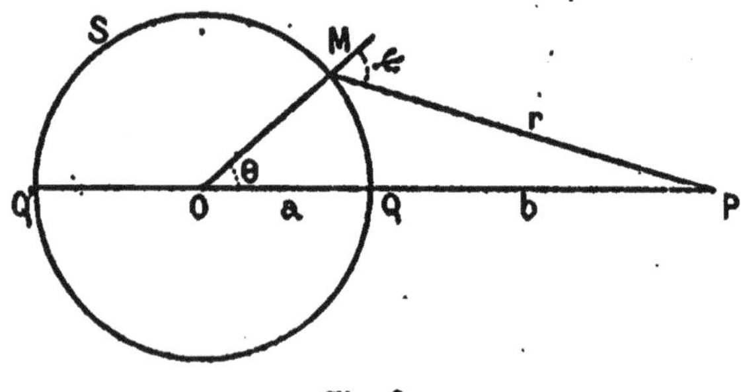

Fig. 9.

par OP, par l'angle θ de la droite qui joint le point au point O avec OP, et enfin par le rayon vecteur R mené du point O. Dans ce système un élément de la surface de la sphère S de rayon a, a pour expression

$$d\omega = a^2 \sin \theta d\theta d\varphi.$$

On peut donner à cette expression une autre forme. En désignant par b la distance QP du point P à la sphère, on a dans le triangle MOP :

$$r^2 = (a + b)^2 + a^2 - 2a (a + b) \cos \theta ;$$

en différentiant, on obtient

$$rdr = a (a + b) \sin \theta d\theta.$$

Et, si on remplace dans $d\omega$ le produit $\sin \theta d\theta$ par sa valeur dans cette dernière expression, il vient :

$$d\omega = \frac{a^2 r dr}{a(a+b)} d\varphi = \frac{a}{a+b} r dr d\varphi.$$

En portant cette valeur de $d\omega$ dans l'expression (5) de ξ_0, nous obtenons.

$$(7) \qquad \xi_0 = \frac{a}{a+b} \int\int X e^{i\alpha r} dr d\varphi,$$

l'intégration étant prise entre b et $2a+b$ pour r, et entre 0 et 2π pour φ.

Toutefois nous n'étendrons l'intégration qu'à la partie de la sphère S non occupée par l'écran ; cela ne changera rien au résultat puisque sur l'écran, la fonction X est nulle. Nous aurons ainsi l'avantage que dans tout le champ d'intégration, la fonction X sera continue et que ses dérivées seront finies, ce qui est nécessaire pour ce qui va suivre. Dans ces conditions les limites de l'intégration par rapport à r ne seront pas forcément b et $2a+b$. Nous les appellerons r_1 et r_2.

Intégrons d'abord par rapport à r. En appliquant la règle de l'intégration par parties et en désignant par r_1 et r_2 les limites de la variable, nous aurons

$$\int X e^{i\alpha r} dr = \left[\frac{X e^{i\alpha r}}{i\alpha}\right]_{r_1}^{r_2} - \frac{1}{i\alpha} \int \frac{dX}{dr} e^{i\alpha r} dr,$$

et, si nous intégrons par parties l'intégrale du second membre nous obtiendrons

$$\int X e^{i\alpha r} dr = \left[\frac{X e^{i\alpha r}}{i\alpha}\right]_{r_1}^{r_2} + \frac{1}{\alpha^2} \left[\frac{dX}{dr} e^{i\alpha r}\right]_{r_1}^{r_2} - \frac{1}{\alpha^2} \int \frac{d^2X}{dr^2} e^{i\alpha r} dr,$$

α étant une quantité infiniment grande nous pouvons en général, dans le calcul approximatif que nous nous sommes proposé, négliger les termes du second membre qui contiennent en facteur une puissance de α inférieure à -1. Nous avons alors

$$\int \mathrm{X}e^{i\alpha r}dr = \left[\frac{\mathrm{X}e^{i\alpha r}}{i\alpha}\right]_{r_1}^{r_2},$$

et la valeur de ξ_0 donnée par l'intégrale (7) est approximativement

$$\xi_0 = \frac{a}{a+b}\int_0^{2\pi}\left[\frac{\mathrm{X}e^{i\alpha r}}{i\alpha}\right]_{r_1}^{r_2} d\varphi. \tag{8}$$

87. Dans la figure 9, le point P se trouve en dehors de la sphère S ; mais il est évident que si nous avions pris le point P à l'intérieur de la sphère, nous serions arrivés à la même expression de ξ_0 en considérant dans ce cas la distance b du point à la sphère comme négative.

Nous allons montrer à l'aide de l'expression (8) que la valeur de ξ_0 est sensiblement nulle en un point intérieur à la sphère.

Voyons en effet ce que représentent les limites supérieure et inférieure r_1 et r_2. Plusieurs cas peuvent se présenter ; nous n'en envisagerons que trois :

1° Il n'y a pas d'écran. On a alors

$$r_1 = b, \qquad r_2 = 2a + b,$$

si le point P est extérieur à la sphère, et

$$r_1 = b, \qquad\qquad r_2 = 2a - b,$$

si le point P est intérieur à la sphère.

2° Il y a un écran ; le point Q, pôle du point P, n'est pas sur l'écran, mais le point diamétralement opposé appartient à l'écran.

Alors $r_1 = b$; et la limite supérieure r_2, qui est en général une fonction de φ, est la valeur de r qui correspond au bord de l'écran.

3° Il y a un écran ; le point Q appartient à l'écran et le point diamétralement opposé n'en fait pas partie.

Alors $r_2 = 2a \pm b$ et a_1 est la valeur de r qui correspond au bord de l'écran.

Appelons J l'intégrale

$$\int_0^{2\pi} \frac{Xe^{i\alpha r}}{i\alpha}\, d\varphi$$

prise le long du bord de l'écran, et soient X′ et X″ les valeurs de $\frac{Xe^{i\alpha r}}{i\alpha}$ au point Q et au point diamétralement opposé.

Nous aurons :

dans le premier cas $\quad \xi_0 = \frac{a}{a+b}(2\pi X'' - 2\pi X'),$

dans le second $\quad \xi_0 = \frac{a}{a+b}(J - 2\pi X'),$

dans le troisième $\quad \xi_0 = \frac{a}{a+b}(2\pi X'' - J).$

Nous verrons plus loin que J est généralement négligeable.

Il nous reste à calculer X' et X'', Nous avons

$$X = X_2\left(i\alpha + i\alpha\cos\psi - \frac{\cos\psi}{r}\right).$$

Le dernier terme $\frac{\cos\psi}{r}$ est négligeable devant $i\alpha$ parce que α est très grand. Il reste donc

$$X = i\alpha X_2 (1 + \cos\psi) = -\frac{i\alpha\xi_1}{4\pi}(1 + \cos\psi)$$

puisque en dehors de l'écran X_2 est égal à $-\frac{\xi_1}{4\pi}$.

Au point Q on a :

si le point P est extérieur à S $\quad \psi = 0 \quad X' = -\frac{\xi_1}{2\pi}e^{i\alpha b}$,

si le point P est intérieur à S $\quad \psi = \pi \quad X' = 0$.

Au point diamétralement opposé on a, dans tous les cas $\psi = \pi$ et $X'' = 0$.

Par conséquent, si le point P est intérieur à S, l'intégrale (8) sera généralement négligeable.

88. Si le point P est extérieur à S ; on a dans les trois cas envisagés plus haut :

Dans le premier cas $\quad \xi_0 = \xi_1 e^{i\alpha b}\frac{a}{a+b}$.

Dans le second cas $\quad \xi_0 = \xi_1 e^{i\alpha b}\frac{a}{a+b}$.

Dans le troisième cas $\quad \xi_0 = 0$.

Donc si le point Q n'appartient pas à l'écran, c'est-à-dire si P n'est pas dans l'ombre géométrique, l'intensité est la même que s'il n'y avait pas d'écran. Si au contraire P est dans l'ombre géométrique, l'intensité est nulle. En d'autres termes les phénomènes sont les mêmes que dans la théorie géométrique des ombres. Il n'y aura donc de phénomènes de diffraction que si l'intégrale J n'est pas négligeable.

Nous sommes donc amenés à : 1° Démontrer que l'intégrale J est généralement négligeable.

2° Chercher quels sont les cas d'exception où elle cesse de l'être.

Nous avons à évaluer l'intégrale

$$J = \int \frac{Xe^{i\alpha r}}{i\alpha} d\varphi$$

étendue à tout le contour de l'écran.

Pour cela nous décomposerons ce contour en un certain nombre d'arcs partiels qui seront de deux sortes

1° Sur les arcs de la première sorte la dérivée $\frac{d\varphi}{dr}$ sera finie ;

2° Sur les arcs de la deuxième sorte, cette dérivée sera assez grande pour ne pas être négligeable devant α.

D'ailleurs rien ne nous empêche de supposer que la subdivision du contour en arcs partiels ait été faite de telle sorte que le long d'un de ces arcs r soit ou constamment croissant ou constamment décroissant.

89. Évaluons d'abord l'intégrale prise le long d'un arc de la première sorte.

Si nous prenons comme variable d'intégration r, notre intégrale s'écrira :

$$\int \frac{Xe^{i\alpha r}}{i\alpha} \frac{d\varphi}{dr} dr.$$

En intégrant par parties, on a :

$$-\frac{Xe^{i\alpha r}}{\alpha^2}\frac{d\varphi}{dr}+\frac{1}{\alpha_2}\int e^{i\alpha r}\frac{d}{dr}X\frac{d\varphi}{dr}dr.$$

Or X est du même ordre que α ; si donc $\frac{d\varphi}{dr}$ est une quantité finie chacun des termes de cette dernière somme est de l'ordre de $\frac{1}{\alpha}$, c'est-à-dire négligeable. Ainsi l'intégrale prise le long d'un arc de la première sorte est négligeable.

L'intégrale

$$\int_{\varphi_0}^{\varphi_1}\frac{Xe^{i\alpha r}}{i\alpha}d\varphi$$

prise le long d'un arc de la seconde sorte sera aussi négligeable en général, parce que la différence $\varphi_1-\varphi_0$ des limites d'intégration sera du même ordre de grandeur que $\frac{1}{\alpha}$.

Pour que l'intégrale J ait une valeur finie, il faut donc que $\varphi_1-\varphi_0$ soit finie, c'est-à-dire qu'un au moins des arcs de la seconde sorte soit vu du point Q sous un angle fini ; ce qui peut arriver dans deux cas :

1° Si cet arc est lui-même fini ; on a alors tout le long de cet arc $\frac{d\varphi}{dr}=\infty$, $\frac{dr}{d\varphi}=0$, $r=$ const. ; c'est-à-dire, que l'arc en question doit différer très peu d'un arc de cercle ayant son pôle en Q.

2° Si cet arc passe très près du point Q, c'est-à-dire si ce point est très voisin du bord de l'écran.

Toutes les fois qu'il n'en sera pas ainsi, l'intégrale J sera négligeable et nous n'aurons pas d'autres phénomènes que ceux prévus par la théorie géométrique des ombres.

90. Cherchons donc dans quels cas $\frac{d\varphi}{dr}$ est infini. Nous avons trouvé au n° **86**

$$rdr = a(a+b)\sin\theta d\theta;$$

nous en déduisons

$$\frac{d\varphi}{dr} = \frac{1}{a(a+b)} \frac{r}{\sin\theta} \frac{d\varphi}{d\theta}. \tag{10}$$

Cette égalité nous montre que $\frac{d\varphi}{dr}$ pourra devenir infini dans deux cas : 1° si $\sin\theta$ est très petit; 2° si $\frac{d\varphi}{d\theta}$ est infini.

Considérons le premier cas. L'angle θ étant très petit, un arc du contour de l'écran est très voisin du point Q et l'on peut confondre la portion de la sphère qui contient cet arc avec un plan passant par Q. En outre cet arc étant infiniment petit, on peut le considérer comme un élément d'une droite AB (*fig.* 10). La distance du MQ point Q à l'élément d'arc M est $a\theta$, a étant le rayon de la sphère sur laquelle se trouve la portion considérée du contour de l'écran. En appelant $a\delta$ la plus courte distance QC du point Q à la droite AB, et φ l'angle de QM et QC, nous avons

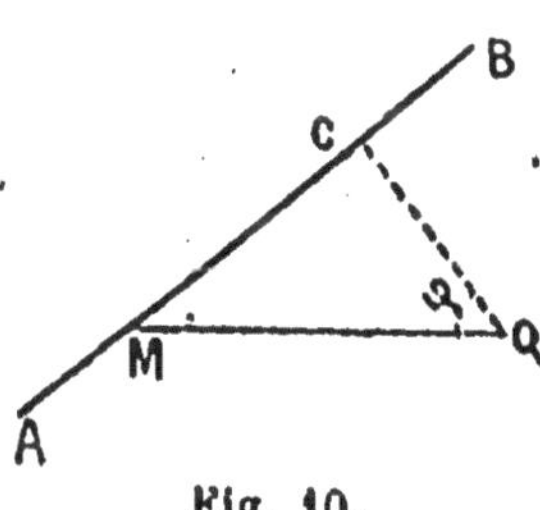

Fig. 10.

$$a\theta\cos\varphi = a\delta$$

ou

$$\theta\cos\varphi = \delta.$$

L'angle φ que nous considérons ici ne diffère d'ailleurs que par une constante de l'angle désigné précédemment par la même lettre ; leurs différentielles auront donc la même valeur. En différentiant les deux membres de l'égalité précédente, nous trouvons

$$\frac{d\theta}{d\varphi}\cos\varphi - \theta\sin\varphi = 0,$$

nouvelle égalité qui nous montre que $\frac{d\theta}{d\varphi}$ est du même ordre que θ, et par suite, que δ. Par conséquent $\frac{d\varphi}{d\theta}$ est de l'ordre de $\frac{1}{\delta}$ et $\frac{d\varphi}{dr}$, donné par la relation (10) est de l'ordre de $\frac{r}{\delta^2}$.

Si le point P est à une distance finie r de la sphère, $\frac{d\varphi}{dr}$ est de l'ordre de $\frac{1}{\delta^2}$ et si l'on veut que cette dérivée soit du même ordre que $\frac{1}{\lambda}$ il faut que δ soit de l'ordre de $\sqrt{\lambda}$. Si au contraire le point P est à une distance de la sphère de l'ordre de λ, il faudra que δ soit du même ordre que λ pour que $\frac{d\varphi}{dr}$ soit un infiniment grand de l'ordre de $\frac{1}{\lambda}$.

La droite qui joint le point P à la source lumineuse devra donc rencontrer la sphère à une distance du contour de l'écran de l'ordre de λ pour qu'il y ait en P un éclairement anormal ; la région dans laquelle doit se trouver le point P est alors trop petite pour être observable. On ne pourra observer d'anomalies dans l'éclairement de P que lorsqu'il sera une distance finie de la sphère.

Ainsi, sur une sphère concentrique à S, et de rayon $a + b$,

b étant fini, la région occupée par les franges de diffraction est de même ordre de grandeur que $\sqrt{\lambda}$. Sur la sphère S elle-même, cette région est du même ordre de grandeur que λ.

91. Examinons le second cas dans lequel $\frac{d\varphi}{dr}$ est une quantité infiniment grande; $\frac{d\varphi}{d\theta}$ étant infini, $\frac{d\theta}{d\varphi}$ doit être infiniment petit. Si donc $\frac{r}{\sin\theta}$ est une quantité finie, il faudra, pour que $\frac{d\varphi}{dr}$ soit de l'ordre de $\frac{1}{\lambda}$, que $\frac{d\theta}{d\varphi}$ soit de l'ordre de λ.

Il faut en d'autres termes que θ soit une constante aux quantités près de l'ordre de λ, c'est-à-dire qu'en négligeant les quantités de cet ordre, un arc fini du contour de l'écran puisse être regardé comme un arc de cercle ayant son centre en Q ; la distance du point Q au centre de courbure moyen de cet arc doit donc être de l'ordre de λ ; il résulte de là que les points éclairés d'une manière anormale sont tous contenus à l'intérieur d'un cercle dont le rayon est de l'ordre de λ et que les phénomènes sont inobservables.

Il faut donc pour que l'observation soit possible que $\sin\theta$ et par conséquent le rayon de cet arc de cercle soit très petit.

Si $\frac{\sin\theta}{r}$ est une quantité de l'ordre de $\sqrt{\lambda}$ il suffira que $\frac{d\theta}{d\varphi}$ et par suite la distance du point Q au centre de l'arc de cercle soit aussi du même ordre.

La région de l'espace dans laquelle le point P doit être situé pour présenter des phénomènes anormaux est alors suffisamment grande pour qu'on puisse observer ces phénomènes.

Remarquons que si le point P est situé sur la sphère, son

éclairement sera déterminé par la théorie géométrique des ombres, ou du moins, l'observation sera impuissante à déceler une différence entre l'éclairement ainsi déterminé et l'éclairement réel.

On aura, en effet, quand le point P tend vers le point Q $\frac{\sin\theta}{r} = \frac{1}{a}$, car, dans le triangle MOP, on a

$$\frac{\sin\theta}{r} = \frac{\sin \mathrm{OMP}}{a}$$

et à la limite l'angle OMP est droit. Puisque $\frac{\sin\theta}{r}$ est fini il arrivera encore, d'après ce que nous venons de voir, que les phénomènes ne seront pas observables.

92. Nous allons montrer maintenant que la condition de transversalité

$$\Theta_0 = \xi_0' + \eta_0' + \zeta_0' = 0$$

est remplie pour les points P situés en dehors de la sphère S ou sur cette sphère même.

En effet Θ_0 satisfait à l'équation :

$$\Delta\Theta_0 + \alpha^2\Theta_0 = 0.$$

Nous avons donc à l'extérieur de la sphère S d'après le n° **81**

$$\Theta_0 = -\int \frac{\Theta_0}{4\pi} \frac{e^{i\alpha r}}{r}\left(i\alpha - \frac{1}{r}\right) \cos\psi d\omega + \int \frac{1}{4\pi} \frac{d\Theta_0}{dn} \frac{e^{i\alpha r}}{r} d\omega,$$

les intégrales du second membre étant étendues à tous les éléments $d\omega$ de la sphère S.

Or, nous avons vu que, si on laisse de côté la région où il y a des franges de diffraction, les phénomènes sont les mêmes que dans la théorie géométrique des ombres ; en d'autres termes, l'éclairement est nul en certains points et en d'autres il est le même que s'il n'y avait pas d'écran. Dans les deux cas Θ_0 et $\frac{d\Theta_0}{dn}$ sont nuls.

Il suffira donc, avec le degré d'approximation adopté, d'étendre les intégrales du second membre à la région de la sphère S occupée par les franges ; or nous avons vu que cette région est de l'ordre de λ. Les intégrales du second membre sont donc négligeables ; et par conséquent il en est de même de Θ_0

En résumé, les intégrales (4) satisfont bien aux conditions A,B,C et D et il ne peut y avoir d'éclairement anormal que si le point P est très voisin du bord de l'ombre géométrique.

98. Simplification des expressions ξ_0 η_0 ζ_0. Nous avons vu que, si le point Q est à une distance finie des bords d'un écran, l'éclairement du point P est le même que dans la théorie des ombres, et en second lieu que l'éclairement est modifié si le point Q est à une distance de l'écran de l'ordre de $\sqrt{\lambda}$. L'éclairement d'un point ne dépend donc guère que des portions de la sphère qui sont voisines du point Q. Ce point est appelé le *pôle* du point P. Nous allons profiter de cette remarque pour simplifier les valeurs de ξ_0 η_0 ζ_0 données par les intégrales (4).

Prenons la première de ces intégrales,

$$\xi_0 = \int X_2 d\omega \frac{e^{i\alpha r}}{r}\left(i\alpha + i\alpha\cos\psi - \frac{\cos\psi}{r}\right).$$

Puisque les parties de cette intégrale qui ne sont pas négligeables sont celles qui correspondent aux points très voisins du pôle Q du point éclairé P, nous n'étendrons l'intégrale qu'à ces points, et nous pourrons considérer X_2 et ψ comme des constantes. Comme en outre α est une quantité très grande et que r doit être fini pour que les phénomènes de diffraction soient observables, nous pouvons dans la quantité placée sous le signe d'intégration négliger le terme $\frac{\cos\psi}{r}$ par rapport aux deux autres termes $i\alpha$ et $i\alpha\cos\psi$. En faisant cette simplification et en mettant les termes considérés comme constants en dehors de l'intégrale, nous avons

$$\xi_0 = X_2 i\alpha(1 + \cos\psi)\int \frac{e^{i\alpha r}}{r}d\omega.$$

On sait d'ailleurs (**84**) que

$$X_2 = -\frac{\xi_1}{4\pi};$$

par conséquent, en remplaçant, dans l'expression de ξ_0, X_2 et $\cos\psi$ par les valeurs de ces quantités au pôle Q, nous aurons

$$\xi_0 = -\frac{i\alpha}{2\pi}\xi_1\int \frac{e^{i\alpha r}}{r}d\omega.$$

La distance r du point P aux points de la sphère qui avoisinent le pôle Q diffère très peu de la distance $PQ = b$, et, par suite, peut être mise en dehors de l'intégrale puisque cette intégrale n'est étendue qu'aux points voisins de Q. La valeur de ξ_0 deviendra

$$\xi_0 = -\frac{i\alpha}{2\pi}\frac{\xi_1}{b}\int e^{i\alpha r}d\omega.$$

et enfin, par une dernière transformation,

$$\xi_0 = -\frac{i\alpha\xi_1 e^{i\alpha b}}{2\pi b}\int e^{i\alpha(r-b)}d\omega.$$

94. Cherchons la valeur de cette dernière intégrale. Nous avons dans le triangle MOP (*fig.*9),

$$r^2 = (a+b)^2 + a^2 - 2a(a+b)\cos\theta\,;$$

et comme nous n'avons à considérer que des points voisins du pôle Q pour lesquels θ est très petit, nous pouvons remplacer $\cos\theta$ par les deux premiers termes $1 - \frac{\theta^2}{2}$ de son développement ; nous aurons

$$r^2 = (a+b)^2 + a^2 - 2a(a+b)\left(1 - \frac{\theta^2}{2}\right),$$

ou

$$r^2 = (a+b-a)^2 + a(a+b)\theta^2 = b^2 + a(a+b)\theta^2.$$

En désignant par s l'arc de grand cercle QM compris entre un point M de la sphère et le pôle Q, nous aurons,

$$\theta = \frac{s}{a};$$

et en portant cette valeur de θ dans l'expression de r^2, il viendra

$$r^2 = b^2 + \frac{a+b}{a}s^2.$$

On tire de là,

$$r - b = \frac{a+b}{a(r+b)}s^2.$$

Mais r différant très peu de b, on peut remplacer $r + b$ par $2b$, de sorte que l'on a

$$r - b = \frac{a + b}{2ab} s^2.$$

Cette valeur de $r - b$ portée dans l'expression de ξ_0, donne

$$\xi_0 = -\frac{i\alpha\xi_1 e^{i\alpha b}}{2\pi b} \int e^{i\alpha \frac{a+b}{2ab} s^2} d\omega.$$

L'intégrale ne devant être étendue qu'aux portions de la sphère avoisinant le point Q, on peut considérer ces portions comme situées dans le plan tangent à la sphère en Q. Prenons dans ce plan deux axes de coordonnées rectangulaires se coupant en Q. Dans ce système les coordonnées du point M seront les distances l et l' de ce point aux axes. Pour simplifier l'expression de ξ_0, nous définirons la position du point M par deux paramètres u et v tes que

$$l = u\sqrt{\frac{ab\lambda}{2(a+b)}}, \qquad l' = v\sqrt{\frac{ab\lambda}{2(a+b)}}.$$

On a alors.

$$s^2 = l^2 + l'^2 = (u^2 + v^2)\frac{ab\lambda}{2(a+b)},$$

et

$$d\omega = dl.dl' = dudv\,\frac{ab\lambda}{2(a+b)}.$$

En portant ces valeurs de s^2 et de $d\omega$ dans l'expression de ξ_0, nous aurons après simplifications,

$$\xi_0 = -\frac{i\alpha\xi_1 a\lambda e^{i\alpha b}}{4\pi(a+b)} \int e^{\frac{1}{4}i\alpha\lambda(u^2+v^2)} dudv,$$

et comme nous avons posé $\alpha = \frac{2\pi}{\lambda}$, nous obtenons en remplaçant α par cette valeur

$$(11) \qquad \xi_0 = -\frac{ia\xi_1 e^{i\alpha b}}{2(a+b)} \int e^{\frac{i\pi}{2}(u^2+v^2)} du dv.$$

95. Intensité lumineuse en un point. — D'après ce que nous avons dit au n° **76**, la composante suivant l'axe des x du déplacement d'un point P situé en dehors de la sphère S, est

$$\xi = \text{partie réelle de } \xi_0 \, e^{-i\alpha Vt},$$

où ξ_0 est remplacée par l'expression (11) que nous venons de trouver. Nous aurions pour les deux autres composantes les quantités

$$\eta = \text{partie réelle de } \eta_0 e^{-i\alpha Vt},$$

$$\zeta = \text{partie réelle de } \zeta_0 e^{-i\alpha Vt},$$

η_0 et ζ_0 se déduisant de ξ_0 en remplaçant dans l'expression (11) ξ_1 par η_1 ou ζ_1. L'intensité lumineuse au point P sera donc proportionnelle à

$$\rho \left[\left(\frac{d\xi}{dt}\right)^2 + \left(\frac{d\eta}{dt}\right)^2 + \left(\frac{d\zeta}{dt}\right)^2\right];$$

or, on a,

$$\frac{d\xi}{dt} = \text{partie réelle de } \left(-i\alpha V\xi_0 e^{-i\alpha Vt} + e^{-i\alpha Vt}\frac{d\xi_0}{dt}\right)$$

et deux expressions analogues pour $\frac{d\eta}{dt}$ et $\frac{d\zeta}{dt}$. Par conséquent l'intensité est proportionnelle à la somme des carrés des modules des trois quantités analogues à

$$\left(-i\alpha V\xi_0 + \frac{d\xi_0}{dt}\right).$$

Mais dans la valeur (11) de ξ_0 la seule quantité qui dépende du temps est ξ_1, de sorte que l'intensité est égale à la somme des carrés des modules de trois quantités dont la première est

$$(1) \qquad \left(-i\alpha V\xi_1 + \frac{d\xi_1}{dt}\right)\frac{iae^{i\alpha b}}{2(a+b)}\int e^{\frac{i\pi}{2}(u^2+v^2)}dudv,$$

et dont les deux autres se déduisent de celle-ci en remplaçant ξ_1 par η_1 et ζ_1.

Les phénomènes de diffraction s'observant dans un plan, nous avons à considérer l'intensité relative de points situés dans un même plan. Ces points étant toujours voisins entre eux et à une certaine distance de l'écran, nous pouvons admettre que les distances b de chacun d'eux à la sphère qui contient l'écran sont les mêmes. Il en résulte que, dans chacun des termes (1) dont la somme des carrés est proportionnelle à l'intensité, le facteur $\frac{iae^{i\alpha b}}{2(a+b)}$ est le même pour ces points, si toutefois on ne considère que la lumière homogène. En outre, comme ces points sont vus au même instant et que les valeurs de ξ_1 η_1 ζ_1 varient peu quand on passe d'un point de la sphère S à un point voisin, le facteur $\left(-i\alpha V\xi_1 + \frac{d\xi_1}{dt}\right)$ aura sensiblement la même valeur. L'intensité relative de la lumière aux différents points observés sera donc proportionnelle, au même instant, au carré du module de l'intégrale,

$$(2) \qquad \int e^{\frac{i\pi}{2}(u^2+v^2)}\, i du dv,$$

qui se trouve en facteur dans le terme (1) et les deux qui s'en déduisent. Il nous suffira donc pour avoir l'intensité lumineuse aux divers points du plan où se font les observations, d'étudier les variations du module de cette intégrale.

96. Expression de l'intégrale (2) dans le cas d'une fente à bords parallèles. — Nous supposerons que l'un des axes auxquels correspondent les paramètres u et v est parallèle aux bords de la fente ; ce sera l'axe des u, par exemple. Si on se reporte à la relation

$$\delta = u\sqrt{\frac{ab\lambda}{2(a+b)}},$$

qui lie le paramètre u à la distance δ d'un point du plan des uv à l'axe des v, on voit que u est de l'ordre de $\frac{\delta}{\sqrt{\lambda}}$. La fente ayant une longueur, sinon illimitée, du moins très grande par rapport aux quantités de l'ordre de $\sqrt{\lambda}$, les valeurs de u seront toujours très grandes pour les points qui sont observés. Par conséquent, on peut dans l'intégrale (2) regarder les limites de u comme infinies. Nous désignerons par v_1 et v_2 les limites de v qui ont en général des valeurs finies, la largeur de la fente étant petite. Nous pouvons mettre cette intégrale dont les limites sont des constantes sous la forme

$$\int_{-\infty}^{+\infty} e^{\frac{i\pi}{2}u^2}\, du \int_{+v_1}^{+v_2} e^{\frac{i\pi v^2}{2}}\, dv.$$

La première de ces intégrales a pour valeur $1 + i$ dont le module est 2 ; de sorte que nous n'avons à nous occuper que de la seconde qui devient, lorsqu'on y remplace l'exponentielle par les fonctions trigonométriques,

$$(3) \qquad \int_{+v_1}^{+v_2} e^{\frac{i\pi v^2}{2}} dv = \int_{v_1}^{v_2} \cos\frac{\pi v^2}{2}\, dv + i \int_{v_1}^{v_2} \sin\frac{\pi v^2}{2}\, dv.$$

97. Représentation graphique de l'intégrale (3). — Les deux intégrales du second membre sont connues sous le nom d'*intégrales de Fresnel ;* nous allons les étudier. Pour simplifier les calculs, nous supposerons nulle la limite inférieure de ces intégrales ; il sera facile ensuite de passer au cas général où les limites sont quelconques en faisant la somme algébrique de deux intégrales dont une des limites est o.

Posons donc

$$x = \int_0^v \cos\frac{\pi v^2}{2}\, dv,$$

$$y = \int_0^v \sin\frac{\pi v^2}{2}\, dv,$$

et construisons la courbe lieu des points de coordonnées x et y. Elle passe par l'origine des coordonnées, car on a $x = y = 0$ pour $v = 0$. Si on change v en $-v$, l'élément des intégrales ne change pas, mais la limite supérieure change de signe et x et y changent à la fois de signe ; l'origine est donc un centre de symétrie de la courbe.

Prenons les différentielles de x et de y, nous avons

$$dx = \cos\frac{\pi v^2}{2}\,dv, \qquad dy = \sin\frac{\pi v^2}{2}\,dv.$$

En élevant au carré et additionnant, nous obtenons

$$dx^2 + dy^2 = ds^2 = dv^2\,;$$

donc

$$ds = dv,$$

ds étant un élément d'arc de la courbe. En intégrant les deux membres de cette égalité et en prenant o pour constante d'intégration, ce qui revient à compter les arcs à partir de l'origine puisque $x = y = 0$ pour $v = 0$, on a

$$s = v.$$

Le rapport de $\frac{dy}{dx}$ donne la tangente de l'angle formé par l'axe des x et la tangente à la courbe au point x, y ; en désignant par α cet angle on a

$$(4) \qquad \alpha = \frac{\pi}{2}v^2.$$

Le rayon de courbure en un point est donné par

$$\frac{ds}{d\alpha} = \frac{dv}{\pi v dv} = \frac{1}{\pi v}\,;$$

à l'origine, c'est-à-dire pour $v = 0$, le rayon de courbure est infini et comme α est nul en même temps que v l'axe des x est une tangente d'inflexion au point O (*fig.* 11).

Pour construire la courbe nous ferons varier v de o à l'infini ; l'angle α de la tangente à la courbe avec l'axe ox augmentera au delà de toute limite ; le rayon de courbure tendra vers o. Nous aurons donc une courbe en forme de colimaçon avec un point asymptotique. Cherchons les coordonnées de ce point A. Pour cela cherchons la valeur de l'intégrale

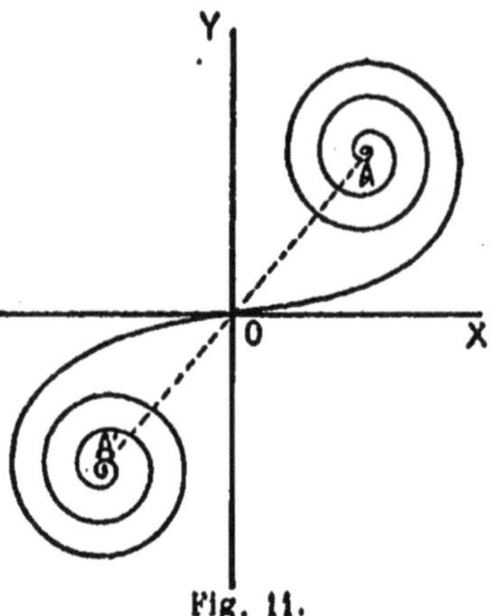

Fig. 11.

$$\int_0^\infty e^{\frac{i\pi}{2}v^2}\,dv.$$

On sait que l'on a

$$\int_0^\infty e^{-z^2}dz = \frac{1}{2}\sqrt{\pi}.$$

Si nous posons

$$z^2 = -\frac{i\pi}{2}v^2,$$

nous avons,

$$z = v\sqrt{\frac{-i\pi}{2}}, \qquad dz = dv\sqrt{\frac{-i\pi}{2}}.$$

Par conséquent, nous aurons pour l'intégrale cherchée,

$$\int_0^\infty e^{\frac{i\pi}{2}v^2}\,dv = \frac{1}{2}\sqrt{\pi}\sqrt{-\frac{2}{i\pi}} = \frac{1}{2}\sqrt{2i} = \frac{1+i}{2};$$

or

$$\int_0^v e^{\frac{i\pi v^2}{2}}\,dv = x + iy,$$

donc, pour $v = \infty$, nous avons

$$x = \frac{1}{2}, \qquad y = \frac{1}{2}.$$

Telles sont les coordonnées du point asymptotique A. On obtiendra la partie de la courbe correspondant à des valeurs négatives de v par symétrie.

98. Pour mieux définir la courbe nous pouvons chercher la manière dont varie la distance AM du point asymptotique A à un point quelconque M de la partie de la courbe qui correspond aux valeurs positives de v.

Soit v la valeur du paramètre qui correspond à ce point, ses coordonnées seront

$$x = \int_0^v \cos\frac{\pi v^2}{2}\,dv, \qquad y = \int_0^v \sin\frac{\pi v^2}{2}\,dv.$$

Transportons l'origine des axes de coordonnées au point M; l'abscisse du point asymptotique A par rapport à ces nouveaux axes sera égale à son abscisse par rapport aux anciens axes diminuée de l'abscisse du point M, c'est-à-dire

$$\int_0^\infty \cos\frac{\pi v^2}{2}\,dv - \int_0^v \cos\frac{\pi v^2}{2}\,dv = \int_v^\infty \cos\frac{\pi v^2}{2}\,dv.$$

L'ordonnée du point A par rapport aux nouveaux axes s'obtiendra de la même manière et on aura,

$$\int_v^\infty \sin\frac{\pi v^2}{2}\,dv.$$

Les coordonnées du point asymptotique par rapport aux axes passant par M seront donc données par la partie réelle et la partie imaginaire de l'intégrale

$$(5) \qquad J = \int_v^\infty e^{\frac{i\pi}{2}v^2}\,dv.$$

Nous allons chercher une autre expression de J. Pour cela, nous nous servirons encore de l'intégrale

$$\int_0^\infty e^{-z^2}dz = \frac{1}{2}\sqrt{\pi}.$$

Si nous posons

$$z = vw$$

où v est supposé positif, nous aurons,

$$\int_0^\infty e^{-v^2w^2}\,vdw = \frac{1}{2}\sqrt{\pi}.$$

Le produit de cette intégrale par l'intégrale (5) donnera

$$\int_v^\infty\int_0^\infty e^{v^2\left(\frac{i\pi}{2}-w^2\right)}\,vdvdw = \frac{J}{2}\sqrt{\pi}.$$

Intégrons l'intégrale double du premier membre par rapport à v, nous aurons

$$\int_v^\infty e^{v^2\left(\frac{i\pi}{2}-w^2\right)}vdv = \frac{1}{i\pi-2w^2}\int_v^\infty de^{v^2\left(\frac{i\pi}{2}-w^2\right)},$$

ou

$$\int_v^\infty e^{v^2\left(\frac{i\pi}{2}-w^2\right)}vdv = -\frac{1}{i\pi-2w^2}\,e^{v^2\left(\frac{i\pi}{2}-w^2\right)}.$$

L'intégrale double devient donc

$$\int_0^\infty \frac{e^{v^2\left(\frac{i\pi}{2}-w^2\right)}}{2w^2-i\pi}\,dw = e^{\frac{i\pi}{2}v^2}\int_0^\infty \frac{e^{-v^2w^2}}{2w-i\pi}\,dw = \frac{J}{2}\sqrt{\pi}.$$

Nous en déduisons une nouvelle expression de J qui nous montre que les coordonnées du point A par rapport aux axes menés par M parallèlement aux axes ox et oy sont les parties réelle et imaginaire de

$$(6) \qquad J = \frac{e^{\frac{i\pi}{2}v^2}}{\sqrt{\pi}} \int_0^\infty \frac{2e^{-v^2w^2}}{2w^2 - i\pi} dw.$$

99. Si maintenant nous faisons tourner les axes autour du point M d'un angle égal à $\frac{\pi}{2} v^2$, c'est-à-dire d'après la relation (4), d'un angle égal à celui que fait la tangente à la courbe en M avec l'axe ox, nous aurons un nouveau système d'axes formé par la tangente et la normale à la courbe au point M. Désignons par x' et y' les coordonnées d'un point dans ce nouveau système, et par x_1 et y_1 les coordonnées du même point dans le système d'axes parallèles à ox et oy et passant par M. Nous aurons les formules de transformation

$$x' = x_1 \cos\frac{\pi v^2}{2} + y_1 \sin\frac{\pi v^2}{2},$$

$$y' = y_1 \cos\frac{\pi v^2}{2} - x_1 \sin\frac{\pi v^2}{2}.$$

En multipliant la seconde par i et additionnant le résultat avec la première nous obtenons

$$x' + iy' = (x_1 + iy_1) \cos\frac{\pi v^2}{2} - (ix_1 - y_1) \sin\frac{\pi v^2}{2}$$

ou

$$x' + iy' = (x_1 + iy_1) \left(\cos\frac{\pi v^2}{2} - i \sin\frac{\pi v^2}{2}\right)$$

ou enfin

$$x' + iy' = (x_1 + iy_1)\, e^{-\frac{i\pi v^2}{2}}$$

Cette dernière relation nous montre que l'imaginaire $x'+iy'$ dans le nouveau système d'axes est égale à sa valeur x_1+iy_1 dans l'ancien, multipliée par le facteur $e^{-\frac{i\pi v^2}{2}}$. Or, pour le point asymptotique A, on a

$$x_1 + iy_1 = \mathrm{J},$$

par suite on aura

$$x' + iy' = \mathrm{J}e^{-\frac{i\pi}{2}v^2},$$

et l'égalité (6) nous montre que

$$x' + iy' = \int_0^\infty \frac{2e^{-v^2w^2}}{\sqrt{\pi}\,(2w^2 - i\pi)}\,dw. \tag{7}$$

En multipliant les deux termes de la fraction placée sous le signe d'intégration par la quantité imaginaire conjuguée du dénominateur, nous obtenons

$$\int_0^\infty \frac{2\,(2w^2 + i\pi)\,e^{-v^2w^2}}{\sqrt{\pi}\,(4w^4 + \pi^2)}\,dw$$

La distance du point A à la normale en M qui est la partie réelle de cette intégrale, aura pour expression

$$\int_0^\infty \frac{4w^2e^{-v^2w^2}}{\sqrt{\pi}\,(4w^4 + \pi^2)}\,dw\,;$$

et la distance à la tangente qui en est la partie imaginaire sera

$$\int_0^\infty \frac{2\pi e^{-v^2w^2}}{\sqrt{\pi}(4w^4+\pi^2)}\,dw.$$

Les éléments de chacune de ces deux dernières intégrales sont positifs et décroissent quand v varie de o à ∞. Par conséquent les distances du point A à la normale et à la tangente en M sont toujours positives et décroissantes. Il en résulte que la distance AM va toujours en décroissant En effet, s'il en était autrement, cette distance présenterait un maximum ou un minimum. Au point correspondant à ce maximum ou à ce minimum, AM serait normal à la courbe et la distance du point A à la normale serait nulle, ce qui ne peut être d'après ce qui précède.

On peut voir que pour les points de la courbe voisins du point A, la droite AM est sensiblement normale à la courbe. Pour ces points v est très grand et l'exponentielle $e^{-v^2w^2}$ est très petite à moins que w ne soit petit ; on pourra donc dans l'intégrale (7) négliger les éléments qui ne correspondent pas à une petite valeur de w. Mais si w est petit, le dénominateur $2w^2 - i\pi$ se réduit sensiblement à $-i\pi$, de sorte que la valeur de $x' + iy'$ est approximativement

$$\frac{2i}{\pi\sqrt{\pi}}\int_0^\infty e^{-v^2w^2}\,dw = \frac{2i}{\pi\sqrt{\pi}}\,\frac{1}{2}\,\frac{\sqrt{\pi}}{v} = \frac{i}{\pi v}.$$

La partie réelle étant nulle, la distance du point A à la normale est nulle, c'est-à-dire que AM est sensiblement normale. La valeur de AM est approximativement $\frac{1}{\pi v}$.

La forme de la courbe est alors suffisamment bien déterminée.

100. Diffraction produite par une fente étroite. — Nous avons vu au n° 96 que l'intensité lumineuse en un point extérieur est proportionnelle au carré du module de l'intégrale

$$\int_{v_1}^{v_2} e^{\frac{i\pi}{2}v^2}\,dv.$$

Le module de cette intégrale est égal à la différence géométrique des modules des intégrales

$$\int_0^{v_2} e^{\frac{i\pi}{2}v^2}\,dv, \qquad \int_0^{v_1} e^{\frac{i\pi}{2}v^2}\,dv.$$

Si M_1 (*fig.* 12) est le point de la courbe représentative qui correspond à v_1, M_2 celui qui correspond à v_2, les modules de ces intégrales seront OM_1 et OM_2 ; leur différence géométrique est $M_1 M_2$.

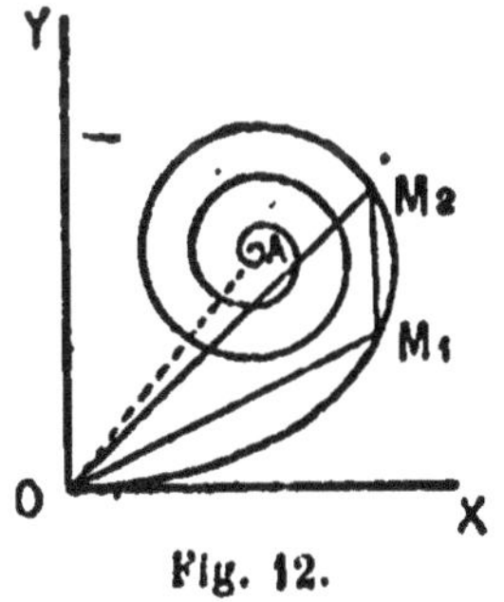

Fig. 12.

Si on considère un point P éclairé par une fente, les quantités v_1 et v_2 sont proportionnelles aux distances qui séparent son pôle Q des bords de la fente ; comme la largeur de la fente est constante, la différence $v_1 - v_2$ a toujours la même valeur quel que soit le point P considéré dans le plan d'observation. Or, nous avons vu que v_1 et v_2 sont égaux aux longueurs des arcs de courbes OM_1 et OM_2 ; par conséquent l'arc $M_1 M_2$ a toujours la même longueur. Nous devrons donc, pour avoir les variations de l'intensité lumineuse aux différents points du plan d'observation, chercher les variations de la longueur d'une corde $M_1 M_2$ sous-tendant des arcs égaux. Pour qu'il y ait maximum ou minimum, il faut que le triangle formé par la corde et les tangentes $M_1 T$, et $M_2 T$ (*fig.* 13) soit isocèle, ou bien que les tangentes aux extrémités soient parallèles et de même sens (*fig.* 14). Nous aurons ainsi deux catégories de maxima et de minima. Pour la seconde catégorie on devra avoir

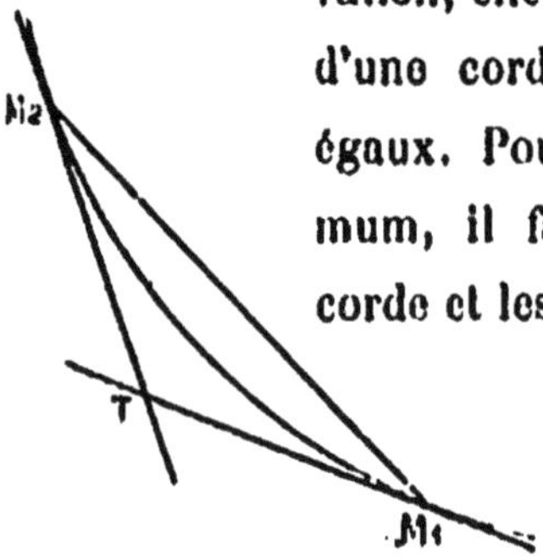

Fig. 13.

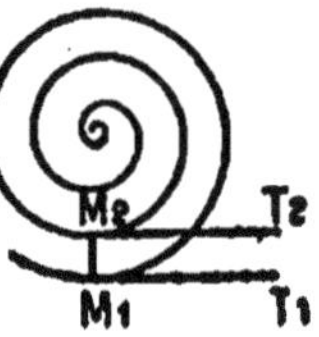

Fig. 14.

$$\frac{\pi}{2} v_2^2 = \frac{\pi}{2} v_1^2 + 2K\pi,$$

$\frac{\pi}{2} v^2$ étant l'angle formé par la tangente en un point avec l'axe des x. Cette égalité nous donne

$$v_2^2 - v_1^2 = 4K$$

ou

$$v_2 + v_1 = \frac{4K}{l},$$

en posant

$$l = v_2 - v_1.$$

Quant aux maxima et minima de la première catégorie, leur recherche est très compliquée.

101. Diffraction par le bord d'un écran. — Dans ce cas, la limite v_2 de l'intégrale (3) du § 96 est infinie et l'intensité lumineuse en un point P est proportionnelle au carré du module de

$$\int_{v_1}^{\infty} e^{\frac{i\pi}{2}v^2}\, dv.$$

Si M_1 est le point correspondant à v_1 ce module est égal à la longueur AM_1 de la droite qui joint le point asymptotique A au point M_1.

Quand le point P est à l'intérieur de l'ombre géométrique, son pôle Q est sur l'écran ; par conséquent la limite inférieure v_1 de l'intégrale précédente est positive et le point M_1 qui lui correspond est sur la partie de la courbe située du même côté que A (*fig.* 15). L'intensité va donc en décroissant très rapidement dès qu'on s'écarte du bord de l'ombre géométrique sans présenter ni maximum ni minimum.

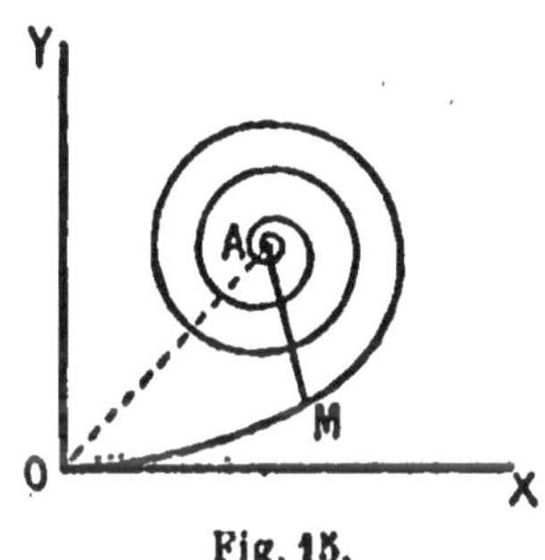

Fig. 15.

AM étant approximativement égal à $\frac{1}{\pi v}$, le carré du module de notre intégrale est égal à $\frac{1}{\pi^2 v^2}$.

Par conséquent du côté de l'ombre géométrique, l'intensité lumineuse varie sensiblement en raison inverse du carré de la distance au bord de cette ombre.

Si le point P est en dehors de l'ombre géométrique, son pôle Q est en dehors de l'écran ; la valeur limite v_1 est négative et le point M_1 est sur la partie de la courbe située audessous de l'axe des x. La droite AM_1 et par suite l'intensité en P, présenteront une succession de maximum et de minimum; on aura des franges. Les maxima et minima de AM_1 correspondent aux points où cette droite est normale à la courbe. Quand le point M_1 est voisin de A′ les normales à la courbe qui passent par A diffèrent peu de la droite AA′. Cette droite faisant avec *ox* un angle égal à $\frac{\pi}{4}$, la tangente en un point correspondant à un maximum ou un minimum fait avec *ox* un angle donné par la formule

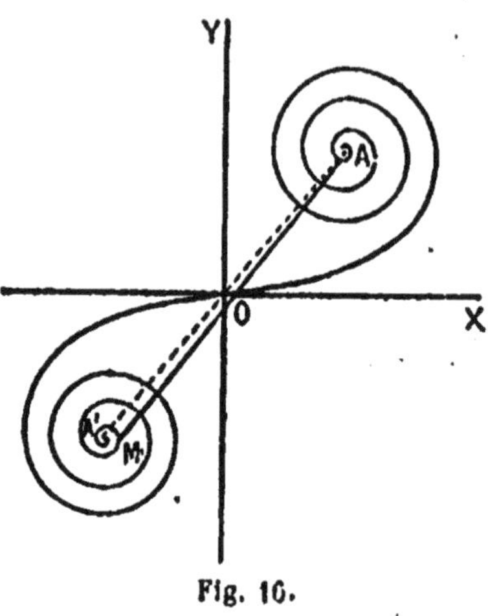

Fig. 16.

$$-\frac{\pi}{4}+K\pi.$$

Cet angle ayant pour valeur en fonction de v, $\frac{\pi}{2}v^2$, nous aurons l'égalité

$$\frac{\pi}{2}v^2=-\frac{\pi}{4}+K\pi$$

qui donnera pour v^2

$$v^2=2K-\frac{1}{2}.$$

Telle est la formule qui donne approximativement les valeurs de v^2 correspondant aux maxima et minima.

Soient M_1 et M_2 deux points correspondant à un maximum et à un minimum consécutifs. La différence d'intensité sera

$$AM_1^2-AM_2^2.$$

Si le maximum est d'ordre élevé, les points M_1 et M_2 seront très voisins l'un de l'autre et seront sensiblement sur la droite AA', on aura alors sensiblement

$$AM_1 + AM_2 = 2AA'.$$

$$AM_1 - AM_2 = A'M_1 + A'M_2 = \frac{1}{\pi v_1} + \frac{1}{\pi v_2}$$

v_1 et v_2 étant les valeurs de v qui correspondent à M_1 et à M_2. La différence d'intensité sera donc

$$2AA'\left(\frac{1}{v_1} + \frac{1}{v_2}\right),$$

ce qui montre que la différence entre un maximum et un minimum consécutifs varie sensiblement en raison inverse de la distance au bord de l'ombre géométrique.

102. Diffraction par un petit écran circulaire. — Supposons qu'un petit écran circulaire occupe une partie de la sphère S. Pour avoir les variations de l'intensité lumineuse aux différents points d'un plan situé à une distance b du centre de l'écran, nous devrons comme précédemment étudier les variations de l'intégrale

$$(1) \qquad \int\int e^{\frac{i\pi}{2}(u^2+v^2)} du dv,$$

étendue à tous les points du plan tangent à la sphère en Q, qui sont en dehors de l'écran.

Cherchons en particulier l'éclairement en un point situé sur la droite qui joint la source lumineuse au centre de l'écran ; le pôle du point considéré se trouve alors au centre de l'écran.

Posons

$$u = \rho \cos \varphi, \qquad v = \rho \sin \varphi.$$

On aura

$$\rho^2 = u^2 + v^2$$

et comme u et v sont proportionnels aux distances d'un point du plan tangent en Q à deux axes rectangulaires passant par Q, ρ sera proportionnel à la distance de ce point à Q. Par conséquent, si nous prenons comme coordonnées ρ et φ, les bords de l'écran auront pour ρ une valeur constante a. Le produit $du\, dv$ proportionnel à la surface d'un élément devient dans ce système de coordonnées $\rho d\rho d\varphi$; par conséquent l'intégrale qui donne l'intensité est

$$(2) \qquad \int_a^\infty \int_0^{2\pi} e^{\frac{i\pi}{2}\rho^2} \rho d\rho d\varphi.$$

En intégrant par rapport à φ, on a :

$$(3) \qquad 2\pi \int_a^\infty e^{\frac{i\pi}{2}\rho^2} \rho d\rho ;$$

et en faisant l'intégration par rapport à ρ, on obtient

$$2\pi \left[\frac{1}{i\pi} e^{\frac{i\pi}{2}\rho^2}\right]_a^\infty = -2i \left[e^{\frac{i\pi}{2}\rho^2}\right]_a^\infty.$$

Pour la limite $\rho = \infty$, la valeur de l'exponentielle imaginaire est indéterminée. Nous prendrons pour cette valeur zéro, car nos formules ne s'appliquent qu'au cas où ρ est petit et les éléments de l'intégrale (3) qui correspondent à des valeurs très grandes de ρ ne doivent pas être considérés. Nous aurons donc simplement

$$\int\int e^{\frac{i\pi}{2}(u^2+v^2)}dudv = 2ie^{\frac{i\pi}{2}a^2}$$

Le module de cette dernière exponentielle est 2. L'intensité lumineuse au point considéré est donc indépendante de a, et par suite, du rayon de l'écran ; elle a la même valeur que si $a = o$, c'est-à-dire que si l'écran n'existait pas.

Cette conséquence des formules de diffraction a été trouvée par Poisson. Fresnel a vérifié expérimentalement la présence de ce point lumineux au centre de l'ombre géométrique donnée par un petit écran circulaire.

On conçoit facilement que ce phénomène ne se produise qu'avec un petit écran, car, dans le cas contraire, nos formules ne s'appliquent plus. En effet nous avons vu (95) que l'intensité en un point dépend des valeurs de ξ_1 et de $\frac{d\xi_1}{dt}$ aux divers points de la sphère S. valeurs que nous avons supposées constantes ; ce qui ne peut être que si nous ne considérons qu'une très petite portion de la sphère S.

103. Diffraction par une petite ouverture circulaire. — Dans ce cas, les limites de l'intégrale (3) du paragraphe précédent sont 0 et a. Nous avons donc pour l'intensité en un point dont le pôle occupe le centre de l'ouverture, une quantité proportionnelle au module de

$$2i\left(1 - e^{\frac{i\pi}{2}a^2}\right)$$

Le module du premier facteur est 2, celui du second facteur varie de 0 à 2 avec la valeur de a. Ce module est nul pour $a^2 = 4K$, K étant un entier ; il est égal à 2 pour $a^2 = 4K + 2$. Nous aurons donc en un même point de l'espace de l'obscurité ou de la lumière suivant le rayon de l'ouverture. Autour de ce point, on aura des franges qui par raison de symétrie devront être circulaires.

104. Diffraction en lumière parallèle. — Un cas particulièrement intéressant de la diffraction est celui où l'on observe les phénomènes à une grande distance d'un écran placé très loin de la source lumineuse. Nous pourrons alors considérer le rayon de la sphère contenant l'écran comme infini, et cette sphère deviendra un plan.

Soit P (*fig.* 17) un point de l'espace ; l'une des composantes du déplacement de ce point sera la partie réelle de

$$\xi = e^{-i\alpha Vt} \int X \frac{e^{i\alpha r}}{r} d\omega,$$

X étant une fonction du déplacement ξ_1 d'un point du plan R, et l'intégrale étant étendue à tous les points de ce plan. Nous

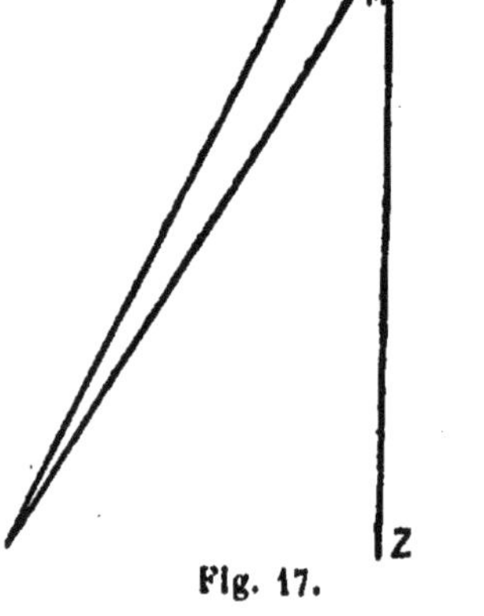

Fig. 17.

avons vu que quand l'écran n'était pas très éloigné de la source lumineuse, la portion de la sphère voisine du pôle du point P avait seule de l'influence sur l'éclairement de ce point. Il en sera de même quand le rayon de la sphère deviendra infini et nous n'aurons encore à considérer dans la recherche de l'éclairement du point P que les points du plan R voisins du pied de la perpendiculaire abaissée de P sur le plan. Nous pourrons donc supposer que la fonction X a une valeur constante et la faire sortir du signe d'intégration. En outre, le point P étant supposé éloigné du plan, ses distances PO et PM à deux points voisins M et O différeront peu l'une de l'autre, et nous pourrons considérer le facteur $\frac{1}{r}$ comme ayant la même valeur pour tous les éléments de l'intégrale qui ne sont pas négligeables. Nous aurons donc pour cette intégrale

$$\int X \frac{e^{i\alpha r}}{r} d\omega = \frac{X}{r} \int e^{i\alpha r} d\omega = \frac{X e^{i\alpha r_0}}{r} \int e^{i\alpha(r-r_0)} d\omega,$$

en appelant r_0 la distance du point P à un point arbitraire O du plan Q

105. Par les mêmes considérations que celles que nous avons exposées au § 95 nous arriverions à montrer que l'intensité lumineuse des divers points d'un plan parallèle à R est proportionnelle au carré du module de l'intégrale

$$(1) \qquad \int e^{i\alpha(r-r_0)} d\omega.$$

Transformons cette intégrale. Du point M abaissons sur OP la perpendiculaire MM′ et désignons par P l'angle OPM et par r la distance PM ; nous aurons

$$PM' = r \cos P = r - r(1 - \cos P) = r - 2r \sin^2 \frac{P}{2}.$$

L'angle P est très petit puisqu'on ne considère que des points du plan R voisins l'un de l'autre ; par suite $\sin^2 \frac{P}{2}$ est le carré d'une quantité très petite et quoique r soit supposé très grand, le produit $2r \sin^2 \frac{P}{2}$ sera négligeable. On aura $PM' = r$ et $OM' = r_0 - r$.

Prenons dans le plan R deux axes de coordonnées rectangulaires passant par O. Si nous désignons par x et y les coordonnées de M et par l et m les cosinus de la direction OP avec les axes, nous aurons pour OM' qui est la projection de OM sur OP,

$$OM' = lx + my$$

et par conséquent,

$$r_0 - r = lx + my.$$

En portant cette expression de $r_0 - r$ dans l'intégrale (1), elle devient

$$\int e^{-i\alpha(lx+my)} d\omega \ ;$$

mais comme nous n'avons à considérer que le carré du module de cette intégrale nous pouvons prendre

$$\int e^{i\alpha(lx+my)} d\omega, \tag{2}$$

dont le module est le même.

106. Franges produites par une ouverture ayant un centre de symétrie. — En général les minima d'intensité lumineuse ne sont pas nuls, car le module de notre intégrale ne pourrait s'annuler que si la partie réelle et la partie imaginaire s'annulaient à la fois ce qui n'aura pas lieu en général : mais dans le cas de la diffraction produite par une ouverture ayant un centre de symétrie, ces minima sont égaux à zéro.

En effet, si nous supposons que le point O est le centre de symétrie de l'ouverture, l'intégrale

$$\int e^{i\alpha(lx+my)}d\omega,$$

étendue à tous les points de l'ouverture, doit conserver la même valeur quand on change x en $-x$ et y en $-y$. Par ce changement l'intégrale devient

$$\int e^{-i\alpha(lx+my)}d\omega.$$

La partie imaginaire de cette intégrale est de signe contraire à la partie imaginaire de l'intégrale précédente. Comme ces deux intégrales ont même valeur, la partie imaginaire est nulle et chacune d'elles se réduit à la partie réelle.

$$\int \cos\alpha\,(lx+my)\,d\omega.$$

Cette intégrale est réelle et n'est généralement pas toujours de même signe. Il faut donc qu'elle s'annule, de sorte qu'en lumière homogène les minima d'intensité sont rigoureusement nuls.

107. Diffraction par des ouvertures semblables. — Désignons par δ l'angle de la direction OP (*fig.* 17) avec la perpendiculaire en O au plan de l'ouverture. Nous allons montrer que si on remplace cette ouverture par une ouverture semblable dont le rapport de similitude à la première est K, le sinus de l'angle de déviation δ qui correspond à une même frange est divisé par K.

Si x et y sont les coordonnées d'un point de la première ouverture, les coordonnées du point correspondant dans l'ouverture semblable seront Kx et Ky. L'intensité lumineuse en un point P auquel correspondent les cosinus directeurs l et m sera, dans le cas de la première ouverture, proportionnelle au carré du module de

$$\int e^{i\alpha(lx+my)}d\omega,$$

et dans le cas de la seconde, au carré du module de

$$\int e^{i\alpha K(lx+my)}K^2 d\omega.$$

Si nous considérons un point P_1 toujours situé à la même distance du plan R, mais dont les cosinus des angles avec les axes des x et des y sont $\frac{l}{K}$ et $\frac{m}{K}$, l'intensité lumineuse en ce point sera, avec la seconde ouverture, proportionnelle au carré du module de

$$\int e^{i\alpha(lx+my)}K^2 d\omega.$$

Cette intensité sera proportionnelle à l'intensité au point P supposé éclairé par la fente primitive et les maxima ou minima de ces intensités auront lieu en même temps. Cherchons le sinus de l'angle de déviation δ_1 du point P_1. En appelant φ l'angle du plan POZ avec le plan des xz, on a,

$$l = \sin\delta \cos\varphi \qquad m = \sin\delta \sin\varphi.$$

Par suite

$$\sin^2 \delta = l^2 + m^2.$$

Pour le point P_1 on aura

$$\sin^2 \delta_1 = \frac{l^2}{K^2} + \frac{m^2}{K^2},$$

et par conséquent

$$\sin^2 \delta_1 = \frac{\sin^2 \delta}{K^2}.$$

Cette égalité nous montre que si on remplace une ouverture par une seconde K fois plus grande, le sinus de l'angle de déviation correspondant à une même frange est divisé par K ; le plan de diffraction sera d'ailleurs le même, puisque le rapport $\frac{l}{m}$ n'a pas varié.

Ainsi deux ouvertures semblables produiront des figures de diffraction semblables ; mais les dimensions de ces figures seront en raison inverse des dimensions des ouvertures.

108. Théorème de Bridge. — Lorsqu'un écran est percé de plusieurs ouvertures identiques et semblablement disposées, l'intensité en un point est égale à l'intensité résultant d'une seule ouverture multipliée par l'intensité due à un ensemble de points lumineux disposés dans le plan comme le sont les ouvertures.

L'intensité en un point P est proportionnelle au carré du module de l'intégrale

$$(1) \qquad \int e^{i\alpha(lx+my)} d\omega$$

étendue à toutes les portions éclairées de l'écran. Cette intégrale sera la somme d'intégrales de même forme étendues à la surface de chacune des ouvertures. Ces ouvertures étant égales et semblablement disposées, si à un point de coordonnées x et y de l'une d'elles correspond un point de coordonnées $x+a$ et $y+b$ d'une autre, on aura tous les points de cette dernière en donnant à x et y toutes les valeurs que peuvent prendre ces quantités dans la première ouverture. Par conséquent le terme de l'intégrale (1) qui correspond à une ouverture quelconque est égal à

$$\int e^{i\alpha(l(a+x)+m(b+y))}d\omega = e^{i\alpha(la+mb)}\int e^{i\alpha(lx+my)}d\omega,$$

ces intégrales étant étendues à toute la surface de l'une des ouvertures. L'intégrale (1) aura donc pour valeur le produit

$$(1+e^{i\alpha(la+mb)}+\ldots\ldots)\int e^{i\alpha(lx+my)}d\omega$$

que l'on peut écrire

$$\Sigma e^{i\alpha(la+mb)}\int e^{i\alpha(lx+my)}d\omega,$$

l'unité s'obtenant en faisant $a=b=0$

Le carré du module du premier facteur est proportionnel à l'intensité lumineuse due à n points disposés dans le plan comme le sont les ouvertures de l'écran ; le carré du module de l'intégrale est proportionnel à l'intensité due à une seule ouverture. Le théorème de Bridge est donc démontré.

109. Théorème de Babinet. — Deux écrans complémentaires, c'est-à-dire tels qu'aux vides de l'un correspondent les pleins de l'autre, donnent en un point de l'espace le même éclairement, excepté si ce point est dans la direction de oz.

Désignons par R la portion éclairée du premier écran et par R' la portion éclairée du second. Puisqu'aux parties non éclairées du premier écran correspondent les parties éclairées du second, la somme des surfaces R et R' doit être égale à tout le plan. L'intensité lumineuse en un point de l'espace sera, avec le premier écran, proportionnelle au carré du module de l'intégrale

$$\int e^{i\alpha(lx+my)}d\omega,$$

étendue à toute la portion éclairée de l'écran. Avec le second écran, il faudra pour avoir l'intensité étendre cette intégrale à tous les points de la portion éclairée R' de l'écran. La somme de ces deux intégrales sera l'intégrale étendue à tout le plan, c'est-à-dire

$$\int_{-\infty}^{+\infty} e^{i\alpha(lx+my)}d\omega.$$

Le carré du module de cette intégrale représente l'éclairement dû à une très grande ouverture ; d'après ce que nous avons vu au sujet des ouvertures semblables, les angles de déviation sont d'autant plus petits que les dimensions de l'ouverture sont plus grandes. Pour une ouverture très grande les déviations seront très petites, c'est-à-dire qu'il n'y aura de lumière sensible que dans la direction de l'axe des z.

Cette intégrale est donc nulle pour tous les points de l'espace qui ne sont pas voisins de l'axe oz. Par conséquent, pour tous ces points les intégrales qui servent à trouver l'intensité en un point ne différeront que par le signe et le carré de leur module aura la même valeur. L'intensité lumineuse est donc la même en ces points.

110. Diffraction par des ouvertures allongées. — Supposons qu'on remplace l'ouverture d'un écran par une autre obtenue en multipliant les ordonnées de chaque point de la première par la même quantité K sans changer les abscisses. Dans une telle transformation un carré devient un rectangle, un cercle devient une ellipse.

L'intensité lumineuse en un point de l'espace quand on prend la seconde ouverture est proportionnelle au carré du module de l'intégrale

$$\int e^{i\alpha(lx + mKy)} K d\omega.$$

Par conséquent l'intensité lumineuse donnée par la seconde ouverture en un point P_1 auquel correspondent les cosinus l et $\frac{m}{K}$ sera égale à K fois l'intensité donnée par la première ouverture un point P tel que les cosinus directeurs de OP sont l et m.

Si dans le plan passant par P et parallèle au plan R de la figure 17, nous menons des axes de coordonnées parallèles aux axes des x et des y tracés dans le plan R, les coordonnées x_1 et y_1 de P par rapport à ces axes seront égales aux coordonnées de la projection de ce point sur le plan R. Les cosinus directeurs de la direction OP sont l, m et cos δ ; par conséquent, en désignant par z la distance constante du point P au plan R on a

$$x_1 = \frac{lz}{\cos \delta} \qquad y_1 = \frac{mz}{\cos \delta}$$

ou, en remplaçant $\cos\delta$ par sa valeur en fonction de l et de m,

$$x_1 = \frac{lz}{\sqrt{1 - l^2 - m^2}} \qquad y_1 = \frac{mz}{\sqrt{1 - l^2 - m^2}}.$$

Par conséquent, quand on remplace une ouverture par une autre dont les ordonnées sont K fois plus grandes les coordonnées du point dont l'intensité est K fois celle que possédait le point x_1, y_1 avec l'ouverture primitive sont :

$$x'_1 = \frac{lz}{\sqrt{1 - l^2 - \frac{m^2}{K^2}}}, \qquad y'_1 = \frac{mz}{K\sqrt{1 - l^2 - \frac{m^2}{K^2}}}$$

Ce point s'est donc rapproché de l'axe des x_1.

Les déviations sont généralement petites de telle sorte que nous pouvons négliger l^2 et m^2 et écrire :

$$x_1 = lz, \qquad y_1 = mz,$$

$$x'_1 = lz, \qquad y'_1 = \frac{mz}{K},$$

ou

$$x_1 = x'_1, \qquad y'_1 = \frac{y_1}{K}.$$

L'abscisse du point qui correspond à un maximum d'intensité n'a donc pas changé pendant que l'ordonnée est devenue K fois plus petite. On déduira donc les nouvelles figures de diffraction des anciennes en multipliant les ordonnées de tous les points par $\frac{1}{K}$.

Supposons en particulier que l'ouverture primitive soit circulaire. Par raison de symétrie, les franges de diffraction seront aussi circulaires. Si nous multiplions les ordonnées des divers points de l'ouverture par K, cette ouverture deviendra une ellipse. Pour obtenir les nouvelles franges de diffraction, il faut multiplier les ordonnées des anciennes franges par $\frac{1}{K}$; ces franges deviendront ainsi elliptiques.

Ainsi une ouverture elliptique produit des figures de diffraction qui sont aussi des ellipses. Ces ellipses sont semblables à l'ouverture mais inversement placées, le grand axe des franges elliptiques étant parallèle au petit axe de l'ouverture.

Si nous prenons une fente très allongée, les points où l'intensité est nulle seront très près de l'axe des x_1 car on peut considérer une telle fente comme résultant d'un carré dont on a multiplié le côté parallèle à l'axe des y par un nombre très grand K. On n'observera donc de phénomènes de diffraction que dans le plan des xz, c'est-à-dire, dans un plan perpendiculaire à la longueur de la fente.

111. Diffraction par une fente ou un écran rectangulaire. — Désignons par $2a$ et $2b$ les dimensions de la fente. Pour avoir l'intensité lumineuse donnée en un point P par cette ouverture, nous avons à considérer l'intégrale

$$\int e^{i\alpha(lx+my)} d\omega,$$

étendue à toute la surface de la fente. L'élément de surface $d\omega$ étant égal au produit $dx\, dy$, nous aurons pour nouvelle forme de cette intégrale

$$\int\int e^{i\alpha(lx+my)} dx dy;$$

et comme nous pouvons supposer que l'origine des axes de

coordonnées coïncide avec le centre de la fente, les limites d'intégration seront $-a$ et $+a$ pour x, et $-b$ et $+b$ pour y. Les limites d'intégration étant des constantes, l'intégrale précédente est le produit des deux intégrales simples, prises, l'une par rapport à x, et l'autre par rapport à y. Nous aurons à chercher le module du produit

$$\int_{-a}^{+a} e^{i\alpha l x}\, dx \int_{-b}^{+b} e^{i\alpha m y}\, dy.$$

Pour simplifier nos expressions, posons

$$(1) \qquad \alpha l = u \qquad\qquad \alpha m = v\,;$$

nous aurons

$$\int_{-a}^{+a} e^{iux}\, dx \int_{-b}^{+b} e^{ivy}\, dy.$$

La première intégrale de ce produit a pour valeur

$$\frac{e^{iau} - e^{-iau}}{iu} = \frac{2 \sin au}{u}.$$

La valeur de l'intégrale prise par rapport à y est

$$\frac{e^{ibv} - e^{-ibv}}{iv} = \frac{2 \sin bv}{v}.$$

Le produit des deux intégrales sera

$$4\, \frac{\sin au}{u} \cdot \frac{\sin bv}{v}$$

où encore

$$4ab \frac{\sin au}{au} \cdot \frac{\sin bv}{bv}.$$

On aura donc pour l'intensité lumineuse une quantité proportionnelle à

$$(2) \qquad \left(\frac{\sin au}{au}\right)^2 \times \left(\frac{\sin bv}{bv}\right)^2.$$

Cette intensité deviendra nulle quand l'un des sinus sera nul, c'est-à-dire pour

$$(3) \qquad au = K\pi, \qquad \text{ou} \qquad bv = K'\pi,$$

où K et K' sont des entiers quelconques, mais ne pouvant pas être supposés nuls. En effet pour $K = o$ ou $K' = o$, la valeur des deux facteurs $\frac{\sin au}{au}$, $\frac{\sin bv}{bv}$, est l'unité et par conséquent l'intensité n'est pas nulle ; elle est même maximum, l'unité étant la plus grande valeur absolue que puisse avoir chacun des facteurs. Remarquons que si K et K' sont nuls on a $u = v = o$ et par suite $l = m = o$. Le point dont on cherche l'éclairement est alors situé sur l'axe ox (*fig.* 17) c'est-à-dire sur une perpendiculaire au plan de la fente élevée par le centre de cette fente. En tout point de cette droite l'intensité est maximum.

112. Les valeurs de l et de m qui correspondent aux minima d'intensité s'obtiennent en remplaçant dans les équations de condition (3), u et v par leurs valeurs (1) ; ces valeurs sont

$$l = \frac{K\pi}{a\alpha}, \qquad m = \frac{K'\pi}{b\alpha}.$$

Nous avons vu (**110**) que si on prend dans le plan où s'observent les phénomènes deux axes parallèles aux axes des x et des y et se coupant sur oz; les coordonnées x_1 et y_1 d'un point sont proportionnelles à l et m. Par conséquent, les points dont l'intensité est nulle sont situés sur des droites parallèles à l'un des axes de coordonnées et équidistantes entre elles. Le phénomène aura donc l'aspect d'une série de mailles rectangulaires lumineuses dont le centre présente un maximum d'éclairement. Ces maxima décroissent très rapidement dès qu'on s'écarte des axes, c'est-à-dire dès que u ou v augmente, puisque l'expression (2) à laquelle l'intensité est proportionnelle contient en dénominateur le produit $u^2 v^2$. Aussi, ne voit-on guère qu'une croix lumineuse dans la direction des axes, formée par les points qui correspondent à $K = 0$ ou $K' = 0$.

Le théorème de Babinet nous indique que l'on aura le même phénomène en prenant un petit écran rectangulaire.

Si l'une des dimensions de la fente a une grandeur considérable, on n'aura, d'après le § **110** de phénomènes observables que dans le plan perpendiculaire à la plus grande dimension de la fente. On verra une série de bandes d'intensité nulle séparées par des bandes lumineuses dont l'éclairement décroît très rapidement à partir de la bande centrale. Le calcul montre qu'au second maximum correspond une intensité 20 fois moindre qu'au premier.

Les mêmes phénomènes s'observeraient avec un fil.

118. Cas de n points lumineux irrégulièrement disposés dans un plan. — En appelant a et b les coordonnées d'un quelconque de ces points, que nous supposerons avoir la même intensité, l'intensité lumineuse en un point de l'espace est proportionnelle au carré du module de la somme

$$\sum e^{i(ua+vb)}.$$

Or, le produit de deux quantités imaginaires conjuguées est égal au carré du module de l'une de ces imaginaires ; l'intensité lumineuse sera donc proportionnelle à

$$\sum e^{i(ua+vb)} \sum e^{-i(ua+vb)} = \sum e^{i(u(a-a')+v(b-b'))}$$

a' et b' étant les coordonnées d'un second point lumineux quelconque.

Le nombre des termes de ce produit est n^2. Pour n d'entre eux, on a $a = a'$, $b = b'$ et la valeur de chacun d'eux est 1 ; leur somme sera n. Pour les $n^2 - n$ autres termes le module est 1 et l'argument, $u\ (a - a') + v\ (b - b')$. Cet argument peut prendre toutes les valeurs possibles puisque les points sont irrégulièrement distribués. Or, on sait que la valeur moyenne de $e^{i\varphi}$, où φ peut prendre toutes les valeurs possibles, est zéro ; par conséquent, la somme des $n^2 - n$ termes considérés est nulle. L'intensité en un point éclairé par les n points de même intensité sera donc une constante égale à n fois l'intensité donnée par un seul point éclairant.

114. Cas de n ouvertures. — Considérons n ouvertures égales, semblablement disposées mais irrégulièrement placées dans le plan. D'après le théorème de Bridge (**108**), l'intensité sera le produit de deux facteurs, dont l'un est proportionnel à l'intensité donnée par une seule fente, et l'autre proportionnel à l'intensité donnée par n points placés dans le plan comme le sont les ouvertures. Quand ces ouvertures seront irrégulièrement placées, ce second facteur sera, d'après le paragraphe précédent, égal à n fois l'intensité résultant d'une seule ouverture.

Le théorème de Babinet nous apprend qu'il en serait de même avec n écrans. En particulier avec n petits écrans circulaires on devra avoir les mêmes phénomènes qu'avec un seul écran ; les maxima de l'intensité lumineuse seront seulement devenus n fois plus grands. On peut vérifier ce fait expérimentalement en saupoudrant de lycopode l'objectif d'une lunette astronomique ; on aperçoit des franges noires et brillantes lorsqu'on fait l'expérience en lumière homogène.

115. Cas de deux points d'égale intensité. — Prenons pour axe des x une droite passant par ces points, et pour axe des y une perpendiculaire menée par le milieu de la distance qui sépare les deux points. Les coordonnées de l'un des points seront a et 0, celles de l'autre, $-a$ et 0. L'intensité lumineuse en un point de l'espace sera proportionnelle au carré du module de

$$e^{iau} - e^{-iau}.$$

Cette différence étant égale à 2 cos au, l'intensité est proportionnelle à $\cos^2 au$. Les minima d'intensités auront lieu pour

$$u = \frac{(2K+1)\pi}{2a};$$

ils seront régulièrement espacés et leur valeur sera nulle. Ils sont dus à l'interférence des rayons. Les maxima seront régulièrement espacés et égaux entre eux ; ils correspondent à

$$u = \frac{K\pi}{a}.$$

116. Cas de deux ouvertures ou de deux écrans circulaires. — En désignant par I l'intensité lumineuse en un point lorsqu'on a une seule ouverture et par $2a$ la distance des centres des deux ouvertures, l'intensité donnée par les deux ouvertures sera proportionnelle à

$$I \cos^2 au.$$

Les variations du premier facteur détermineront un système de franges concentriques ; les variations du second donneront lieu à des franges rectilignes.

117. Cas de deux fentes rectangulaires. — D'après le §111 l'intensité résultant d'une fente de largeur $2b$ et dont la hauteur est relativement grande, est proportionnelle à

$$\left(\frac{\sin bu}{bu}\right)^2.$$

Par conséquent, on aura pour deux fentes égales distantes de $2a$,

$$\left(\frac{\sin bu}{bu}\right)^2 \cos^2 au.$$

Les minima d'intensité, qui seront nuls, auront lieu pour

$$u = \frac{K\pi}{b}, \qquad u = \frac{(2K+1)\pi}{2a}.$$

Aux valeurs de u données par la première égalité correspondent des franges de diffraction, aux valeurs données par la seconde correspondent des franges d'interférence. Comme a est plus grand que b, les franges d'interférence sont plus rapprochées entre elles que les franges de diffraction et entre deux de ces dernières se trouvera toujours un certain nombre des premières.

118. Cas de n points en ligne droite et équidistants. — Désignons par $2a$ la distance de deux points consécutifs ; prenons pour axe des x la droite qui passe par tous les points et pour origine le premier des points. Les abscisses seront :

$$0, \quad 2a, \quad 4a, \quad \ldots\ldots\ldots \quad 2(n-1)a$$

et l'intégrale dont le carré du module est proportionnel à l'intensité deviendra

$$(1) \qquad 1 + e^{2iau} + e^{4iau} + \ldots . e^{2(n-1)iau}.$$

Les termes de cette somme forment une progression géométrique dont la raison est e^{2iau} ; la valeur de cette somme est donc

$$\frac{e^{2niau} - 1}{e^{2iau} - 1}.$$

On ne changera pas le module de cette fraction si on la multiplie ou si on la divise par des quantités dont le module est l'unité. Multiplions le numérateur par e^{-niau} et le dénominateur par e^{-iau}; nous obtiendrons,

$$\frac{e^{niau} - e^{-niau}}{e^{iau} - e^{-iau}},$$

expression que l'on peut écrire

$$\frac{\sin nau}{\sin au}.$$

L'intensité en un point sera proportionnelle au carré de cette quantité :

$$(2) \qquad \frac{\sin^2 nau}{\sin^2 au}.$$

Étudions cette fonction. Elle est périodique, car si nous augmentons u de $\frac{\pi}{a}$, au augmente de π et nau de $n\pi$; donc la valeur absolue des sinus ne change pas.

Pour les valeurs de u données par

$$u = \frac{K\pi}{na}$$

le numérateur s'annule et la fonction elle-même devient nulle à moins que le dénominateur ne s'annule en même temps que le numérateur, ce qui a lieu pour les valeurs de K qui sont des multiples de n. Pour avoir la valeur que prend la fonction pour les valeurs de K multiples de n, il nous suffit, puisque la fonction est périodique, de chercher ce qu'elle devient quand on y fait $K = 0$; on a dans ce cas,

$$\frac{\sin^2 nau}{\sin^2 au} = \frac{n^2a^2u^2}{a^2u^2} = n^2.$$

L'intensité est proportionnelle à n^2 ; c'est un maximum absolu de cette intensité, car chaque terme de la somme (1) ayant pour module une quantité au plus égale à 1, le module de la somme est au plus égal à n et par suite l'intensité a pour valeur maximum une quantité proportionnelle à n^2. — Nous appellerons maxima principaux ceux qui correspondent à une intensité proportionnelle à n^2.

Entre deux de ces maxima la fonction (2) s'annule n-1 fois, et entre deux zéros consécutifs elle passe par un maximum au moins ; nous aurons donc au moins $n - 2$ maxima secondaires. Il ne peut d'ailleurs y en avoir davantage. En effet, la fonction est un polynome entier de degré $n - 1$ en $\cos au$; sa dérivée par rapport à $\cos au$ sera de degré n-2 et n'aura que n-2 racines à chacune desquelles correspond un maximum ou un minimum.

Les maxima secondaires sont très petits et d'autant moins apparents que n est plus grand. En effet, on a,

$$\frac{\sin^2 nau}{\sin^2 au} < \frac{1}{\sin^2 au}.$$

Si $\sin au$ a une valeur finie, le second membre de l'inégalité et par suite le premier sont très petits par rapport à n^2.

Quand $\sin au$ est petit, c'est-à-dire pour les valeurs de u voisines de $\frac{K\pi}{a}$, les maxima secondaires qui sont alors voisins des maxima principaux sont encore difficilement observables. Dans ce cas au étant voisin de $K\pi$, nous pouvons, à cause de la périodicité de la fonction, supposer au très peu différent de zéro, et remplacer $\sin au$ par l'arc ; nous aurons pour le facteur d'intensité

$$\frac{\sin^2 nau}{a^2u^2}.$$

Le calcul de ce facteur montrerait que le premier maximum secondaire est 20 fois plus petit que le maximum principal et le second 60 fois plus petit.

119. Réseaux. — Dans un réseau nous avons n fentes d'égale largeur $2b$, parallèles et placées à une distance $2a$ les unes des autres. Le facteur d'intensité d'une seule fente étant

$$(1) \qquad \frac{\sin^2 bu}{b^2u^2};$$

celui de n points équidistants

$$(2) \qquad \frac{\sin^2 nau}{\sin^2 au},$$

l'intensité donnée par le réseau sera proportionnelle au produit de ces deux facteurs. Comme les fentes ont une grande hauteur relativement à leur largeur, on n'observera les franges que dans un plan perpendiculaire à la longueur des fentes.

On devrait donc observer les maxima dûs aux deux facteurs, mais comme n est généralement très grand, les maxima principaux dus au facteurs (2), seront seuls visibles. Pour ces maxima, on a

$$u = \frac{K\pi}{a}$$

et l'intensité est proportionnelle à

$$(3) \qquad n^2 \frac{\sin^2 \frac{Kb\pi}{a}}{\frac{K^2\pi^2b^2}{a^2}}.$$

Cette quantité contenant K^2 au dénominateur les maxima principaux diminueront d'intensité quand on s'écartera de la normale au plan du réseau.

Si $\frac{b}{a}$ est très petit, le produit $K\frac{b}{a}$ sera plus petit que $\frac{1}{2}$ pour un grand nombre de valeurs de K. Dans ce cas le numérateur de (3) ira constamment en décroissant et comme on ne peut observer plus de 6 ou 7 maxima principaux, ils iront en décroissant d'intensité.

Quand $\frac{b}{a}$ n'est pas très petit, le produit $K\frac{b}{a}$ peut devenir plus grand que $\frac{1}{2}$ pour des valeurs de K inférieurs à 7 et alors les maxima principaux ne décroissent pas régulièrement, le numérateur de (3) oscillant entre 0 et 1.

Si le quotient $\frac{b}{a}$ est commensurable, il existe une valeur de K qui annule $\sin \frac{Kb\pi}{a}$; par conséquent, le maximum principal correspondant manquera. Ainsi, si $\frac{b}{a} = \frac{1}{2}$, tous les maxima principaux d'ordre pair manqueront. Dans ce cas particulier, $\sin \frac{Kb\pi}{a}$ a pour valeur absolue l'unité quand K est un nombre impair. Les maxima principaux d'ordre impair seront proportionnels à $\frac{1}{K^2}$; ils iront en décroissant régulièrement.

Remarquons que l'intervalle plein qui sépare deux fentes est égal à $2a - 2b$; si donc nous changeons $2b$ en $2a - 2b$, c'est-à-dire b en $a - b$ dans nos formules d'intensité, nous aurons l'intensité résultant d'un nouveau réseau ne différant du premier qu'en ce que les espaces opaques remplacent les fentes et réciproquement. En changeant b en $a - b$ dans $\sin \frac{Kb\pi}{a}$, nous obtenons

$$\sin \frac{K(a-b)\pi}{a} = \sin\left(K\pi - \frac{Kb\pi}{a}\right) = \pm \sin \frac{Kb\pi}{a}.$$

Par conséquent la formule (3) devient

$$\frac{n^2 \sin^2 \frac{bK\pi}{a}}{\frac{K^2\pi^2 (a-b)^2}{a^2}}.$$

Nous aurons donc la même loi de décroissance pour les maxima principaux ; résultat conforme au théorème de Babinet.

120. Phénomènes de diffraction en lumière blanche. — Dans notre étude, nous avons toujours supposé λ constant, c'est-à-dire que nous supposions la lumière homogène. Si nous opérons avec la lumière blanche, la position des maxima d'intensité dépendra de λ ; nous aurons donc des franges colorées. En particulier dans le cas des réseaux, la déviation étant très considérable, nous aurons des spectres complets séparés par des intervalles obscurs.

CHAPITRE V

POLARISATION ROTATOIRE. — DISPERSION

121. Pour trouver les équations

$$
(1)\qquad
\begin{aligned}
-\rho \frac{d^2\xi}{dt^2} &= \sum \frac{d}{dx} \cdot \frac{dW_2}{d\xi'_x} \\
-\rho \frac{d^2\eta}{dt^2} &= \sum \frac{d}{dx} \cdot \frac{dW_2}{dy'_x} \\
-\rho \frac{d^2\zeta}{dt^2} &= \sum \frac{d}{dx} \cdot \frac{dW_2}{d\zeta'_x}
\end{aligned}
$$

du mouvement d'une molécule dans un milieu élastique (**82**), nous avons admis (**14**) que les quantités Dx, Dy, Dz étant de l'ordre du rayon d'activité moléculaire, nous pouvions, dans les expressions de $D\xi$, $D\eta$, $D\zeta$, négliger les termes contenant Dx^2, Dy^2, Dz^2. Il en résultait que $D\xi$, $D\eta$, $D\zeta$ étaient des fonctions linéaires des neufs dérivées partielles de ξ, η, ζ par rapport aux variables x, y, z, et que W_2 était une fonction homogène et du second ordre par rapport à ces neuf dérivées.

Nous avons ensuite (**41**) cherché ce que devenaient les équations (1) dans le cas des milieux isotropes, et nous avons vu (**42**) que le mouvement des molécules dans un tel milieu se propageait avec une vitesse constante

$$V = \sqrt{-\frac{2\mu}{\rho}}$$

Or l'expérience démontre que quand la lumière traverse un milieu isotrope autre que l'éther dans le vide, sa vitesse dépend de sa longueur d'onde λ ; nous sommes donc conduits à penser que l'hypothèse du § **14**, qui n'est justifiée par aucune considération théorique, doit être rejetée quand nous considérons la propagation de la lumière dans un milieu pondérable. Si nous abandonnons cette hypothèse les quantités $D\xi$, $D\eta$, $D\zeta$, contiendront les dérivées des divers ordres de ξ, η, ζ par rapport à x, y, z, et, par conséquent, la fonction W_2 qui est homogène et du second degré (**18**) en $D\xi$, $D\eta$, $D\zeta$, sera homogène et du second degré par rapport aux dérivées partielles des divers ordres de ξ, η, ζ. Nous allons montrer que les équations du mouvement d'une molécule, en prenant pour W_2 une telle fonction, expliquent le phénomène de la dispersion et celui de la polarisation rotatoire.

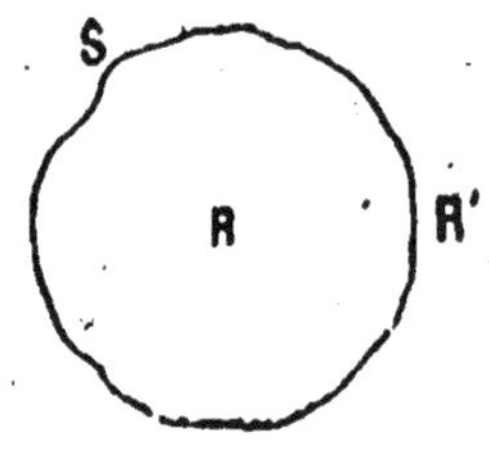

Fig. 18.

122. En désignant par U la fonction des forces relative aux forces extérieures et intérieures qui s'exercent sur les molécules d'un volume R limité par une surface S (*fig.* 18), nous avons trouvé (**27**), par l'application du principe de d'Alembert et du principe des vitesses virtuelles, l'équation

$$(2) \qquad \delta U - \int \rho d\tau \left(\frac{d^2\xi}{dt^2}\delta\xi + \frac{d^2\eta}{dt^2}\delta\eta + \frac{d^2\zeta}{dt^2}\delta\zeta \right) = 0,$$

qui doit être satisfaite quels que soient $\delta\xi$, $\delta\eta$, $\delta\zeta$.

La partie de la fonction U qui correspond aux forces intérieures est

$$\int \delta W d\tau,$$

et celle qui est relative aux forces extérieures qui s'exercent sur la surface de séparation S est

$$\int (P_x \delta\xi + P_y \delta\eta + P_z \delta\zeta)\, d\omega,$$

P_x, P_y, P_z désignant les composantes suivant les trois axes de la pression qui s'exerce sur l'élément de surface $d\omega$. En remplaçant δU par la somme de ces deux quantités l'équation (2) devient

$$\int (P_x \delta\xi + P_y \delta\eta + P_z \delta\zeta)\, d\omega + \int \delta W d\tau -$$
$$- \int \rho d\tau \left(\frac{d^2\xi}{dt^2} \delta\xi + \frac{d^2\eta}{dt^2} \delta\eta + \frac{d^2\zeta}{dt^2} \delta\zeta \right) = 0.$$

Comme cette équation doit être satisfaite quels que soient $\delta\xi$, $\delta\eta$, $\delta\zeta$ nous pouvons, en particulier, supposer $\delta\eta = \delta\zeta = o$, et nous avons l'égalité

$$(3) \quad \int P_x \delta\xi d\omega + \int \delta W d\tau - \int \frac{d^2\xi}{dt^2} \delta\xi \rho d\tau = 0,$$

qui devra avoir lieu quel que soit $\delta\xi$.

123. Il s'agit de transformer le second terme de cette égalité. La fonction W est, en général, une fonction des dérivées partielles des divers ordres de ξ, η, ζ. Dans un déplacement virtuel quelconque donné au système chacune de ces dérivées varie, mais dans le cas où l'on a, comme nous l'avons supposé, $\delta\eta = \delta\zeta = o$, il n'y a que les dérivées partielles de ξ qui changent de valeur. Par conséquent, l'accroissement δW de la fonction W ne dépendra que des accroissements des diverses dérivées partielles de ξ. Dans le but de simplifier les calculs, nous admettrons que les seules dérivées partielles de ξ qui entrent dans W sont $\frac{d\xi}{dx}$ et $\frac{d^2\xi}{dx^2}$, dérivées que nous pourrons représenter sans ambiguité par ξ' et ξ''. Nous avons alors,

$$\delta W = \frac{dW}{d\xi'}\delta\xi' + \frac{dW}{d\xi''}\delta\xi'',$$

et, par suite

$$\int \delta W d\tau = \int \frac{dW}{d\xi'}\delta\xi' d\tau + \int \frac{dW}{d\xi''}\delta\xi'' d\tau.$$

On sait, et nous avons rappelé cette propriété au § 80, que l'on a

$$(4) \quad \int \frac{dW}{d\xi'}\delta\xi' d\tau = \int \alpha \frac{dW}{d\xi'}\delta\xi d\omega - \int \delta\xi \frac{d}{dx}\cdot\frac{dW}{d\xi'} d\tau,$$

et

$$\int \frac{dW}{d\xi''}\delta\xi'' d\tau = \int \alpha \frac{dW}{d\xi''}\delta\xi' d\omega - \int \delta\xi' \frac{d}{dx}\cdot\frac{dW}{d\xi''} d\tau.$$

Cette dernière égalité devient, en faisant subir à la seconde intégrale du second membre une transformation analogue,

$$(5) \quad \int \frac{dW}{d\xi''}\delta\xi'' d\tau = \int \alpha \frac{dW}{d\xi''}\delta\xi' d\omega - \\ - \int \alpha\delta\xi \frac{d}{dx}\cdot\frac{dW}{d\xi''} d\omega + \int \delta\xi \frac{d^2}{dx^2}\cdot\frac{dW}{d\xi''} d\tau.$$

En additionnant les seconds membres des égalités (4) et (5) et en remplaçant dans (3) la seconde intégrale par cette somme, nous obtenons une égalité contenant des intégrales étendues à la surface S et des intégrales étendues au volume R. En représentant la somme des intégrales doubles par I, l'équation (3) devient

$$\mathrm{I} - \int \left(\frac{d}{dx} \frac{d\mathrm{W}}{d\xi'} - \frac{d^2}{dx^2} \frac{d\mathrm{W}}{d\xi''} + \rho \frac{d^2\xi}{dt^2} \right) \delta\xi d\tau = 0,$$

et, comme elle doit être satisfaite, quel que soit $\delta\xi$, l'élément différentiel placé sous le signe d'intégration étendu au volume doit être nul. Nous aurons donc

$$\rho \frac{d^2\xi}{dt^2} = -\frac{d}{dx} \frac{d\mathrm{W}}{d\xi'} + \frac{d^2}{dx^2} \frac{d\mathrm{W}}{d\xi''}.$$

Cette équation devient, en désignant par W_1 le terme du premier degré et par W_2 le terme du second degré dans le développement de W par rapport aux puissances croissantes de $\mathrm{D}\xi$, $\mathrm{D}\eta$, $\mathrm{D}\zeta$,

$$\rho \frac{d^2\xi}{dt^2} = -\frac{d}{dx} \frac{d\mathrm{W}_1}{d\xi'} + \frac{d^2}{dx^2} \frac{d\mathrm{W}_1}{d\xi''} - \frac{d}{dx} \frac{d\mathrm{W}_2}{d\xi'} + \frac{d^2}{dx^2} \frac{d\mathrm{W}_2}{d\xi'}.$$

Mais $\mathrm{D}\xi$, $\mathrm{D}\eta$, $\mathrm{D}\zeta$ étant du premier degré (**14**) par rapport aux dérivées partielles de ξ, η, ζ, il en sera de même de W_1 ; les dérivées de cette fonction par rapport à ξ' et ξ'' seront des constantes et l'équation précédente se réduit à

$$\rho \frac{d^2\xi}{dt^2} = -\frac{d}{dx} \frac{d\mathrm{W}_2}{d\xi'} + \frac{d^2}{dx^2} \frac{d\mathrm{W}_2}{d\xi''}.$$

C'est la première des équations du mouvement d'une molécule ; les deux autres s'obtiendraient de la même manière.

Quant à la somme d'intégrales que nous avons désignée par I, elle nous donnerait la valeur des pressions qui s'exercent sur la surface S. Nous ne chercherons pas ces pressions.

124. Équations du mouvement. — Nous sommes donc conduits à la règle suivante.

Les équations du mouvement s'écriront

$$\rho \frac{d^2\xi}{dt^2} = P, \qquad \rho \frac{d^2\eta}{dt^2} = Q, \qquad \rho \frac{d^2\zeta}{dt^2} = R.$$

P, Q, R étant des polynômes linéaires par rapport aux dérivées des divers ordres de ξ, η, ζ et formés comme il suit :

Pour former P, on différentiera W_2 par rapport à chacune des dérivées partielles de ξ qui y entrent. On différentiera la dérivée de W_2 ainsi obtenue : par rapport à x, y et z, de la même manière que l'a été la dérivée partielle de ξ qui y entre. Par exemple on différentiera :

$\frac{dW_2}{d\xi'_x}$ une fois par rapport à x,

$\frac{dW_2}{d\xi''_{xx}}$ deux fois par rapport à x,

$\frac{dW_2}{d\xi''_{xy}}$ une fois par rapport à x et une fois par rapport à y, etc.

On ajoutera ensuite toutes les dérivées ainsi obtenues après avoir affecté du signe + les dérivées d'ordre pair et du signe — les dérivées d'ordre impair. On aura donc :

$$P = -\frac{d}{dx}\frac{dW_2}{d\xi'_x} - \frac{d}{dy}\frac{dW_2}{d\xi'_y} - \frac{d}{dz}\frac{dW_2}{d\xi'_z} + \frac{d^2}{dx^2}\frac{dW_2}{d\xi''_{xx}} + \dots$$
$$+ \frac{d^2}{dxdy}\frac{dW_2}{d\xi''_{xy}} + \dots - \frac{d^3}{dx^3}\frac{dW_2}{d\xi'''_{xxx}} - \dots$$

On formerait le polynôme Q de la même manière en différentiant W_2 par rapport aux dérivées partielles de η.

Dans quelques cas particuliers, l'expression du polynôme P se simplifie. Ainsi, si le milieu élastique est isotrope, les dérivées d'ordre impair n'entrent pas dans P. En effet, dans un tel milieu, les équations du mouvement ne doivent pas changer quand on change à la fois les signes de x, y, z, ξ, η, ζ. Or, quand on fait ce changement, $\frac{d^2\xi}{dt^2}$ change de signe ; par conséquent, les différents termes de P doivent aussi changer de signe. Cela a lieu pour toutes les dérivées d'ordre pair des ξ par rapport à x, y, z, mais les dérivées d'ordre impair comme $\frac{d^3\xi}{dx^3}$, $\frac{d^3\xi}{dx^2dy}$, conservent la même valeur puisque leurs numérateurs et leurs dénominateurs changent de signe en même temps. Ces dérivées ne pourront donc entrer dans l'expression du polynôme P relatif à un isotrope.

Quand le milieu élastique a un centre de symétrie, les équations du mouvement ne doivent pas changer quand on change les signes de x, y, z, ξ, η, ζ. Dans ce cas encore, le polynôme P ne devra contenir que des dérivées d'ordre pair.

125. Polarisation rotatoire du quartz. — Le quartz cristallisant sous une forme hémiédrique du système rhomboédrique, les cristaux de quartz ne possèdent pas de centre de symétrie.

Si nous admettons que la distribution de l'éther lumineux dans un corps pondérable est identique à celle des molécules matérielles qui constituent le corps, l'éther contenu dans le quartz sera un milieu élastique dépourvu de centre de symétrie.

Par conséquent, le polynôme P qui entre dans les équations du mouvement des molécules d'éther propageant la lumière dans le quartz, pourra contenir des dérivées partielles de ξ, η, ζ, d'ordre impair. Nous allons montrer, en nous plaçant dans des conditions particulières pour éviter des calculs trop longs, que la présence des dérivées du troisième ordre suffit pour rendre compte des phénomènes de polarisation rotatoire que présente le quartz.

Considérons une onde dont le plan est perpendiculaire à l'axe du cristal. En prenant pour plan des xy un plan parallèle au plan de l'onde, les déplacements ξ, η, ζ des molécules d'éther ne dépendront que de z et du temps t, et, par suite, les dérivées partielles des divers ordres de ξ, η, ζ par rapport à x et à y seront nulles. De plus, comme les vibrations sont transversales, la condition de transversalité, $\Theta = o$, exige que l'on ait identiquement $\zeta'_z = o$. Par conséquent, W_2 sera une fonction homogène et du second degré des dérivées partielles du premier ordre ξ'_z, η'_z et des dérivées partielles d'ordres supérieurs de ξ, η, ζ, par rapport à z. Désignons par W_2^1 l'ensemble des termes de W_2 qui sont homogènes par rapport aux dérivées partielles du premier ordre, et, pour simplifier (1), supposons que les autres termes de W_2 soient nuls à l'exception du suivant :

$$a\frac{d\eta}{dz}\frac{d^2\xi}{dz^2}.$$

En appliquant la règle que nous avons donnée (**124**) pour la formation des seconds membres des équations du mouvement,

(1) Voir plus loin le chapitre relatif à la double réfraction dans les milieux hémiédriques, où nous revenons sur cette question avec plus de détails.

nous obtenons pour ces équations :

$$\rho \frac{d^2\xi}{dt^2} = -\sum \frac{d}{dx} \frac{dW_2^1}{d\xi'_x} + a \frac{d^3\eta}{dz^3},$$

$$\rho \frac{d^2\eta}{dt^2} = -\sum \frac{d}{dx} \frac{dW_2^1}{d\eta'_x} - a \frac{d^3\xi}{dz^3}.$$

Les termes des seconds membres provenant de W_2^1 seront des dérivées partielles du second ordre de ξ, η, ζ, multipliées par un coefficient constant. Admettons que dans la première équation ces termes se réduisent à $\frac{d^2\xi}{dz^2}$ et que, dans la seconde, ils se réduisent à $\frac{d^2\eta}{dz^2}$; nous aurons alors pour les équations du mouvement :

$$\rho \frac{d^2\xi}{dt^2} = \frac{d^2\xi}{dz^2} + a \frac{d^3\eta}{dz^3}, \tag{1}$$

$$\rho \frac{d^2\eta}{dt^2} = \frac{d^2\eta}{dz^2} - a \frac{d^3\xi}{dz^3}. \tag{2}$$

Cherchons à satisfaire à ces équations en posant

$$\xi = Ae^{\frac{2i\pi}{\lambda}(z-Vt)},$$

$$\eta = Be^{\frac{2i\pi}{\lambda}(z-Vt)}.$$

Les dérivées partielles de ξ et η qui entrent dans les équations du mouvement auront pour valeur

$$\frac{d^2\xi}{dt^2} = A\left(\frac{2i\pi}{\lambda}\right)^2 V^2 e^{\frac{2i\pi}{\lambda}(z-Vt)},$$

$$\frac{d^2\eta}{dt^2} = B\left(\frac{2i\pi}{\lambda}\right)^2 V^2 e^{\frac{2i\pi}{\lambda}(z-Vt)},$$

$$\frac{d^2\xi}{dz^2} = A\left(\frac{2i\pi}{\lambda}\right)^2 e^{\frac{2i\pi}{\lambda}(z-Vt)},$$

$$\frac{d^2\eta}{dz^2} = B\left(\frac{2i\pi}{\lambda}\right)^2 e^{\frac{2i\pi}{\lambda}(z-Vt)}.$$

En portant ces valeurs dans les équations (1) et (2) et en supprimant les facteurs communs aux deux membres, nous obtenons,

$$(3) \qquad A(\rho V^2 - 1) = aB\frac{2i\pi}{\lambda},$$

$$(4) \qquad B(\rho V^2 - 1) = -aA\frac{2i\pi}{\lambda}.$$

En divisant ces équations membre à membre nous aurons,

$$\frac{A}{B} = -\frac{B}{A};$$

égalité que l'on peut mettre sous la forme

$$A^2 = -B^2,$$

d'où

$$A = \pm Bi.$$

Nous pourrons donc satisfaire aux équations du mouvement en prenant pour ξ et η les parties réelles de

$$\xi_1 = Bie^{\frac{2i\pi}{\lambda}(z-Vt)},$$

$$\eta_1 = Be^{\frac{2i\pi}{\lambda}(z-Vt)},$$

ou de

$$\xi_2 = -Bie^{\frac{2i\pi}{\lambda}(z-Vt)},$$

$$\eta_2 = Be^{\frac{2i\pi}{\lambda}(z-Vt)}.$$

Le premier système de solutions nous donne pour les déplacements de la molécule dans le plan $z = o$, des expressions de la forme

$$\xi_1 = r\cos(\alpha t + \varphi),$$

$$\eta_1 = r\sin(\alpha t + \varphi).$$

Le second système, nous donne pour les déplacements dans le même plan

$$\xi_2 = -r\cos(\alpha t + \varphi),$$

$$\eta_2 = r\sin(\alpha t + \varphi).$$

Pour obtenir la courbe décrite par la molécule dans le plan des x, y, il nous suffit d'éliminer t entre les valeurs de ξ et η. Nous aurons, en additionnant les carrés de ξ_1 et η_1 et les carrés de ξ_2 et η_2 les deux équations,

$$\xi_1^2 + \eta_1^2 = r^2,$$

$$\xi_2^2 + \eta_2^2 = r^2.$$

Ces équations montrent que dans les deux cas la trajectoire de la molécule sera un cercle ; mais, les valeurs de ξ_1 et de ξ_2 étant de signes contraires ces deux cercles seront parcourus en sens contraires. Par conséquent, une onde plane qui se propage dans un cristal de quartz peut être considérée comme se dédoublant en deux ondes planes polarisées circulairement l'une dans un sens, l'autre en sens contraire. Il nous suffit maintenant de montrer que la propagation de ces ondes se fait avec des vitesses différentes pour que la polarisation rotatoire du quartz soit expliquée.

Pour avoir ces vitesses faisons successivement dans l'une des formules (3) ou (4), $A = Bi$ et $A = -Bi$; nous obtiendrons :

$$\rho V^2 - 1 = -a\frac{2\pi}{\lambda},$$

$$\rho V^2 - 1 = a\frac{2\pi}{\lambda};$$

d'où nous tirons pour les carrés des vitesses V_1 et V_2 des deux ondes polarisées

$$V_1^2 = \frac{1}{\rho} - \frac{a}{\rho}\frac{2\pi}{\lambda}, \tag{5}$$

$$V_2^2 = \frac{1}{\rho} + \frac{a}{\rho}\frac{2\pi}{\lambda}. \tag{6}$$

Puisque a n'est pas nul, nous avons pour V_1 et V_2 des valeurs différentes ; par conséquent, dans la propagation dans le quartz d'une onde plane polarisée, le plan de polarisation de cette onde doit tourner.

126. Des valeurs que nous venons de trouver pour les vitesses de propagation des ondes polarisés circulairement, il est facile de déduire la loi de Biot sur le pouvoir rotatoire du quartz, c'est-à-dire de montrer que ce pouvoir rotatoire varie en raison inverse du carré de la longueur d'onde.

En désignant par e l'épaisseur de la lame de quartz traversée par les rayons lumineux, la différence de marche de ces rayons à la sortie de la lame sera

$$\frac{e}{V_1}V - \frac{e}{V_2}V,$$

V étant la vitesse de propagation dans le vide.

Or, on sait que la rotation du plan de polarisation est égale à 360° quand la différence de marche est égale à la longueur d'onde. Par conséquent, l'épaisseur d'une lame de quartz qui fait tourner de 360° le plan de polarisation est donnée par la formule

$$V\left(\frac{e}{V_1} - \frac{e}{V_2}\right) = \lambda,$$

d'où

$$e = \frac{\lambda}{V}\frac{V_1 V_2}{V_2 - V_1}.$$

En retranchant l'une de l'autre les égalités (5) et (6), nous obtenons

$$V_2^2 - V_1^2 = \frac{4\pi}{\lambda}\frac{a}{\rho},$$

d'où nous tirons

$$\frac{1}{V_2 - V_1} = \frac{(V_1 + V_2)\lambda}{4\pi}\frac{\rho}{a}.$$

L'expression de e devient, en y portant cette valeur de $\frac{1}{V_2 - V_1}$,

$$e = \frac{\lambda^2 V_1 V_2 (V_1 + V_2)}{4\pi V}\frac{\rho}{a}.$$

Comme la valeur de a est très petite, nous pouvons dans les valeurs de V_1^2 et de V_2^2 négliger le second terme devant le premier et on a $V_1 = V_2 = \frac{1}{\sqrt{\rho}}$. En remplaçant V_1 et V_2 par cette valeur dans l'expression précédente, nous obtenons

$$e = \frac{\lambda^2}{2\pi a V \sqrt{\rho}}.$$

L'épaisseur capable de faire tourner le plan de polarisation de 360° est donc proportionnelle à λ^2 ; on en déduit immédiatement que la rotation produite par une lame dont l'épaisseur est égale à l'unité varie en raison inverse du carré de la longueur d'onde.

Des expériences très précises ont montré que cette loi n'est pas rigoureusement vérifiée ; ce résultat ne doit pas nous surprendre puisque les calculs que nous avons faits ne sont qu'approximatifs.

127. Polarisation rotatoire des cristaux et des dissolutions. — Il existe un certain nombre de substances cristallisées qui présentent, quoique à un degré moindre que le quartz, la propriété de faire tourner le plan de polarisation de la lumière. Comme jusqu'ici, tous les cristaux pour lesquels on a constaté cette propriété, sont des cristaux hémièdres, on peut leur appliquer l'explication que nous avons donnée du pouvoir rotatoire du quartz. Mais, on connait un grand nombre de substances organiques dont les dissolutions jouissent du pouvoir rotatoire et, dans ce cas, l'explication du phénomène devient plus difficile, les liquides se comportant en général comme des corps isotropes. On n'a pas trouvé d'ailleurs, une explication satisfaisante et, nous sommes obligés d'admettre que ces substances organiques détruisent l'isotropie des liquides et que leurs dissolutions, qui ont une infinité d'axes de symétrie, n'ont cependant pas de centre de symétrie.

128. Explication de la dispersion. — Nous ne nous occuperons pour le moment que des corps isotropes ou des corps ayant un centre de symétrie. Dans ce dernier cas nous prendrons le centre de symétrie pour origine des coordonnées. Les seconds membres des équations du mouvement ne contiendront alors que des dérivées partielles d'ordre pair des ξ, η, ζ par rapport à x, y, z.

Considérons une onde plane se propageant dans un tel milieu et prenons pour plan des xy un plan parallèle au plan de l'onde. Les déplacements ξ, η, ζ, ne dépendant que de z et de t, les seules dérivées partielles de ces quantités qui entreront dans les seconds membres des équations du mouvement seront les dérivées partielles d'ordre pair par rapport à z. En admettant la transversalité des vibrations, la condition $\Theta = o$ nous donne pour la valeur de ζ_z' l'identité $\zeta_z' = o$; par conséquent, les dérivées partielles de ζ sont identiquement nulles et les seconds membres des équations du mouvement ne peuvent contenir que les quantités

$$\frac{d^2\xi}{dz^2}, \frac{d^4\xi}{dz^4}, \frac{d^6\xi}{dz^6}, \ldots, \frac{d^2\eta}{dz^2}, \frac{d^4\eta}{dz^4}, \frac{d^6\eta}{dz^6}, \ldots .$$

Prenons la première des équations,

$$\rho \frac{d^2\xi}{dt^2} = \mathrm{P}.$$

Cette équation ne doit pas changer par la substitution de $-y$ à y et de $-\eta$ à η dans le cas des corps isotropes ou dans le cas des corps possédant un centre de symétrie quand on prend ce point comme origine des axes. Or, le premier membre de l'équation ne changeant pas de signe par cette substitution, les dérivées partielles de η ; $\frac{d^3\eta}{dz^3}, \frac{d^5\eta}{dz^5}, \ldots$ dont le signe changerait, ne doivent pas entrer dans le polynôme P. Par conséquent le second membre de l'équation ne peut contenir que les dérivées de ξ. En nous bornant aux dérivées d'ordre inférieur au huitième, cette équation devient

$$\rho \frac{d^2\xi}{dt^2} = a \frac{d^2\xi}{dz^2} + b \frac{d^4\xi}{dz^4} + c \frac{d^6\xi}{dz^6},$$

Un raisonnement identique nous montrerait que la seconde équation du mouvement des molécules d'une onde plane se propageant dans un milieu isotrope ou un milieu à centre de symétrie se réduit à

$$\rho \frac{d^2\eta}{dt^2} = a \frac{d^2\eta}{dz^2} + b \frac{d^4\eta}{dz^4} + c \frac{d^6\eta}{dz^6}.$$

Si nous cherchons à satisfaire à ces équations par des expressions de ξ et η de la forme suivante

$$\xi = \mathrm{A}e^{\frac{2i\pi}{\lambda}(z - \mathrm{V}t)},$$

$$\eta = \mathrm{B}e^{\frac{2i\pi}{\lambda}(z - \mathrm{V}t)},$$

nous obtiendrons deux équations de condition contenant la vitesse V de propagation. Pour montrer que V dépend de la longueur d'onde λ de la radiation, il nous suffit de prendre l'une de ces équations. En calculant les dérivées partielles de ξ et en portant les valeurs trouvées dans la première des équations du mouvement, nous obtiendrons, après avoir divisé par le facteur commun aux deux membres

$$\left(\frac{2i\pi}{\lambda}\right)^2 \mathrm{A}e^{\frac{2i\pi}{\lambda}(z - \mathrm{V}t)},$$

la relation suivante :

$$\rho V^2 = a + b\left(\frac{2i\pi}{\lambda}\right)^2 + c\left(\frac{2i\pi}{\lambda}\right)^4$$

ou

$$\rho V^2 = a - \frac{4\pi^2 b}{\lambda^2} + \frac{16\pi^4 c}{\lambda^4}.$$

L'indice de réfraction n étant proportionnel à l'inverse de la vitesse, nous aurons une quantité proportionnelle à n en prenant la puissance $-\frac{1}{2}$ du second membre de cette dernière relation. Par conséquent, nous pouvons écrire :

$$n = A_0 + \frac{B_0}{\lambda^2} + \frac{C_0}{\lambda^4}.$$

Cette formule, trouvée par Cauchy, nous montre que l'indice de réfraction varie avec la longueur d'onde et que, par conséquent, les diverses radiations d'une lumière hétérogène seront inégalement déviées. La comparaison des valeurs de n calculée par cette formule avec les valeurs trouvées par l'expérience, a montré qu'il y a une concordance très satisfaisante pour toutes les radiations lumineuses. Les résultats de l'expérience sont déjà suffisamment bien représentés quand on ne prend que les deux premiers termes de la formule.

129. Théories diverses de la dispersion. — La théorie de la dispersion que nous venons d'exposer suppose que, lorsque la lumière traverse un milieu pondérable, les quantités de l'ordre du carré du rayon d'activité moléculaire ne sont pas négligeables. Puisque nous pouvions négliger ces quantités quand, dans les chapitres qui précèdent, nous ne nous occupions que de la propagation de la lumière dans le vide et que nous n'envisagions que l'action de l'éther sur lui-même, nous devons conclure que la matière agit sur les molécules d'éther, et que le rayon d'activité des molécules matérielles est incomparablement plus grand que celui des molécules d'éther. Cette action de la matière sur l'éther avait déjà été admise par Fresnel qui supposait que l'éther engagé dans les milieux pondérables avait une densité constante mais plus grande que dans le vide. Plus tard, Cauchy, dans le but d'expliquer la dispersion, admit implicitement que les molécules matérielles sont entraînées par les molécules d'éther et qu'elles vibrent avec la même amplitude. Bien que cette dernière hypothèse puisse paraître peu vraisemblable, il ne faut pas se hâter de la rejeter ; c'est ainsi qu'un corps flottant à la surface d'un liquide, participe, par entraînement, aux mouvements qui sont imprimés au liquide. En tout cas c'est cette hypothèse qui a conduit Cauchy à l'analyse du n° **128** dont nous avons vu l'accord avec l'expérience.

Après Cauchy, Briot reprit l'étude de la dispersion. Dans une première théorie, il admit l'entraînement de la matière par l'éther, mais il supposa que les amplitudes des vibrations des molécules matérielles étaient incomparablement plus petites que les amplitudes des molécules d'éther. Il résultait de cette hypothèse, que dans les calculs on pouvait considérer les molécules matérielles comme fixes par rapport aux molécules d'éther. Dans ces conditions, les seconds membres des équations du mouvement d'une molécule d'éther contenaient, outre les dérivées secondes de ξ, η, ζ, ces quantités elles-mêmes. La vitesse de propagation du mouvement vibratoire dépendait alors de la longueur d'onde, et l'indice de réfraction était donné par une formule de la forme

$$n = A + B\lambda^2.$$

Mais, cette formule se trouvant en contradiction avec les résultats de l'expérience, Briot fut conduit à rejeter cette théorie et en proposa une autre que nous allons exposer.

130. Théorie de Briot (1). — Dans cette théorie, Briot, considérant les milieux pondérables comme formés de molécules matérielles séparées les unes des autres, admet que la densité de l'éther engagé dans ce milieu est d'autant plus grande que la molécule d'éther est plus proche d'une molécule matérielle. Il en résulte que cette densité ρ est une fonction des coordonnées de la molécule considérée.

Jusqu'ici, nous avons supposé constante la densité de l'éther et au § **33** nous avons montré que dans cette hypothèse et lorsqu'on néglige les quantités de l'ordre du carré du rayon d'activité moléculaire, le mouvement d'une molécule d'éther était donné par trois équations dont la première est

$$-\rho \frac{d^2\xi}{dt^2} = \mu \, \Delta\xi + 2\nu \frac{d\Theta}{dx}.$$

En admettant (**46**) que l'on a $\nu = -\mu$ cette équation se réduit à

$$\rho \frac{d^2\xi}{dt^2} = -2\mu \left(\Delta\xi - \frac{d\Theta}{dx}\right).$$

(1) Nous avons conservé le nom de théorie de Briot à l'explication que nous allons développer, parce que Briot est le premier qui ait cherché à fonder une théorie complète de la dispersion sur l'hypothèse de la périodicité de l'éther. Mais le mode d'exposition que nous allons suivre diffère absolument de celui de Briot et se rapproche bien davantage des idées de M. Sarrau.

Le coefficient -2μ est positif, car la vitesse de propagation des vibrations transversales est réelle et on a vu que cette vitesse est donnée par la formule

$$V^2 = \frac{-2\mu}{\rho}.$$

Par conséquent, on pourra, par un choix convenable de l'unité de force, faire en sorte que l'on ait $-2\mu = +1$. La première des équations du mouvement devient alors

$$(1) \qquad \rho \frac{d^2\xi}{dt^2} = \Delta\xi - \frac{d\Theta}{dx}.$$

On sait qu'il est facile de trouver une solution de cette équation quand ρ est une quantité constante, mais la complication du problème serait singulièrement augmentée si ρ dépendait des coordonnées de la molécule vibrante. Pour concilier l'hypothèse fondamentale de la densité variable de l'éther avec les exigences du calcul, nous admettrons en outre que le rayon d'activité moléculaire de l'éther est très petit, et que, dans l'intérieur d'une sphère de rayon égal au rayon d'activité moléculaire, la densité peut être regardée comme constante. Il en résultera que dans cette sphère le mouvement d'une molécule est donné par trois équations analogues à l'équation (1). Nous allons chercher, sans nous attacher à suivre le mode d'exposition de Briot, comment ces hypothèses peuvent rendre compte de la dispersion dans les corps cristallisés et dans les corps amorphes.

131. Cas des corps cristallisés. — On sait, qu'en s'appuyant sur des considérations dont l'idée est due à Bravais, on peut considérer les corps cristallisés comme formés de molécules matérielles occupant les sommets de parallélipipèdes égaux et juxtaposés. Les faces de ces parallélipipèdes formeront trois systèmes de plans que nous pouvons représenter par les équations

$$(1) \qquad ax + by + cz = dm$$

$$(2) \qquad a'x + b'y + c'z = d'm'$$

$$(3) \qquad a''x + b''y + c''z = d''m''$$

dans lesquelles m, m', m'' seront des entiers variant de $-\infty$ à $+\infty$. Les valeurs de x, y, z satisfaisant à ces trois équations seront les coordonnées d'un sommet d'un parallélipipède. Prenons un de ces points P et donnons à ses coordonnées des accroissements α, β, γ satisfaisant aux équations suivantes

$$(4) \qquad a\alpha + b\beta + c\gamma = d$$

$$(5) \qquad a'\alpha + b'\beta + c'\gamma = 0$$

$$(6) \qquad a''\alpha + b''\beta + c''\gamma = 0.$$

Les deux dernières équations montrent que le point P′ de coordonnées $x + \alpha$, $y + \beta$, $z + \gamma$ est situé dans les plans des systèmes (2) et (3) qui passent par le point x, y, z. De l'équation (4), il résulte que les coordonnées du point P′ satisfont à l'équation

$$a(x + \alpha) + b(y + \beta) + c(z + \gamma) = d(m + 1).$$

Par conséquent le point P′ se trouvera dans le plan du système (1) qui est le plus rapproché du plan de ce même système passant par le point P. Les points P et P′ forment donc les extrémités d'une arête d'un parallélipipède et, par suite, α, β, γ sont les projections de cette arête suivant les trois axes.

On verrait de la même manière que les projections α', β', γ'

et, α'', β'', γ'' des deux autres arêtes des parallélipipèdes sont données par des équations qui se déduisent facilement des équations (4), (5) et (6).

132. Ces préliminaires établis, revenons à la théorie de Briot. Soient x, y, z les coordonnées d'un point quelconque de l'espace ; la densité de l'éther en ce point est une certaine fonction de x, y, z que nous représenterons par $F(x, y, z)$. Si nous donnons aux coordonnées des accroissements α, β, γ, nous obtiendrons un nouveau point qui sera évidemment situé par rapport aux sommets d'un certain parallélipipède comme le point x, y, z se trouve situé par rapport aux sommets d'un des parallélipipèdes contigus. Puisque la position de ces deux points par rapport aux molécules matérielles est la même, la densité de l'éther en ces points doit avoir la même valeur. On aura donc

$$\rho = F(x, y, z) = F(x + \alpha, y + \beta, z + \gamma) ;$$

c'est-à-dire que la densité est une fonction périodique des coordonnées.

En donnant aux coordonnées x, y, z des accroissements égaux aux projections des deux autres arêtes des parallélipipèdes, on obtiendra deux nouveaux points où l'éther a la même densité ; par suite on a

$$\rho = F(x, y, z) = F(x + \alpha', y + \beta', z + \gamma')$$

$$\rho = F(x, y, z) = F(x + \alpha'', y + \beta'', z + \gamma'').$$

La densité ρ de l'éther dans un milieu cristallisé est donc une fonction triplement périodique des coordonnées.

133. Considérons une onde plane se propageant dans un milieu cristallisé et prenons pour plan des xy un plan parallèle au plan de l'onde. Nous savons que ξ, η, ζ ne dépendent alors que de x et de t, et qu'il résulte de la condition de transversalité que ζ est identiquement nul. La densité étant supposée constante à l'intérieur d'une sphère de rayon égal au rayon d'activité moléculaire, ρ sera indépendant des déplacements ξ, η, ζ et sera seulement fonction des coordonnées de la position d'équilibre de la molécule considérée. Comme nous voulons seulement pour le moment faire voir l'influence de la périodicité et montrer qu'elle suffit pour expliquer la dispersion nous supposerons pour simplifier, que ρ est une fonction périodique *de x seulement*, et par conséquent qu'on la peut développer en série trigonométrique. Nous poserons

$$\rho = L_0 + L_1 \cos x + \ldots + M_1 \sin x + M_2 \sin 2x + \ldots$$

Démontrons que la condition nécessaire et suffisante pour qu'une fonction périodique φ soit la dérivée d'une fonction périodique ψ, est que la valeur moyenne de φ soit nulle. Pour cela développons φ en série trigonométrique, nous aurons

$$\varphi = a_0 + a_1 \cos x + a_2 \cos 2x + \ldots b_1 \sin x + b_2 \sin 2x + \ldots$$

Si nous donnons à x toutes les valeurs possibles, les fonctions sinus et cosinus qui entrent dans ce développement prendront une infinité de valeurs comprises entre $+1$ et -1 ; la valeur moyenne de ces fonctions sera donc nulle, et, par conséquent, la valeur moyenne de φ se réduit à a_0. L'intégrale indéfinie de φ sera

$$\psi = c + a_0 x + a_1 \sin x + a_2 \sin 2x + \ldots - b_1 \cos x - b_2 \cos 2x - \ldots$$

Quand la valeur moyenne a_0 de φ est nulle, cette intégrale est une fonction périodique de x. La condition énoncée est donc nécessaire ; il est évident qu'elle est suffisante. Nous nous servirons de cette propriété des fonctions périodiques dans ce qui va suivre.

184. Prenons maintenant les équations du mouvement. Par suite de la transversalité des vibrations, l'équation (1) du § **180** devient dans le cas d'une onde plane parallèle au plan des xy,

$$\rho \frac{d^2\xi}{dt^2} = \frac{d^2\xi}{dz^2}.$$

Essayons de satisfaire à cette equation en posant

$$\xi = e^{i\mu t + \int v dz}$$

où μ est égal à $-\frac{2\pi}{\lambda}$ et où v est une fonction périodique de z, Nous aurons pour les dérivées premières et secondes de ξ par rapport à t et à z :

$$\frac{d\xi}{dt} = i\mu\xi, \qquad \frac{d\xi}{dz} = v\xi,$$

$$\frac{d^2\xi}{dt^2} = -\mu^2\xi, \qquad \frac{d^2\xi}{dz^2} = v^2\xi + \xi\frac{dv}{dz}.$$

En portant ces valeurs des dérivées secondes dans l'équation du mouvement, nous avons

$$(1) \qquad \frac{dv}{dx} + v^2 + \rho\mu^2 = 0$$

équation différentielle qui donne la valeur de v en fonction de z et de μ. Remarquons que, par suite de l'unité de longueur adoptée, la quantité μ est très petite. En effet, cette unité, choisie de manière que la période de la fonction périodique ρ soit finie, est comparable avec les dimensions du parallélipipède élémentaire, c'est-à-dire très petite par rapport à λ ; par conséquent λ sera exprimée par un nombre très grand, et μ, qui est l'inverse de λ, sera un nombre très petit. Il en résulte que, si nous développons v suivant les puissances croissantes de μ, nous obtiendrons une série dont les termes tendront rapidement vers zéro ; il nous suffira donc de calculer les coefficients des premiers termes de cette série pour avoir une valeur de v suffisamment approchée.

135. Voyons comment on obtiendra ces coefficients.

Nous pouvons écrire le développement de v,

$$v = \mu v_1 + \mu^2 v_2 + \mu^3 v_3 + \mu^4 v_4 + \ldots,$$

$v_1, v_2, v_3, \ldots$ étant comme v des fonctions périodiques de z ; nous en tirons

$$v^2 = \mu^2 v_1^2 + 2\mu^3 v_1 v_2 + \mu^4 (v_2^2 + 2v_1 v_3) + \mu^5 (2v_1 v_4 + 2v_2 v_3) + \ldots,$$

et

$$\frac{dv}{dz} = \mu \frac{dv_1}{dz} + \mu^2 \frac{dv_2}{dz} + \mu^3 \frac{dv_3}{dz} + \mu^4 \frac{dv_4}{dz} + \ldots$$

En portant ces valeurs dans l'équation (1), nous obtiendrons dans le premier membre un développement ordonné suivant les puissances croissantes de μ. Ce développement devant être nul quel que soit μ, les coefficients des diverses puissances de μ doivent se réduire à o. Nous avons donc

$$\text{(2)} \qquad \frac{dv_1}{dz} = 0$$

$$\text{(3)} \qquad \frac{dv_2}{dz} + v_1^2 + \rho = 0$$

$$(4) \qquad \frac{dv_3}{dz} + 2v_1v_2 = 0$$

$$(5) \qquad \frac{dv_4}{dz} + v_2^2 + 2v_1v_3 = 0$$

$$(6) \qquad \frac{dv_5}{dz} + 2(v_1v_4 + v_2v_3) = 0$$

La première de ces équations nous donne

$$v_1 = \text{constante.}$$

De cette égalité et de l'équation (3), il résulte que $\frac{dv_2}{dz}$ est une fonction périodique de z, puisque, par hypothèse, ρ est une fonction périodique. D'après la propriété des fonctions périodiques démontrée précédemment il faut, pour que v_2 soit une fonction périodique, que la valeur moyenne de $\frac{dv_2}{dz}$ soit nulle. Par conséquent la valeur de v_1 est égale à la racine carrée de la valeur moyenne de ρ changée de signe. La valeur de v_1 se trouvant ainsi déterminée, l'équation (3) donnera par intégration l'expression de v_2.

Dans cette expression, la constante d'intégration est arbitraire. Pour avoir sa valeur qui est la valeur moyenne de v_2, nous aurons recours à l'équation (4). La valeur moyenne de $\frac{dv_3}{dz}$ doit être nulle pour que v_3 soit une fonction périodique ; par conséquent la valeur moyenne du produit v_1v_2 doit être nulle. Comme v_1 est une constante différente de zéro, il faut que la valeur moyenne de v_2 soit nulle ; la constante introduite par l'intégration dans l'expression de v_2 se réduit donc à zéro. L'équation (4) permet alors de trouver l'expression de v_3 ; la constante d'intégration se trouverait par la considération de l'équation (5). En continuant ainsi, on calculerait les expressions des différentes fonctions $v_1, v_2, v_3, \ldots$, que l'on veut introduire dans le développement de la fonction v.

136. Cherchons la vitesse de propagation de l'onde plane considérée.

En désignant par v^0 la valeur moyenne de v, nous aurons

$$\int v dz = v^0 z + u,$$

u étant une fonction périodique. Par conséquent, la composante ξ du déplacement de la molécule d'éther aura pour expression

$$\xi = e^{i\mu t + \nu_0 z + u} = e^{i\mu t + \nu_0 z} e^u.$$

Le facteur e^u est nne fonction périodique de z sur laquelle nous ne savons rien sinon que la période est très petite ; cette période est en effet du même ordre de grandeur que les arêtes du parallélipipède éliminaire. Il en résultera des variations très rapides du facteur e^u. Il est donc certain que la valeur moyenne du déplacement interviendra seule dans les expériences.

Par conséquent nous devons dans l'expression précédente de ξ, remplacer e^u par sa valeur moyenne C ; nous aurons alors

$$\xi = Ce^{i\mu t + \nu_0 z}.$$

La vitesse de propagation a donc pour valeur

$$V = -\frac{i\mu}{v^0}.$$

L'indice de réfraction n étant inversement proportionnel à la vitesse de propagation, il sera proportionnel au rapport $-\frac{v^0}{i\mu}$. Si donc nous désignons par $v^0{}_1$, $v^0{}_2$, $v^0{}_3$,... les valeurs moyennes des fonctions v_1, v_2, v_3,... qui entrent dans le développement de v par rapport aux puissances de μ, l'indice de réfraction est proportionnel à

$$iv_1^0 + i\mu v_2^0 + i\mu^2 v_3^0 + i\mu^3 v_4^0 + \ldots$$

Montrons que cette expression est réelle. L'équation (3) donne pour la valeur de v_1 la racine carrée de la valeur moyenne de $-\rho$; c'est donc une quantité imaginaire. Désignons-là par $-ia$. Quant à la valeur moyenne de v_2, nous avons vu qu'elle était nulle. L'équation (5) nous montre que la valeur moyenne du produit $v_1\ v_3$ est égale, au signe près, à la valeur moyenne de v_2^2 ; v_2^2 étant essentiellement positif, il en sera de même de sa valeur moyenne. La valeur moyenne de $v_1\ v_3$ est donc positive, et cette quantité divisée par la valeur $-ia$ de v_1 donnera pour v_3^0 une quantité purement imaginaire $-ib$. Pour avoir v_4^0, prenons l'équation (6). Il résulte de cette équation que $v_1\ v_4^0$ est égal, au signe près, à la valeur moyenne de $v_2\ v_3$. Or, en multipliant le premier membre de l'équation (4) par v_3, on obtient

$$2v_1v_2v_3 = -v_3\frac{dv_3}{dz} = -\frac{1}{2}\frac{dv_3^2}{dz}.$$

Le second membre de cette nouvelle équation étant la dérivée d'une fonction périodique a pour valeur moyenne zéro ; il en résulte, puisque v_1 est une constante, que la valeur moyenne de $v_2\ v_3$ est nulle. Il en sera de même de la valeur moyenne de

v_1 v_4, et par suite de v_3^0. Il serait facile de voir que la valeur de v_3^0 est une quantité purement imaginaire — ic.

L'indice de réfraction sera donc proportionnel à

$$a + b\mu^2 + c\mu^4 + \ldots,$$

et comme μ est inversement proportionnel à λ, la valeur de cet indice sera donnée par une formule de la forme

$$n = A_0 + \frac{B_0}{\lambda^2} + \frac{C_0}{\lambda^4} + \ldots,$$

formule qui est suffisamment bien vérifiée par l'expérience.

137. Si au lieu de considérer une onde plane, nous voulions traiter le cas général où ρ est une fonction périodique de x, y, z, l'intégration des équations du mouvement présenterait de grandes difficultés. A propos de la double réfraction, nous montrerons comment M. Sarrau est parvenu à trouver des fonctions satisfaisant approximativement aux équations du mouvement dans le cas où ρ est une fonction périodique des coordonnées. Ces fonctions sont de la forme

$$\xi = Ae^{\frac{2i\pi}{\lambda}(\alpha x + \beta y + \gamma z - Vt)},$$

$$\eta = Be^{\frac{2i\pi}{\lambda}(\alpha x + \beta y + \gamma z - Vt)},$$

$$\zeta = Ce^{\frac{2i\pi}{\lambda}(\alpha x + \beta y + \gamma y - Vt)}.$$

Pour satisfaire aux équations du mouvement, dans le cas où la densité est constante, on donnerait à A, B, C, α, β, γ, V des valeurs constantes. En prenant pour A, B, C des fonctions périodiques des coordonnées on parvient par approximations successives à intégrer les équations du mouvement dans le cas où ρ est variable. Par une première approximation on parvient à l'explication de la double réfraction, par une seconde à celle de la polarisation rotatoire, et par une troisième à celle de la dispersion.

138. Cas des corps amorphes. — Dans les milieux amorphes, les molécules matérielles sont irrégulièrement disposées et la densité de l'éther est une fonction des coordonnées oscillant irrégulièrement autour de sa valeur moyenne. Cette fonction est quelconque et pour arriver à intégrer les équations du mouvement il faut faire une hypothèse sur sa forme. L'hypothèse la plus simple consiste à admettre que ρ est une fonction de la même forme que dans les milieux cristallisés, mais non périodique.

Nous supposerons donc que dans les milieux amorphes ρ est donné par une fonction de la forme

$$\rho = \sum R \sin (ax + by + cz + d)$$

où a, b, c sont des nombres quelconques, non entiers, et d une constante également quelconque. La valeur moyenne de ρ, autour de laquelle oscillent les valeurs de la fonction ρ n'est autre que le terme de la série pour lequel on a $a = b = c = o$; cette valeur moyenne est donc égale à

$$R \sin d$$

L'application de la méthode de M. Sarrau à la recherche des intégrales du mouvement présenterait dans ce cas de grandes difficultés. On pourra néanmoins trouver les valeurs moyennes de ces intégrales et nous avons déjà montré que ce sont ces valeurs moyennes qui seules interviennent dans les résultats expérimentaux. L'intégration se ferait d'ailleurs par approximations successives comme dans le cas des milieux cristallisés.

139. Sans traiter complètement la question, il est possible de montrer que dans le cas particulier d'une onde plane parallèle au plan des xy la valeur de l'indice de réfraction dépend de la longueur d'onde.

La première des équations du mouvement est

$$\rho \frac{d^2\xi}{dt^2} = \frac{d^2\xi}{dz^2}.$$

Nous avons vu (**130**), que lorsque ρ est une fonction périodique de z on peut satisfaire à cette équation en posant

$$\xi = e^{i\mu t + \int v dz},$$

(v est une fonction périodique de z et les coefficients de son développement suivant les puissances croissantes de μ sont données par une série d'équations récurrentes). Puisque nous avons supposé que dans les corps amorphes ρ avait la même forme que dans les corps cristallisés, nous pourrons satisfaire aux équations du mouvement dans les premiers milieux en prenant pour v une fonction non périodique dont les coefficients de son développement suivant les puissances de μ seront donnés par la même suite d'équations récurrentes.

Cherchons la valeur moyenne des coefficients du développement pour avoir ensuite la valeur moyenne de ξ. L'équation (2) du § **135** nous montre que v_1 se réduit à une constante; la valeur de cette constante peut se déduire immédiatement de l'équation (3), car la fonction v_2, quoique n'étant pas une fonction périodique, ne diffère d'une telle fonction que par la valeur des coefficients qui entrent sous les signes sinus et cosinus du développement en série trigonométrique. Comme il en est de même de ρ, il faut donc que la valeur moyenne de $\frac{dv_2}{dz}$ soit nulle. En désignant par $-a$ la racine négative de la valeur moyenne de ρ, nous aurons une des valeurs de v_1 ; $v_1 = -ia$. Cette même équation (3) nous montre que la valeur moyenne de v_2 est une quantité réelle. En considérant les unes après les autres les diverses équations on verrait que les coefficients impairs comme $v_1, v_3, \ldots$ sont purement imaginaires et que les coefficients pairs, $v_2, v_4 \ldots$ sont réels. Nous allons montrer que ces derniers sont nuls.

L'homogénité exige que dans les milieux amorphes les molécules matérielles soient disposées de la même manière par rapport à chacune d'elles. Chaque molécule est donc un centre de symétrie et si nous prenons un de ces points pour origine des axes, ρ est une fonction paire, c'est-à-dire conservant le même signe quand on change z en $-z$. Il résulte de l'équation (3) que $\frac{dv_2}{dz}$ est une fonction paire ; par conséquent v_2 est une fontion impaire. Les équations suivantes montrent que v_3 est paire et v_4 impaire. Les coefficients v_2, v_4, v_6 sont donc des fonctions impaires dont la valeur moyenne est nulle.

La valeur de moyenne v_3 sera donnée par l'équation (5). C'est, comme nous l'avons dit, une quantité purement imaginaire. Si nous la désignons par $-ib$, nous aurons pour la valeur moyenne de v, en nous arrêtant au terme en μ^4,

$$v^0 = -ia\mu - ib\mu^3.$$

Par conséquent. la valeur moyenne de la vitesse de propagation sera

$$V = - \frac{i\mu}{- ia\mu - ib\mu^3} = \frac{1}{a + b\mu^2},$$

et l'indice de réfraction, inversement proportionnel à cette vitesse, sera donné par une expression de la forme

$$n = a_0 + b_0\mu^2.$$

Comme μ est inversement proportionnel à la longueur d'onde, on obtiendra enfin

$$n = A_0 + \frac{B_0}{\lambda^2}.$$

Nous retrouvons donc l'expression de l'indice de réfraction qui s'accorde avec les résultats des expériences.

140. Théorie de M. Boussinesq. Au lieu de supposer, comme Briot, que la densité de l'éther engagé dans un milieu pondérable dépend de la position de la molécule considérée, M. Boussinesq suppose cette densité uniforme. Pour tenir compte de l'action de la matière sur l'éther et arriver à l'explication de la dispersion, il introduit dans les équations du mouvement des molécules d'éther un terme complémentaire F représentant les forces élastiques mises en jeu par cette action. Il admet en outre, que les forces élastiques qui s'exercent entre les molécules d'éther sont les mêmes que lorsqu'on considère l'éther dans le vide. Par suite de ces hypothèses, la première des équations du mouvement devient

$$(1) \qquad \rho \frac{d^2\xi}{dt^2} = \Delta\xi - \frac{d\Theta}{dx} + F.$$

Mais, si les molécules d'éther sont soumises à des forces F

résultant de l'action de la matière, réciproquement les molécules matérielles seront soumises à une force égale et contraire due à l'action de l'éther. De plus, les molécules matérielles sont soumises à des forces élastiques F_1 provenant de leurs actions mutuelles. Par conséquent, si nous appelons ρ_1 la densité de la matière et ξ_1 le déplacement d'une molécule matérielle, nous aurons

$$\rho_1 \frac{d^2\xi_1}{dt^2} = -F + F_1$$

Les forces élastiques F_1 dues à l'action de la matière sur elle-même doivent être beaucoup plus petites que celles qui s'exercent entre les molécules d'éther, puisque le son, qui résulte des vibrations de la matière, se transmet avec une vitesse incomparablement plus petite que celle de la lumière. Aussi M. Boussinesq admet-il que l'on peut négliger F_1 par rapport à F. L'équation du mouvement d'une molécule matérielle devient alors

$$(2) \qquad \rho_1 \frac{d^2\xi_1}{dt^2} = -F.$$

En remplaçant dans l'équation (1), F par la valeur tirée de cette dernière équation, on obtient :

$$(3) \qquad \rho \frac{d^2\xi}{dt^2} = \Delta\xi - \frac{d\Theta}{dx} - \rho_1 \frac{d^2\xi_1}{dt^2}.$$

Le déplacement ξ_1 des molécules matérielles doit dépendre des déplacements ξ, η, ζ de l'éther et de leurs dérivées. Mais, comme ces déplacements sont très petits, on peut réduire ξ_1 au premier terme de son développement par rapport à ces quantités, c'est-à-dire à une fonction linéaire de ξ, η, ζ et de leurs dérivées.

D'ailleurs, dans certains cas, cette fonction se simplifie. Si d'abord nous prenons le plan de l'onde pour plan des xy ; les dérivées par rapport à z entreront seules dans les milieux isotropes. De plus ξ_1 ne contient ni η ni ζ. En effet, les équations du mouvement ne doivent pas changer quand on y remplace y et η par $-y$ et $-\eta$. Si l'on fait cette substitution dans l'équation (3), le premier membre ne change pas ; l'ensemble des deux premiers termes du second membre conservant aussi la même valeur, il faut que $\frac{d^2\xi_1}{dt^2}$ ne change pas. Cette dérivée, et, par suite ξ_1, ne doivent donc pas contenir η, $\frac{d\eta}{dz}$..... Un raisonnement analogue montrerait que ξ_1 ne doit pas contenir ζ. Par conséquent ξ_1 se réduit à une fonction linéaire de ξ et de ses dérivées. Encore toutes les dérivées n'entrent pas, car l'origine étant centre de symétrie, les équations ne doivent pas changer quand on change les signes de x, y, z, ξ, η ζ, ce qui exige que les dérivées d'ordre impair disparaissent de $\frac{d^2\xi_1}{dt^2}$ et, par suite, de ξ_1.

141. Cherchons l'intégrale de l'équation (3) dans le cas d'une onde plane se propageant dans un milieu isotrope. Les dérivées de ξ, η, ζ par rapport à x et à y étant alors nulles, ξ_1 se réduira à une fonction linéaire de ξ et des dérivées de ξ d'ordre pair par rapport à z. En négligeant les dérivées d'ordres supérieurs au troisième, nous aurons

$$\xi_1 = a\xi + b\,\frac{d^2\xi}{dz^2};$$

et, en portant cette valeur de ξ_1 dans l'équation (3) elle devient, lorsqu'on suppose les vibrations transversales,

$$(4)\qquad \rho\frac{d^2\xi}{dt^2}=\frac{d^2\xi}{dz^2}-\rho_1 a\frac{d^2\xi}{dt^2}-\rho_1 b\frac{d^4\xi}{dz^2dt^2},$$

Si nous essayons de satisfaire à cette équation en posant

$$\xi=Ae^{i\alpha(z-Vt)},$$

nous aurons comme équation de condition, résultant de la substitution dans (4) des dérivées déduites de cette valeur de ξ,

$$\rho V^2=1-\rho_1 aV^2+\rho_1 b\alpha^2V^2$$

d'où

$$V^2=\frac{1}{\rho+\rho_1 a-\rho_1 b\alpha^2}.$$

Par conséquent l'indice de réfraction sera proportionnel à la racine carrée de

$$\rho+a\rho_1-b\rho_1\alpha^2;$$

et puisque α est inversement proportionnel à λ, n sera de la forme

$$n=A_0+\frac{C_0}{\lambda^2}.$$

L'indice de réfraction dépend donc de la longueur d'onde.

142. La théorie de M. Boussinesq (1) peut se présenter d'une autre manière quand il s'agit des corps isotropes.

Puisqu'il y a action de la matière sur l'éther, il faut tenir compte de cette action en introduisant dans les équations du mouvement les forces élastiques qui en résultent. Or l'hypo-

(1) Sous cette forme, la théorie de M. Boussinesq se rapproche d'une théorie de Helmholtz, où le savant allemand rend compte, non seulement de la dispersion ordinaire, mais de la dispersion anormale et que je regrette de n'avoir pas eu le temps de développer dans les leçons de ce semestre.

thèse la plus simple que l'on puisse faire sur la nature de ces forces élastiques, est qu'elles sont proportionnelles à la différence $\xi_1 - \xi$ des déplacements de la matière et de l'éther. En désignant par M le facteur de proportionnalité, la première des équations du mouvement de l'éther peut s'écrire

$$\rho \frac{d^2\xi}{dt^2} = \Delta\xi - \frac{d\Theta}{dx} + M(\xi_1 - \xi).$$

Dans le cas d'une onde plane, elle devient

$$\rho \frac{d^2\xi}{dt^2} = \frac{d^2\xi}{dz^2} + M(\xi_1 - \xi).$$

Si on cherche à satisfaire à cette équation en posant

$$\xi = Ae^{i\alpha(z-Vt)},$$

$$\xi_1 = Be^{i\alpha(z-Vt)},$$

A et B étant des constantes et α ayant pour valeur $\frac{2\pi}{\lambda}$, on obtient pour résultat de la subtitution

$$(5) \qquad -\rho\alpha^2AV^2 = -\alpha^2A + M(B - A).$$

L'équation qui donne le mouvement de la molécule matérielle est,

$$\rho_1 \frac{d^2\xi_1}{dt^2} = M(\xi - \xi_1).$$

En y substituant la valeur prise précédemment pour ξ_1, on a,

$$(6) \qquad -\rho_1\alpha^2BV^2 = M(A - B).$$

Éliminons A et B entre les équations (5) et (6) pour avoir la vitesse en fonction de α. Pour cela mettons ces équations sous la forme suivante

$$A\left[M - \alpha^2(\rho V^2 - 1)\right] = MB,$$

$$B(M - \alpha^2 \rho_1 V^2) = MA,$$

et multiplions membre à membre ; nous obtiendrons après simplification,

$$-\alpha^2 M(\rho_1 V^2 + \rho V^2 - 1) + \alpha^4 \rho_1 V^2(\rho V^2 - 1) = 0,$$

ou

$$M(\rho + \rho_1)\left(V^2 - \frac{1}{\rho + \rho_1}\right) = \alpha^2 \rho_1 V^2 (\rho V^2 - 1).$$

Par suite de la grandeur de l'unité de longueur imposée par la forme sous laquelle nous avons pris l'équation du mouvement, α est très petit. Par conséquent l'équation précédente, mise sous la forme

$$(7) \qquad V^2 = \frac{1}{\rho + \rho_1} + \frac{\alpha^2}{M(\rho + \rho_1)} \rho_1 V^2 (\rho V^2 - 1),$$

nous donne comme résultat d'une première approximation

$$V^2 = \frac{1}{\rho + \rho_1}.$$

Remplaçant V^2 par cette valeur dans le second membre de l'équation (7), nous obtenons pour seconde approximation

$$V^2 = \frac{1}{\rho + \rho_1} + \frac{\alpha^2}{M(\rho + \rho_1)} \frac{\rho_1}{\rho + \rho_1} \left(\frac{\rho}{\rho + \rho_1} - 1\right),$$

ou, en simplifiant,

$$V^2 = \frac{1}{\rho + \rho_1} - \frac{\alpha^2 \rho_1^2}{M(\rho + \rho_1)^3}.$$

Nous obtenons donc encore pour la vitesse, une expression qui dépend de α, et, par suite, de λ.

143. Montrons maintenant comment la théorie de M. Boussinesq rend compte de la polarisation rotatoire dans les milieux qui, comme les dissolutions de composés organiques, sont dépourvus de centre de symétrie, mais dans lesquels une direction quelconque est un axe de symétrie.

Puisqu'il n'y a pas de centre de symétrie, la fonction ξ_1 dépend à la fois des dérivées d'ordre pair et des dérivées d'ordre impair des déplacements ξ, η, ζ de l'éther. Mais par suite de l'existence d'axes de symétrie, cette fonction se simplifie. En exprimant que les équations du mouvement ne changent pas quand on fait tourner d'un angle quelconque deux des axes de coordonnées autour du troisième, et en négligeant les dérivées d'ordre supérieur au premier, on trouve pour ξ_1,

$$\xi_1 = a\xi + b\left(\frac{d\eta}{dz} - \frac{d\zeta}{dy}\right).$$

Pour les autres composantes η_1 et ζ_1 du déplacement de la matière on aura

$$\eta_1 = a\eta + b\left(\frac{d\zeta}{dx} - \frac{d\xi}{dz}\right)$$

$$\zeta_1 = a\zeta + b\left(\frac{d\xi}{dy} - \frac{d\eta}{dx}\right).$$

Dans le cas d'une onde plane parallèle au plan des xy, les dérivées par rapport à x et y étant nulles, on a

$$\xi_1 = a\xi + b\frac{d\eta}{dz},$$

$$\eta_1 = a\eta - b\frac{d\xi}{dz};$$

et les équations du mouvement de l'éther deviennent

$$\rho \frac{d^2\xi}{dt^2} = \frac{d^2\xi}{dz^2} - a\rho_1 \frac{d^2\xi}{dt^2} - b\rho_1 \frac{d^3\eta}{dz dt^2},$$

$$\rho \frac{d^2\eta}{dt^2} = \frac{d^2\eta}{dz^2} - a\rho_1 \frac{d^2\eta}{dt^2} + b\rho_1 \frac{d^3\xi}{dz dt^2}.$$

Si nous essayons de satisfaire à ces équations par des valeurs de ξ et η de la forme

$$\xi = Ae^{i\alpha(z-Vt)},$$

$$\eta = Be^{i\alpha(z-Vt)},$$

nous obtenons les deux équations de conditions :

$$-\rho AV^2 = -A + a\rho_1 AV^2 + bi\alpha\rho_1 BV^2,$$

$$-\rho BV^2 = -B + a\rho_1 BV^2 - bi\alpha\rho_1 AV^2.$$

Ces équations peuvent s'écrire

$$A(1 - \rho V^2 - a\rho_1 V^2) = bi\alpha\rho_1 BV^2$$

$$B(1 - \rho V^2 - a\rho_1 V^2) = -bi\alpha\rho_1 AV^2.$$

En les divisant membre à membre, on obtient

$$\frac{A}{B} = -\frac{B}{A},$$

d'où

$$A^2 = -B^2.$$

Nous aurons donc deux systèmes de valeurs de ξ et η, satisfaisant aux équations du mouvement. Ces deux systèmes correspondent à $A = +Bi$ et à $A = -Bi$. Nous pourrons donc montrer, comme nous l'avons fait au § **125**, que l'onde plane donne naissance à deux ondes planes polarisées circulairement en sens inverses et se propageant avec des vitesses inégales. — Nous en concluons immédiatement que le plan de polarisation de la lumière incidente doit tourner d'un certain angle en traversant le milieu.

CHAPITRE VI

DOUBLE RÉFRACTION

144. — Le phénomène de la double réfraction, observé pour la première fois vers le milieu du XVIIe siècle dans le spath d'Islande, fut ensuite reconnu dans toutes les substances cristallisées n'appartenant pas au système cubique. Biot, qui étudia tout particulièrement la double réfraction au point de vue expérimental, divisa les cristaux biréfringents en deux classes, suivant que les phénomènes étaient symétriques tout autour d'une droite ou qu'ils semblaient se coordonner par rapport à deux droites. Les cristaux du premier groupe (*cristaux uniaxes*) appartiennent à l'un des systèmes cristallins rhomboédrique, hexagonal, quadratique qui possèdent un axe de symétrie cristallographique d'ordre supérieur à 2; cet axe de symétrie se confond avec l'axe *optique* du cristal. Les cristaux du second groupe (*cristaux biaxes*) sont orthorhombiques, clinorhombiques ou anorthiques; les directions de leurs axes optiques ne sont pas en relation immédiate avec les éléments de symétrie de l'édifice cristallin. C'est Haüy qui, le premier, fit remarquer ces importantes relations entre la forme cristalline et la propriété biréfringente.

Les premières recherches théoriques entreprises dans le but d'expliquer la marche de la lumière dans les milieux biréfringents sont dues à Huyghens; elles ne s'appliquaient qu'aux cristaux uniaxes. Elles furent reprises par Young, mais ce dernier, pas plus que Huyghens, ne parvint à une véritable explication du phénomène. C'est à Fresnel qu'était réservée la gloire de trouver l'explication mathématique des lois de la double réfraction dans les cristaux uniaxes et biaxes.

Les travaux de Fresnel ouvraient une voie nouvelle aux recherches des mathématiciens. Cauchy, Lamé, Neumann, Mac-Cullagh et tout récemment MM. Sarrau et Boussinesq, partant de considérations différentes, édifièrent un certain nombre de nouvelles théories.

Nous étudierons successivement ces diverses théories. Auparavant, nous déduirons des équations des petits mouvements dans un milieu élastique, l'existence d'une surface du second degré qui joue un rôle capital dans cette étude et dont l'introduction dans la science est due à Cauchy; nous voulons parler de l'*ellipsoïde de polarisation*.

145. — Transformation des équations du mouvement. — Par un choix convenable de l'unité de masse, la densité ρ d'une molécule d'un milieu élastique peut devenir égale à 1. Dans ces conditions, les équations générales du mouvement établies au n° **32** deviennent

$$
(1) \qquad
\begin{aligned}
\frac{d^2\xi}{dt^2} &= -\sum \frac{d}{dx}\cdot\frac{dW_2}{d\xi'_x},\\
\frac{d^2\eta}{dt^2} &= -\sum \frac{d}{dx}\cdot\frac{dW_2}{d\eta'_x},\\
\frac{d^2\zeta}{dt^2} &= -\sum \frac{d}{dx}\cdot\frac{dW^2}{d\zeta'_x}.
\end{aligned}
$$

Cherchons à satisfaire à ces équations par les valeurs de ξ, η, ζ de la forme,

$$(2)\qquad \xi = Ae^{P}, \qquad \eta = Be^{P}, \qquad \zeta = Ce^{P}.$$

où l'on a,

$$P = \frac{2i\pi}{\lambda}(\alpha x + \beta y + \gamma z - Vt).$$

Nous aurons ainsi un mouvement se propageant par ondes planes normales à la droite ayant pour cosinus directeurs α, β, γ. En remplaçant dans les équations du mouvement les dérivées partielles de ξ, η, ζ, par leurs valeurs tirées des égalités (2), on obtiendra trois équations de condition entre les quantités A, B, C et la vitesse de propagation V du mouvement. Il est possible de mettre ces équations sous une forme simple.

Les dérivées partielles du premier ordre de ξ, η, ζ, par rapport aux coordonnées x, y, z contiennent toutes en facteur la quantité $\frac{2i\pi}{\lambda}e^{P}$. Ainsi, on a

$$\xi'_x = \frac{2i\pi}{\lambda}\alpha Ae^{P}, \qquad \xi'_y = \frac{2i\pi}{\lambda}\beta Ae^{P}, \ldots$$

Par conséquent W_2, qui est une fonction homogène du second degré de ces dérivées partielles, contiendra en facteur $\left(\frac{2i\pi}{\lambda}\right)^2 e^{2P}$. Si donc nous posons,

$$W_2 = -\frac{1}{2}\left(\frac{2i\pi}{\lambda}\right)^2 e^{2P}\Pi,$$

Π sera un polynôme homogène et du second degré par rapport à A, B, C et par rapport à α, β, γ.

En dérivant par rapport à A cette fonction W_2, nous obtiendrons,

$$(3) \qquad \frac{dW_2}{dA} = -\frac{1}{2}\left(\frac{2i\pi}{\lambda}\right)^2 e^{2P}\frac{d\Pi}{dA}.$$

D'ailleurs la dérivée de W_2 par rapport à A peut s'écrire,

$$\frac{dW_2}{dA} = \sum \frac{dW_2}{d\xi'_x}\frac{d\xi'_x}{dA};$$

et, en remplaçant dans cette expression les dérivées par rapport à A des diverses dérivées partielles de ξ, η, ζ par leurs valeurs, nous aurons,

$$\frac{dW_2}{dA} = \frac{2i\pi}{\lambda} e^{P} \sum \alpha \frac{dW_2}{d\xi'_x}.$$

En égalant cette valeur de $\frac{dW_2}{dA}$ à la valeur (3), et supprimant le facteur $\frac{2i\pi}{\lambda} e^{P}$ commun aux deux membres de l'égalité obtenue, il restera,

$$(4) \qquad \sum \alpha \frac{dW_2}{d\xi'_x} = -\frac{1}{2}\frac{2i\pi}{\lambda} e^{P}\frac{d\Pi}{dA}.$$

De cette égalité nous allons déduire une nouvelle expression du second membre des équations (1) du mouvement. La dérivée $\frac{dW_2}{d\xi'_x}$ est une fonction homogène et linéaire par rapport aux dérivées partielles des ξ; si donc on y remplace ces dérivées partielles par leurs valeurs tirées des relations (2), on aura en facteur la quantité $\frac{2i\pi}{\lambda} e^{P}$. Nous pouvons alors poser

$$\frac{dW_2}{d\xi'_x} = \frac{2i\pi}{\lambda} e^{P}\varphi,$$

φ étant une fonction homogène et linéaire par rapport A, B, C et à α, β, γ, mais ne dépendant pas de x, y, z. Par conséquent nous aurons

$$\frac{d}{dx}\frac{dW_2}{d\xi'_x} = \frac{2i\pi}{\lambda} e^{P}\varphi \frac{dP}{dx} = \frac{2i\pi}{\lambda} e^{P}\varphi \times \frac{2i\pi\alpha}{\lambda},$$

ou

$$\frac{d}{dx}\frac{dW_2}{d\xi'_x} = \frac{2i\pi}{\lambda}\alpha\frac{dW_2}{d\xi'_x};$$

et par suite

$$\sum \frac{d}{dx}\frac{dW_2}{d\xi'_x} = \frac{2i\pi}{\lambda}\sum \alpha\frac{dW_2}{d\xi'_x}.$$

En remplaçant dans le second membre de cette expression la quantité placée sous le signe Σ par sa valeur (4), nous obtenons,

$$\sum \frac{d}{dx}\frac{dW_2}{d\xi'_x} = -\frac{1}{2}\left(\frac{2i\pi}{\lambda}\right)^2 e^{P}\frac{d\Pi}{dA};$$

c'est, au signe près, la valeur du second membre de la première des équations (1).

D'autre part, la première des égalités (2) nous donne,

$$\frac{d^2\xi}{dt^2} = Ae^{P}V^2\left(\frac{2i\pi}{\lambda}\right)^2;$$

par conséquent la première des équations du mouvement conduit à l'équation,

$$Ae^{P}V^2\left(\frac{2i\pi}{\lambda}\right)^2 = \frac{1}{2}\left(\frac{2i\pi}{\lambda}\right)^2 e^{P}\frac{d\Pi}{dA},$$

ou,

$$AV^2 = \frac{1}{2}\frac{d\Pi}{dA}.$$

Les deux autres équations du mouvement nous donneraient des équations analogues ; par suite les équations (1) peuvent être remplacées par le groupe,

$$
(5)\qquad
\begin{aligned}
AV^2 &= \frac{1}{2}\frac{dH}{dA} \\
BV^2 &= \frac{1}{2}\frac{dH}{dB} \\
CV^2 &= \frac{1}{2}\frac{dH}{dC}.
\end{aligned}
$$

On pourrait résoudre analytiquement le système des trois équations précédentes; on obtiendrait les valeurs de V et de A, B, C qui, pour des valeurs données de α, β, γ, donnent des déplacements ξ, η, ζ satisfaisant aux équations du mouvement. On peut également suivre la méthode géométrique indiquée par Cauchy; c'est cette marche que nous adopterons.

146. Ellipsoïde de polarisation. — Si nous considérons A, B, C comme les coordonnées d'un point, l'équation $H = 1$, dont le premier membre est homogène et du second degré par rapport à A, B, C, représente une surface du second degré rapportée à son centre; c'est l'ellipsoïde de polarisation.

Les coordonnées A, B, C de l'extrémité d'un axe de cette surface s'obtiendront en écrivant qu'en ce point le rayon vecteur est normal à la surface. Les cosinus directeurs de la normale étant proportionnels à $\frac{dH}{dA}$, $\frac{dH}{dB}$, $\frac{dH}{dC}$, et ceux du rayon vecteur au point A, B, C, proportionnels aux coordonnées de ce point, A, B, C devront satisfaire aux équations,

$$
(6)\qquad
\begin{aligned}
AS &= \frac{1}{2}\frac{dH}{dA} \\
BS &= \frac{1}{2}\frac{dH}{dB} \\
CS &= \frac{1}{2}\frac{dH}{dC}.
\end{aligned}
$$

L'élimination de A,B,C, entre ces trois équations, qui sont linéaires et homogènes par rapport à ces quantités, conduit, comme on le sait, à une équation en S du troisième degré. A chacune des racines de cette équation correspond un système de valeurs de A,B,C, obtenu en portant la valeur de S dans les équations (6). Or ces équations ne diffèrent des équations (5) qu'en ce que V^2 a été remplacé par S. Par conséquent la résolution des équations (5) nous conduirait à trois valeurs de V et à trois systèmes de valeurs de A,B,C. En portant ces valeurs dans les égalités (2), nous obtiendrions trois systèmes de valeurs de ξ, η, ζ, satisfaisant aux équations du mouvement.

Les valeurs de ξ, η, ζ, ainsi obtenues correspondent à trois directions de déplacements dont les cosinus directeurs sont proportionnels à ξ, η, ζ, et par suite aux trois systèmes de valeurs de A,B,C. Ces valeurs, solutions des équations (6), sont proportionnelles aux cosinus directeurs des axes de l'ellipsoïde de polarisation : par conséquent, les directions correspondantes des déplacements sont perpendiculaires entre elles.

En résumé, *la vibration est parallèle à l'un des axes de l'ellipsoïde de polarisation, et la vitesse de propagation* $V = \sqrt{S}$ *est inversement proportionnelle à la longueur de cet axe.*

147. De ce qui précède, il résulte que, pour qu'une onde plane se propage dans un milieu élastique anisotrope, en restant plane et perpendiculaire à la même direction α, β, γ, il faut que les déplacements des molécules du plan de l'onde soient parallèles à l'un des axes de l'ellipsoïde de polarisation. Si la vibration des molécules du plan de l'onde n'a pas lieu suivant une de ces directions, on pourra, d'après le principe de la superposition des petits mouvements, décomposer le déplacement de chaque molécule en trois composantes, suivant les axes de l'ellipsoïde, et considérer l'onde donnée comme formée de trois ondes planes, dont les vibrations seraient parallèles à ces axes. Chacune de ces ondes planes se propagera sans altération et comme leurs vitesses de propagation (les racines carrées des racines de l'équation en S), sont en général différentes, ces ondes se sépareront. Par conséquent, d'après la théorie de l'élasticité, un rayon lumineux, traversant un milieu anisotrope, doit donner naissance à trois rayons; on devrait avoir une triple réfraction.

Cette conséquence est en contradiction avec l'expérience qui n'a jamais révélé qu'une double réfraction. Pour mettre d'accord la théorie de l'élasticité avec l'expérience, on peut faire diverses hypothèses sur la constitution du milieu qui transmet les vibrations lumineuses.

On peut admettre :

1° Que l'éther est incompressible (Fresnel);

2° Qu'un des trois rayons prévus par la théorie n'est pas perceptible, son intensité étant trop faible (Cauchy);

3° Que la vitesse de propagation suivant une direction est nulle. L'ellipsoïde de polarisation, dont les axes sont en raison inverse des vitesses, devient alors un cylindre (Lamé, Neumann, Mac-Cullagh);

4° Que l'un des axes de l'ellipsoïde de polarisation, qui devient un hyperboloïde est imaginaire. Le rayon lumineux vibrant suivant la direction de cet axe est alors évanescent.

C'est là sans doute l'hypothèse à laquelle se serait arrêté Cauchy, s'il était revenu, sur la fin de sa vie, à la théorie de la double réfraction.

Par l'étude des diverses théories de la double réfraction,

nous verrons que ces hypothèses fondamentales, complétées quelquefois par des hypothèses secondaires, permettent d'expliquer le phénomène de la double réfraction.

148. Dans les milieux isotropes, la réfraction de la lumière ne donne lieu qu'à un seul rayon réfracté; cherchons ce que devient dans ce cas particulier l'ellipsoïde de polarisation.

Nous avons vu (**24**) que dans les milieux isotropes, la fonction W_2 se réduit à

$$W_2 = \lambda K + \mu H + \nu \Theta^2.$$

Le polynôme K disparaissant des équations du mouvement (**33**), nous pouvons, sans changer les résultats, supposer que K n'entre pas dans l'expression de W_2. Admettons donc que l'on ait $\lambda = o$ et qu'en outre, pour tenir compte de la transversalité des vibrations, μ et ν soient liées (**46**) par la relation.

$$\mu + \nu = o.$$

La fonction W_2 devient alors :

$$W_2 = \mu\,(H - \Theta^2)$$

ou, en remplaçant dans cette expression H et Θ par les valeurs trouvées aux n°s 19 et 20,

$$W_2 = \mu\left[\sum \xi_x'^2 - (\xi_x' + \eta_y' + \zeta_z')^2\right].$$

On déduit facilement de cette nouvelle expression, l'équation suivante pour l'ellipsoïde de polarisation.

$$\Pi = \mu\,[(\alpha^2 + \beta^2 + \gamma^2)(A^2 + B^2 + C^2) - (A\alpha + B\beta + C\gamma)^2] = 1$$

c'est l'équation d'un cylindre de révolution tangent à la sphère

$$A^2 + B^2 + C^2 = \frac{1}{\mu},$$

suivant la circonférence découpée dans cette sphère par le plan

$$A\alpha + B\beta + C\gamma = 0.$$

L'ellipsoïde de polarisation se réduisant à un cylindre de révolution, l'un des axes de cet ellipsoïde devient infini, et la vitesse de propagation correspondante, qui est l'inverse de la longueur de cet axe, devient nulle. Les deux autres axes sont égaux au rayon de la sphère. Par suite, on n'a qu'une seule valeur pour la vitesse de propagation de la lumière dans un milieu isotrope, conséquence conforme à l'expérience.

THÉORIE DE FRESNEL

149. Convaincu, par l'étude des phénomènes d'interférence de la lumière polarisée, de la transversalité des vibrations lumineuses dans l'air, Fresnel tenta en s'appuyant sur ce résultat expérimental d'expliquer les phénomènes de la double réfraction présentés par les cristaux à un axe et à deux axes. En admettant que ces vibrations transversales sont normales au plan de polarisation, il ne tarda pas à trouver une explication de la propagation de la lumière dans les uniaxes dont les conséquences s'accordaient avec les lois expérimentales connues, en particulier avec la loi de Malus. Par une suite de déductions heureuses, dont on trouve la trace dans son premier Mémoire sur la double réfraction (1), il parvint à se rendre compte de la marche de la lumière dans les biaxes.

Ayant vérifié, par de nombreuses expériences, la conception qu'il s'était faite du phénomène de la double réfraction, Fresnel en rechercha l'explication mécanique. Il y parvint, grâce à deux hypothèses fondamentales. Nous verrons plus loin quelles sont ces hypothèses, et comment une analyse rigoureuse permet d'en déduire les véritables lois de la double réfraction. Mais d'abord nous rappellerons succinctement quelle a été la marche des idées de Fresnel, en renvoyant pour les détails aux œuvres complètes du grand physicien.

150. Explication mécanique de la double réfraction. — Si on imprime à une molécule d'un milieu élastique, des déplacements égaux dans toutes les directions, chacun d'eux donne naissance à une force élastique inversement proportionnelle à la racine carrée du rayon vecteur, dirigé suivant le déplacement, d'un certain ellipsoïde, et parallèle à la normale à l'ellipsoïde à l'extrémité de ce rayon vecteur. C'est cet ellipsoïde qu'on appelle *ellipsoïde inverse d'élasticité*, et souvent aussi *ellipsoïde d'élasticité* Les axes de cet ellipsoïde sont donc tels qu'à un déplacement dirigé suivant l'un d'eux correspond une force élastique de même direction et de sens inverse ; ce sont les *axes d'élasticité* du milieu.

L'intersection de l'ellipsoïde d'élasticité par un plan sera une ellipse que nous désignerons par E; un déplacement suivant un des axes de cette ellipse donnera naissance à une force élastique qui, en général, ne sera pas dans le plan de l'ellipse E, mais dont la projection sur ce plan sera dirigée

(1) *Œuvres complètes de Fresnel*, t. II. p. 261.

suivant l'axe lui-même. Si on admet avec Fresnel que cette composante de la force élastique est seule efficace, la vibration résultant du déplacement se propagera dans le milieu en conservant la même direction. La vitesse de propagation qui est en général proportionnelle à la racine carrée de la force agissante sera proportionnelle à l'axe de l'ellipse dirigé suivant le déplacement. Dans le cas où le déplacement considéré est quelconque dans le plan de l'ellipse, on peut le regarder comme résultant de deux déplacements dirigés suivant les axes ; les axes étant inégaux, les vitesses de propagation seront différentes.

Considérons maintenant une onde plane ; nous admettrons avec Fresnel, que la force élastique développée par les vibrations des molécules de cette onde est proportionnelle à la force élastique résultant du déplacement d'une seule molécule. Si nous regardons cette onde comme résultant de la superposition de deux ondes planes ayant pour directions de vibrations les axes de l'ellipse, ces deux ondes auront d'après ce qui précède des vibrations rectangulaires et des vitesses de propagation différentes. Cette conséquence est donc conforme à l'expérience, qui montre qu'une onde plane polarisée dans un azimuth quelconque se dédouble dans un cristal biréfringent en deux ondes planes distinctes, polarisées à angle droit.

Dans le cas où le plan de l'onde incidente se confond avec une des sections cycliques de l'ellipsoïde d'élasticité, les deux vitesses de propagation sont égales, et l'onde ne se dédouble pas ; de plus l'onde émergente doit conserver son plan primitif de polarisation. Comme un ellipsoïde à trois axes inégaux possède deux séries de plans cycliques, on devra avoir en général deux directions de propagation jouissant des propriétés précédentes ; ces directions seront celles des *axes optiques* du cristal. Quand l'ellipsoïde d'élasticité devient de révolution, il n'y a plus qu'une série de sections cycliques, et par suite qu'un seul axe optique : c'est ce qui a lieu pour les cristaux uniaxes.

151. Hypothèses de Fresnel. — Telle est, en résumé, la théorie de Fresnel. Elle est de tous points conforme aux lois expérimentales; mais nous voyons qu'elle repose sur deux hypothèses qui demandent à être examinées de plus près. Ces deux hypothèses peuvent s'énoncer :

1° La force élastique développée par le mouvement d'une onde plane est indépendante de la direction du plan de l'onde, elle ne dépend que de la direction des vibrations des molécules, et elle est proportionnelle à la force élastique développée par une molécule isolée, les autres molécules du plan de l'onde restant en repos.

2° La seule composante de la force élastique qui soit efficace est la composante parallèle au plan de l'onde.

La première de ces hypothèses, que Fresnel a vainement essayé de justifier, est entièrement arbitraire, mais rien n'empêche de l'admettre. Il suffit pour cela de supposer que l'ellipsoïde de polarisation de Cauchy est invariable et indépendant de la direction du plan de l'onde, c'est-à-dire de α, β et γ. Cela arrivera quand le polynôme Π se réduira à un polynôme du 2° degré en A, B, C multiplié par

$$\alpha^2 + \beta^2 + \gamma^2 = 1.$$

Cet ellipsoïde fixe de polarisation n'est autre chose, comme nous le verrons plus loin, que l'ellipsoïde d'élasticité de Fresnel.

Quant à la seconde, elle est une conséquence immédiate de l'incompressibilité de l'éther. Nous avons déjà dit (**48**) que, dans ses calculs, Fresnel admettait, souvent implicitement, tantôt que la résistance de l'éther à la compression était nulle, tantôt qu'elle était infinie. Dans ce cours, nous nous sommes placés jusqu'ici dans la première hypothèse ; cherchons maintenant quelles sont les équations du mouvement dans l'hypothèse où la résistance à la compression est infinie, c'est-à-dire dans l'hypothèse où le milieu élastique est incompressible.

152. Équations du mouvement dans un milieu incompressible. — L'incompressibilité imposée à l'éther suppose des liaisons entre ses diverses molécules ; nous devons donc appliquer la théorie des systèmes matériels à liaisons.

L'équation exprimant que l'éther est incompressible est $\Theta = 0$. Si nous considérons un certain volume R de l'éther limité par une surface S, et si nous désignons par U la fonction des forces relative aux forces intérieures et extérieures à R, nous arriverons, en appliquant le principe de d'Alembert et celui des vitesses virtuelles, à l'équation

$$\delta U - \int \rho d\tau \left(\frac{d^2\xi}{dt^2}\delta\xi + \frac{d^2\eta}{dt^2}\delta\eta + \frac{d^2\zeta}{dt^2}\delta\zeta\right) + \int \Lambda\delta\Theta d\tau = 0,$$

qui, pour un choix convenable de la fonction arbitraire Λ, doit être satisfaite identiquement, quels que soient les déplacements virtuels $\delta\xi$, $\delta\eta$, $\delta\zeta$. On peut donc supposer que l'on a

$\delta\eta = \delta\zeta = o$. Dans ce cas, δU peut, comme nous l'avons déjà vu (**29**), être remplacé par la somme

$$\delta U = \int P_x \delta\xi d\omega + \int \delta W d\tau,$$

P_x étant la composante suivant l'axe des x de la pression qui s'exerce sur un élément $d\omega$ de surface S, et qui résulte des actions des molécules de R' sur celles de R. L'équation précédente, en y faisant $\delta\eta = \delta\zeta = o$ et en remarquant que l'on a $\Theta = \xi'_x + \eta'_y + \zeta'_z$, devient alors

$$(1) \quad \int P_x \delta\xi d\omega + \int \delta W d\tau - \int \rho \frac{d^2\xi}{dt^2} \delta\xi d\tau + \int \Lambda \delta\xi'_x d\tau = 0.$$

Nous devrons, comme nous l'avons fait au n° **30**, transformer les intégrales du premier membre de manière à ce qu'elles ne contiennent plus de termes en $\delta\xi'_x$. Dans cette transformation nous obtiendrons des intégrales doubles étendues à la surface S et des intégrales triples étendues au volume R. Les intégrales doubles n'entrant pas dans les équations du mouvement, nous abrégerons la recherche de ces équations en n'introduisant pas ces intégrales dans nos calculs, ce qui peut se faire en supposant qu'on étend les intégrales triples à tout l'espace et qu'à l'infini les forces élastiques sont nulles.

Dans ces conditions, la première intégrale de l'équation précédente disparaît, et nous avons pour la valeur de la seconde

$$\int \delta W d\tau = -\int \delta\xi d\tau \sum \frac{d}{dx} \frac{dW}{d\xi'_x}.$$

Quant à la dernière intégrale nous la transformerons d'une manière analogue en nous appuyant sur l'égalité connue

$$\int\int\int \frac{dF}{dx}\,d\tau = \int\int \alpha F d\omega,$$

et en posant

$$F = \Lambda\delta\xi.$$

Nous obtiendrons

$$\int\int\int \Lambda \frac{d}{dx}\,\delta\xi d\tau = \int\int \alpha\Lambda\delta\xi d\omega - \\ - \int\int\int \frac{d\Lambda}{dx}\,\delta\xi d\tau,$$

ou, puisque d'après nos conventions l'intégrale double est nulle,

$$\int \Lambda\delta\xi'_x d\tau = -\int \frac{d\Lambda}{dx}\,\delta\xi d\tau.$$

Par conséquent l'équation (1) peut s'écrire

$$\int \delta\xi d\tau \sum \frac{d}{dx}\frac{dW}{d\xi'_x} + \int \rho\,\frac{d^2\xi}{dt^2}\,\delta\xi d\tau + \int \frac{d\Lambda}{dx}\,\delta\xi d\tau = 0,$$

ou

$$\int \left(\rho\,\frac{d^2\xi}{dt^2} + \sum \frac{d}{dx}\frac{dW}{d\xi'_x} + \frac{d\Lambda}{dx}\right)\delta\xi d\tau = 0.$$

Puisqu'elle doit être satisfaite quel que soit $\delta\xi$, le coefficient de cette quantité dans l'élément différentiel doit être nul. On a ainsi une des équations du mouvement. Si nous faisons $\rho = 1$ et si nous remarquons que nous avons déjà trouvé (**32**) l'égalité

$$\sum \frac{d}{dx} \frac{dW}{d\xi'_x} = \sum \frac{d}{dx} \frac{dW_2}{d\xi'_x},$$

nous aurons pour les équations du mouvement

$$(2) \qquad \begin{aligned} \frac{d^2\xi}{dt^2} &= -\sum \frac{d}{dx} \frac{dW_2}{d\xi'_x} - \frac{d\Lambda}{dx}, \\ \frac{d^2\eta}{dt^2} &= -\sum \frac{d}{dx} \frac{dW_2}{d\eta'_x} - \frac{d\Lambda}{dy}, \\ \frac{d^2\zeta}{dt^2} &= -\sum \frac{d}{dx} \frac{dW_2}{d\zeta'_x} - \frac{d\Lambda}{dz}. \end{aligned}$$

153. Propagation d'une onde plane. — Considérons une onde plane parallèle au plan

$$\alpha x + \beta y + \gamma z = 0.$$

Les composantes des déplacements des molécules de cette onde seront de la forme

$$\xi = Ae^{P}, \qquad \eta = Be^{P}, \qquad \zeta = Ce^{P},$$

où

$$P = \frac{2i\pi}{\lambda}(\alpha x + \beta y + \gamma z - Vt).$$

Nous avons vu précédemment (**145**) que pour des valeurs de ξ, η, ζ de cette forme, on a

$$W_2 = -\frac{1}{2}\left(\frac{2i\pi}{\lambda}\right)^2 e^{2P}\Pi,$$

$$\sum \frac{d}{dx} \frac{dW_2}{d\xi'_x} = -\frac{1}{2}\left(\frac{2i\pi}{\lambda}\right)^2 e^{P} \frac{d\Pi}{dA},$$

$$\frac{d^2\xi}{dt^2} = Ae^{P}V^2\left(\frac{2i\pi}{\lambda}\right)^2.$$

Nous sommes donc conduits pour satisfaire aux équations du mouvement (2), à poser

$$\Lambda = \text{H} \frac{2i\pi}{\lambda} e^{\text{P}},$$

H étant une constante indépendante de x, y, z et t; nous tirons de cette égalité

$$\frac{d\Lambda}{dx} = \alpha\text{H} \left(\frac{2i\pi}{\lambda}\right)^2 e^{\text{P}}.$$

Si nous portons les valeurs de ces diverses quantités dans les équations (2), nous aurons en supprimant le facteur $\left(\frac{2i\pi}{\lambda}\right)^2 e^{\text{P}}$ commun aux deux membres,

$$(3)\qquad \begin{aligned} \text{AV}^2 &= \frac{1}{2}\frac{d\Pi}{d\text{A}} - \alpha\text{H},\\ \text{BV}^2 &= \frac{1}{2}\frac{d\Pi}{d\text{B}} - \beta\text{H},\\ \text{CV}^2 &= \frac{1}{2}\frac{d\Pi}{d\text{C}} - \gamma\text{H}. \end{aligned}$$

Ces trois équations jointes à l'équation de liaison $\Theta = 0$ permettront de déterminer H et des quantités proportionnelles à A, B, C. L'équation de liaison devient, quand on y remplace les dérivées partielles de ξ, η, ζ par leurs valeurs,

$$\Theta = \frac{2i\pi}{\lambda} e^{\text{P}} (\text{A}\alpha + \text{B}\beta + \text{C}\gamma),$$

d'où

$$(4)\qquad \text{A}\alpha + \text{B}\beta + \text{C}\gamma = 0.$$

Cette équation exprime que la vibration a lieu dans le plan

de l'onde; nous devions nous attendre à cette conséquence, la transversalité des vibrations étant exprimée par l'identité $\Theta = 0$.

Si l'on compare les équations de condition (3) aux équations (5) du n° (**145**), on voit qu'elles ne diffèrent de celles-ci que par l'introduction des quantités αH, βH, γH. Ces quantités sont donc, à un facteur constant près, les composantes de la force de liaison; par suite, les cosinus directeurs de cette force sont proportionnels à α, β, γ. La force de liaison est donc normale au plan de l'onde, et cette conséquence mathématique de l'incompressibilité de l'éther aurait pu remplacer la seconde des hypothèses de Fresnel.

154. Les valeurs de la vitesse de propagation de l'onde plane s'obtiendront en éliminant A, B, C, H entre les équations (3) et l'équation (4). Si nous admettons avec Fresnel que la force élastique résultant du déplacement d'une onde plane, est indépendante de la direction de l'onde, la fonction des forces W_2 ne doit pas dépendre de α, β, γ, et, par suite, le polynôme Π doit se réduire à un polynôme homogène du second degré en A, B, C, multiplié par un polynôme homogène du second degré de α, β, γ dont la valeur est constante; ce dernier polynôme ne peut être que $\alpha^2 + \beta^2 + \gamma^2$. En prenant les axes de coordonnées parallèles aux axes de l'ellipsoïde de polarisation $\Pi = 1$, on aura

$$\Pi = (aA^2 + bB^2 + cC^2)(\alpha^2 + \beta^2 + \gamma^2) = aA^2 + bB^2 + cC^2$$

et par suite,

$$\frac{1}{2}\frac{d\Pi}{dA} = aA, \qquad \frac{1}{2}\frac{d\Pi}{dB} = bB, \qquad \frac{1}{2}\frac{d\Pi}{dC} = cC.$$

En portant ces valeurs dans les équations (3) nous obtenons

$$(5)\qquad \begin{aligned} AV^2 &= aA - \alpha H, \\ BV^2 &= bA - \beta H, \\ CV^2 &= cC - \gamma H; \end{aligned}$$

d'où,

$$A = -\frac{\alpha H}{V^2 - a}, \qquad B = -\frac{\beta H}{V^2 - b}, \qquad C = -\frac{\gamma H}{V^2 - c}.$$

Si nous multiplions ces dernières égalités respectivement par α, β, γ, et si nous additionnons, nous trouvons

$$A\alpha + B\beta + C\gamma = -H\left(\frac{\alpha^2}{V^2 - a} + \frac{\beta^2}{V^2 - b} + \frac{\gamma^2}{V^2 - c}\right),$$

et si nous tenons compte de l'équation de condition (4), nous avons

$$\frac{\alpha^2}{V^2 - a} + \frac{\beta^2}{V^2 - b} + \frac{\gamma^2}{V^2 - c} = 0.$$

Cette équation déterminera V; on aura donc deux valeurs pour la vitesse de propagation.

155. Il est facile de trouver une expression de V en fonction de A, B, C. Il suffit de multiplier sucessivement chacune des équations (5) par A, B et C et d'additionner. On obtient ainsi

$$(A^2 + B^2 + C^2)\,V^2 = aA^2 + bB^2 + cC^2.$$

Or les équations (5) jointes à l'équation (4) ne déterminent que des quantités proportionnelles à A, B, C; nous pouvons donc satisfaire à ces équations et par suite aux équations du mouvement par des valeurs de A, B, C satisfaisant à la relation

$$(6) \qquad \Pi = aA^2 + bB^2 + cC^2 = 1.$$

On a alors

$$V = \frac{1}{\sqrt{A^2 + B^2 + C^2}}.$$

L'interprétation géométrique de cette expression est évidente; la vitesse de propagation est inversement proportionnelle à la longueur du rayon vecteur de l'ellipsoïde $\Pi = 1$ ayant pour direction celle du déplacement. Il en résulte que l'ellipsoïde

$$aA^2 + bB^2 + cC^2 = 1$$

n'est autre que l'ellipsoïde d'élasticité de Fresnel.

156. Nous terminerons l'étude de la théorie de Fresnel en faisant remarquer qu'il n'est pas nécessaire de supposer l'éther incompressible et qu'on peut arriver aux mêmes conséquences d'une autre manière. Il suffit de supposer que l'équation de l'ellipsoïde de polarisation est d'une forme particulière.

Si nous multiplions la première des équations (5) par α, la seconde par β, la troisième par γ et si nous additionnons, nous obtenons

$$V^2 (A\alpha + B\beta + C\gamma) = Aa\alpha + Bb\beta + Cc\gamma - H\,;$$

et comme d'après la condition (4) le premier membre de cette relation est égal à zéro, nous en tirons

$$H = Aa\alpha + Bb\beta + Cc\gamma.$$

Admettons que l'équation de l'ellipsoïde de polarisation soit

$$(7) \quad \Pi = (aA^2 + bB^2 + cC^2)(\alpha^2 + \beta^2 + \gamma^2) - 2H(A\alpha + B\beta + C\gamma) = 1,$$

où H a pour valeur l'expression précédente. En portant cette valeur de H dans les équations (5) du n° **145** déduites des équations du mouvement dans un milieu élastique non assujetti à des liaisons, nous obtiendrons

$$(8)\qquad \begin{aligned} AV^2 &= aA - \alpha H - \frac{dH}{dA}(A\alpha + B\beta + C\gamma), \\ BV^2 &= bB - \beta H - \frac{dH}{dB}(A\alpha + B\beta + C\gamma), \\ CV^2 &= cC - \gamma H - \frac{dH}{dC}(A\alpha + B\beta + C\gamma); \end{aligned}$$

nous déduirons de ces équations en les multipliant respectivement par α, β, γ et additionnant les produits

$$V^2(A\alpha + B\beta + C\gamma) = Aa\alpha + Bb\beta + Cc\gamma - (\alpha^2 + \beta^2 + \gamma^2) H \\ - (A\alpha + B\beta + C\gamma)\left(\alpha\frac{dH}{dA} + \beta\frac{dH}{dB} + \gamma\frac{dH}{dC}\right);$$

ou, en remplaçant H par sa valeur,

$$V^2(A\alpha + B\beta + C\gamma) = \\ = -(A\alpha + B\beta + C\gamma)\left(\alpha\frac{dH}{dA} + \beta\frac{dH}{dB} + \gamma\frac{dH}{dC}\right).$$

Une solution de cette équation est

$$(9)\qquad A\alpha + B\beta + C\gamma = 0,$$

équation qui est celle que nous avons déduite de la condition $\Theta = 0$ exprimant l'incompressibilité. Quand cette équation est satisfaite, les équations (8) se réduisent aux équations (5). Nous retrouvons donc ainsi les équations (4) et (5) obtenues en supposant l'éther incompressible.

Une autre conséquence de l'équation (9) est que la normale

au plan de l'onde est perpendiculaire aux directions de vibration satisfaisant aux équations du mouvement. Comme, d'une manière générale, ces vibrations ont pour directions les axes de l'ellipsoïde de polarisation, le plan de l'onde est un plan de symétrie de l'ellipsoïde de polarisation déterminé par l'équation (7).

THÉORIE DE CAUCHY

157. Plans de symétrie optique dans les cristaux biréfringents. — Cauchy admet que dans tout milieu anisotrope, l'éther qui s'y trouve contenu admet trois plans de symétrie rectangulaires. La forme extérieure d'un certain nombre de substances cristallisées nous montre qu'une telle symétrie existe pour les molécules matérielles dans les cristaux appartenant aux systèmes cubique, hexagonal, rhomboédrique, quaternaire ou orthorhombique; il est donc rationnel d'admettre que dans ces substances la même symétrie se présente pour les molécules d'éther. Mais pour les cristaux des deux derniers systèmes cristallins, le système clinorhombique et le système anorthique, on n'a plus trois plans de symétrie et rien, *a priori*, ne nous autorise à admettre l'existence de ces trois plans dans l'éther. En réalité, l'expérience montre qu'au point de vue optique les cristaux anorthiques et clinorhombiques possèdent trois plans de symétrie; mais ces plans, au lieu d'avoir des positions fixes par rapport aux éléments de symétrie du cristal, ont des directions variables avec la durée de la vibration, c'est-à-dire avec la longueur d'onde de la lumière. Si donc nous admettons, avec Cauchy, l'existence de trois plans de symétrie rectangulaires dans tout milieu anisotrope nous devrons toujours supposer la lumière homogène et nous négligerons ainsi les phénomènes dus à la dispersion, comme nous l'avons fait dans l'étude de la théorie de Fresnel, où les plans principaux de l'ellipsoïde d'élasticité n'étaient autres que les plans de symétrie optique.

Nous choisirons ces trois plans de symétrie comme plans de coordonnées. Par raison de symétrie, le premier membre H de l'équation de l'ellipsoïde de polarisation ne doit pas changer quand on y fait $\alpha = -\alpha$ et $A = -A$, ou $\beta = -\beta$ et $B = -B$, ou enfin $\gamma = -\gamma$ et $C = -C$. Il en résulte que H ne doit contenir que des termes de la forme suivante,

α^2A^2,	β^2A^2,	γ^2A^2,	$\beta\gamma BC$,
α^2B^2,	β^2B^2,	γ^2B^2,	$\alpha\gamma AC$,
α^2C^2,	β^2C^2,	γ^2C^2,	$\alpha\beta AB$,

Le nombre de ces termes étant égal à 12, H pourra contenir 12 coefficients numériques arbitraires et l'équation de l'ellipsoïde de polarisation sera de la forme

$$(1) \quad A^2(\lambda\alpha^2 + \mu\beta^2 + \nu\gamma^2) + B^2(\lambda'\alpha^2 + \mu'\beta^2 + \nu'\gamma^2)$$
$$+ C^2(\lambda''\alpha^2 + \mu''\beta^2 + \nu''\gamma^2) + 2p\beta\gamma BC + 2q\gamma\alpha CA + 2r\alpha\beta AB = 1.$$

158. Conséquences de l'hypothèse des forces centrales. — Pour Cauchy toutes les forces sont centrales ; aussi, dans sa théorie de la double réfraction admet-il implicitement qu'il en est ainsi. Nous avons fait remarquer (**17**) que dans l'hypothèse des forces centrales, le nombre des coefficients numériques de la fonction W_2 se trouvait réduit ; nous devons donc nous attendre à avoir dans ce cas un certain nombre de relations entre les douze coefficients numériques de l'ellipsoïde de polarisation. Cherchons ces relations.

Dans le premier chapitre de cet ouvrage, nous avons vu que si les forces sont centrales, on a

$$W_2 = \sum \frac{dF}{dR} \rho_2 + \frac{1}{2} \sum \frac{d^2F}{dR^2} \rho_1^2,$$

où,

$$\rho_1 = 2(DxD\xi + DyD\eta + DzD\xi),$$

$$\rho_2 = D\xi^2 + D\eta^2 + D\zeta^2,$$

et

$$D\xi = \frac{d\xi}{dx} Dx + \frac{d\xi}{dy} Dy + \frac{d\xi}{dz} Dz,$$

$$D\eta = \frac{d\eta}{dx} Dx + \frac{d\eta}{dy} Dy + \frac{d\eta}{dz} Dz,$$

$$D\xi = \frac{d\zeta}{dx} Dx + \frac{d\zeta}{dy} Dy + \frac{d\zeta}{dz} Dz.$$

Dans le cas d'une onde plane ξ, η, ζ étant de la forme

$$\xi = Ae^P, \qquad \eta = Be^P, \qquad \zeta = Ce^P,$$

nous aurons

$$D\xi = \frac{2i\pi}{\lambda} Ae^P (\alpha Dx + \beta Dy + \gamma Dz),$$

$$D\eta = \frac{2i\pi}{\lambda} Be^P (\alpha Dx + \beta Dy + \gamma Dz),$$

$$D\zeta = \frac{2i\pi}{\lambda} Ce^P (\alpha Dx + \beta Dy + \gamma Dz) ;$$

et par conséquent,

$$\rho_1 = 2\sum Dx D\xi = \frac{4i\pi}{\lambda} e^P \sum AD x \sum \alpha D x,$$

$$\rho_2 = \sum D\xi^2 = \left(\frac{2i\pi}{\lambda}\right)^2 e^{2P} (A^2 + B^2 + C^2) \left(\sum \alpha D x\right)^2,$$

$$\rho_1^2 = 4\left(\frac{2i\pi}{\lambda}\right)^2 e^{2P} \left[\sum AD x \sum \alpha D x\right]^2.$$

Il est facile de constater que dans ρ_2,

$$\text{coef. de } \alpha^2 B^2 - \text{coef. de } 4\alpha\beta AB = \left(\frac{2i\pi}{\lambda}\right)^2 e^{2P} Dx^2,$$

$$\text{coef. de } \alpha^2 C^2 - \text{coef. de } 4\alpha\gamma AC = \left(\frac{2i\pi}{\lambda}\right)^2 e^{2P} Dx^2,$$

et que dans ρ_1^2,

$$\text{coef. de } \alpha^2 B^2 - \text{coef. de } 4\alpha\beta AB = 4\left(\frac{2i\pi}{\lambda}\right)^2 e^{2P}(Dx^2 Dy^2 - Dx Dy Dx Dy)$$

$$\text{coef. de } \alpha^2 C^2 - \text{coef. de } 4\alpha\gamma AC = 4\left(\frac{2i\pi}{\lambda}\right)^2 e^{2P}(Dx^2 Dz^2 - Dx Dz Dx Dz)$$

Dans ρ_1^2 et ρ_2, la relation

$$\text{coef. de } \alpha^2 B^2 - \text{coef. de } 4\alpha\beta AB = \text{coef. de } \alpha^2 C^2 - \text{coef. de } 4\alpha\gamma AC$$

est donc satisfaite ; par suite elle l'est dans W_2 et aussi dans Π. Par permutations circulaires, nous pouvons en déduire deux autres. Les douze coefficients numériques du premier membre de l'équation de l'ellipsoïde de polarisation étant liés par trois relations, neuf seulement de ces coefficients sont arbitraires. Les trois relations entre les coefficients de l'équation (1) sont :

$$\lambda' - \frac{r}{2} = \lambda'' - \frac{q}{2}$$

(2)
$$\mu'' - \frac{p}{2} = \mu - \frac{r}{2}$$

$$\nu - \frac{q}{2} = \nu' - \frac{p}{2}$$

159. Vibrations quasi-transversales et vibrations quasi-longitudinales. — Les vibrations d'une onde plane se propageant dans un milieu anisotrope devant être dirigées suivant les axes de l'ellipsoïde de polarisation (**147**) il faut, pour qu'elles soient rigoureusement transversales ou longitudinales par rapport au plan de l'onde, que ce plan soit un des plans principaux de l'ellipsoïde de polarisation. Cette condition sera réalisée si la normale au plan de l'onde est un des axes de l'ellipsoïde, c'est-à-dire si α, β, γ satisfont aux équations

$$AS = \frac{1}{2}\frac{d\Pi}{dA}, \qquad BS = \frac{1}{2}\frac{d\Pi}{dB}, \qquad CS = \frac{1}{2}\frac{d\Pi}{dC}.$$

Tirant de l'équation (1) de l'ellipsoïde de polarisation de Cauchy les valeurs des seconds membres de ces dernières équations et remplaçant ensuite A par α, B par β et C par γ, nous obtenons après réduction

$$S = \lambda\alpha^2 + \mu\beta^2 + \nu\gamma^2 + q\gamma^2 + r\beta^2,$$
$$S = \lambda'\alpha^2 + \mu'\beta^2 + \nu'\gamma^2 + r\alpha^2 + p\gamma^2,$$
$$S = \lambda''\alpha^2 + \mu''\beta^2 + \nu''\gamma^2 + p\beta^2 + q\alpha^2.$$

Pour que ces équations soient satisfaites quels que soient

α, β, γ, il faut que les coefficients de α^2, β^2, γ^2 soient les mêmes dans les trois équations ; on a donc

$$\lambda = \lambda' + r = \lambda'' + q,$$
$$\mu + r = \mu' = \mu'' + p,$$
$$\nu + q = \nu' + p = \nu''.$$

Or ces relations jointes aux relations (2) déduites de l'hypothèse des forces centrales exigent que l'on ait

$$p = q = r,$$

et elles deviennent alors,

$$\lambda = \lambda' + p, \qquad \lambda' = \lambda''$$
$$\mu = \mu' - p, \qquad \mu' = \mu'' + p,$$
$$\nu = \nu', \qquad \nu' = \nu'' - p.$$

Ces dernières relations conduisent aux égalités

$$\begin{aligned}\lambda\alpha^2 + \mu\beta^2 + \nu\gamma^2 - p\alpha^2 &= \lambda'\alpha^2 + \mu'\beta^2 + \nu'\gamma^2 - p\beta^2 \\ &= \lambda''\alpha^2 + \mu''\beta^2 + \nu''\gamma^2 - p\gamma^2\end{aligned}$$

Il est facile de s'assurer que ce sont là les conditions auxquelles conduisent l'application à l'équation (1) des formules connues qui expriment qu'un ellipsoïde est de révolution autour d'un axe ayant pour cosinus directeurs α, β, γ. Par conséquent, les vibrations ne peuvent être rigoureusement transversales ou longitudinales que si l'ellipsoïde de polarisation est de révolution autour de la normale au plan de l'onde. Une telle conséquence est inadmissible, car les deux ondes planes à vibrations rectangulaires et transversales qui résultent de l'onde plane incidente auraient même vitesse de propagation et la double réfraction ne s'expliquerait pas.

Ainsi les hypothèses de Cauchy conduisent à admettre qu'une onde plane donne naissance, en se propageant dans un milieu anisotrope, à trois ondes planes dont les directions de vibration ne sont ni normales au plan de l'onde, ni situées dans ce plan. Mais la biréfringence étant très faible dans toutes les substances jouissant de la double réfraction, les vibrations de deux des ondes planes seront *quasi-transversales* et celles de la troisième, *quasi-longitudinales*.

L'existence de vibrations quasi-transversales n'est pas absolument contraire à nos connaissances sur la direction des vibrations lumineuses, car si l'expérience nous apprend que dans l'air les vibrations doivent être rigoureusement transversales, rien ne nous prouve qu'il en est ainsi à l'intérieur d'un cristal. Quant au rayon dont les vibrations sont quasi-longitudinales, Cauchy ne put tout d'abord expliquer pourquoi il n'avait d'existence réelle; il est probable que s'il avait eu occasion de revenir sur la double réfraction, il eut admis que ce rayon était évanescent.

160. Vitesses de propagation des ondes. — La théorie de Fresnel se trouvant vérifiée par les expériences les plus délicates, toute théorie de la double réfraction doit conduire aux mêmes conséquences que celle de Fresnel; en particulier on doit arriver aux mêmes valeurs pour les vitesses de propagation des ondes réelles. Ces vitesses étant, dans la théorie de Cauchy, inversement proportionnelles aux axes de l'ellipsoïde de polarisation et, dans celle de Fresnel, aux axes de l'ellipse E d'intersection du plan de l'onde avec l'ellipsoïde d'élasticité, il faut, pour qu'elles aient une même valeur, que l'ellipse E se confonde avec l'une des sections principales de l'ellipsoïde de polarisation. Or s'il en était ainsi, le plan de l'onde, qui contient l'ellipse E, serait un plan principal de l'ellipsoïde de polarisation de Cauchy, ce qui ne peut avoir lieu, comme nous venons de le démontrer. Par conséquent, les vitesses théoriques de propagation des ondes ne peuvent avoir les mêmes valeurs dans les deux théories. Mais en assujettissant, comme le fait Cauchy, l'ellipsoïde de polarisation à passer par l'ellipse E, les différences entre ces valeurs deviennent de l'ordre des erreurs expérimentales.

En effet, soit

$$ax^2 + by^2 + cz^2 = 1$$

l'équation de l'ellipsoïde de polarisation de Cauchy rapporté à ses axes. A cause de la faible biréfringence des cristaux, le plan de l'onde fait un angle infiniment petit avec l'un des plans principaux de cet ellipsoïde, par exemple, avec le plan $z = o$. En appelant α, β, γ les cosinus directeurs de la normale au plan de l'onde, α et β seront des infiniment petits D'après nos conventions, l'intersection de l'ellipsoïde par le plan de l'onde est l'ellipse E. Les inverses des carrés des axes de cette section sont donnés par les racines de l'équation en R,

$$\alpha^2(b-\mathrm{R})(c-\mathrm{R}) + \beta^2(c-\mathrm{R})(a-\mathrm{R}) + \gamma^2(a-\mathrm{R})(b-\mathrm{R}) = 0;$$

en négligeant les carrés de α et de β cette équation se réduit à la suivante

$$(a - \mathrm{R})(b - \mathrm{R}) = 0,$$

dont les racines a et b sont précisément les inverses des carrés des deux axes principaux de l'ellipsoïde de polarisation situés dans le plan $x = o$. Par conséquent, ces axes ne diffèrent de ceux de l'ellipse E que par des infiniment petits du second ordre; il en sera de même de leurs inverses et par suite des valeurs des vitesses de propagation.

161. Équation de l'ellipsoïde de polarisation de Cauchy. — En résumé, Cauchy admet l'existence de trois plans de symétrie optique, suppose les forces centrales et assujettit son ellipsoïde de polarisation à passer par l'ellipse d'intersection du plan de l'onde et de l'ellipsoïde d'élasticité de Fresnel. Cette dernière hypothèse permet de trouver facilement l'équation de l'ellipsoïde de polarisation.

L'équation de l'ellipsoïde d'élasticité étant

$$aA^2 + bB^2 + cC^2 = 1,$$

celle du plan de l'onde

$$\alpha A + \beta B + \gamma C = 0,$$

l'équation de l'ellipsoïde passant par l'intersection de ces deux surfaces est de la forme

$$\Pi = (aA^2 + bB^2 + cC^2) + (\alpha A + \beta B + \gamma C)(\alpha_1 A + \beta_1 B + \gamma_1 C) = 1.$$

Cette équation sera homogène et du second degré par rapport à α, β, γ et par rapport à A, B, C, en l'écrivant

$$\Pi = (aA^2 + bC^2 + cC^2)(\alpha^2 + \beta^2 + \gamma^2) \\ + (\alpha A + \beta B + \gamma C)(\alpha_1 A + \beta_1 B + \gamma_1 C) = 1,$$

et en admettant que α_1, β_1, γ_1 sont des fonctions linéaires et homogènes de α, β, γ. Les plans de coordonnées étant les plans de symétrie optique, l'équation précédente ne doit pas changer, quand on change simultanément les signes de α et de A, ou de β et B, ou enfin de γ et C. Les fonctions linéaires α_1, β_1, γ_1 doivent donc se réduire à

$$\alpha_1 = a_1\alpha, \qquad \beta_1 = b_1\beta, \qquad \gamma_1 = c_1\gamma;$$

en portant ces valeurs dans l'équation de l'ellipsoïde de polarisation, elle devient

$$(1) \quad \Pi = (\alpha^2 + \beta^2 + \gamma^2)(aA^2 + bB^2 + cC^2) + \\ + (\alpha A + \beta B + \gamma C)(a_1\alpha A + b_1\beta B + c_1\gamma C) = 1.$$

Si nous admettons maintenant que les forces sont centrales nous aurons entre les coefficients de cette équation, trois relations dont la première est

$$\text{coef de } \alpha^2B^2 - \text{coef de } 4\alpha\beta AB = \text{coef de } \alpha^2C^2 - \text{coef de } 4\alpha\gamma AC;$$

elle donne :

$$b - 4(a_1 + b_1) = c - 4(a_1 + c_1).$$

Les deux autres conduisent à

$$c - 4(b_1 + c_1) = a - 4(b_1 + a_1),$$
$$a - 4(c_1 + a_1) = b - 4(c_1 + b_1).$$

Ces trois dernières relations peuvent d'ailleurs s'écrire

$$a - 4a_1 = b - 4b_1 = c - 4c_1.$$

Telles sont les conditions introduites par l'hypothèse des forces centrales; il serait facile de montrer que, quand elles sont remplies, le plan de l'onde n'est pas un plan de symétrie de l'ellipsoïde.

162. Si nous abandonnons l'hypothèse des forces centrales, le plan de l'onde pourra devenir un plan de symétrie de l'ellipsoïde de polarisation. Il faut pour cela que la perpendiculaire au plan de l'onde soit un axe principal, c'est-à-dire que α, β, γ, satisfassent aux équations des directions principales de l'ellipsoïde (1) du paragraphe précédent. La première de ces équations est

$$\mathrm{AS} = \frac{1}{2}\frac{d\Pi}{d\mathrm{A}} = a\mathrm{A}\,(\alpha^2+\beta^2+\gamma^2) + \frac{1}{2}\,\alpha(a_1\alpha\mathrm{A}+b_1\beta\mathrm{B}+c_1\gamma\mathrm{C}) + \frac{1}{2}\,a_1\alpha\,(\alpha\mathrm{A}+\beta\mathrm{B}+\gamma\mathrm{C});$$

en y remplaçant A, B, C par α, β, γ elle donne, après simplification,

$$\mathrm{S} = \left(a+\frac{a_1}{2}\right)(\alpha^2+\beta^2+\gamma^2) + \frac{1}{2}\,(a_1\alpha^2+b_1\beta^2+c_1\gamma^2).$$

Les deux autres équations conduiraient à

$$\mathrm{S} = \left(b+\frac{b_1}{2}\right)(\alpha^2+\beta^2+\gamma^2) + \frac{1}{2}\,(a_1\alpha^2+b_1\beta^2+c_1\gamma^2),$$

$$\mathrm{S} = \left(c+\frac{c_1}{2}\right)(\alpha^2+\beta^2+\gamma^2) + \frac{1}{2}\,(a_1\alpha^2+b_1\beta^2+c_1\gamma^2).$$

Pour que ces trois dernières équations se réduisent à une, il faut et il suffit que l'on ait

$$a+\frac{a_1}{2} = b+\frac{b_1}{2} = c+\frac{c_1}{2}.$$

En particulier, si on a

$$(2) \qquad a + \frac{a_1}{2} = b + \frac{b_1}{2} = c + \frac{c_1}{2} = 0,$$

le plan de l'onde sera un plan principal de l'ellipsoïde de polarisation et les vibrations seront rigoureusement transversales et longitudinales. Les vitesses de propagation des ondes dont les vibrations sont transversales sont inversement proportionnelles aux axes de l'ellipse d'intersection; celle de l'onde dont les vibrations sont longitudinales est proportionnelle à l'inverse de l'axe normal à l'onde, c'est-à-dire à la racine carrée de

$$S = \left(c + \frac{c_1}{2}\right)(\alpha^2 + \beta^2 + \gamma^2) + \frac{1}{2}(a_1\alpha^2 + b_1\beta^2 + c_1\gamma^2);$$

quantité qui, par suite des relations (2), se réduit à

$$S = \frac{1}{2}(a_1\alpha^2 + b_1\beta^2 + c_1\gamma^2).$$

Or, puisque a, b, c sont positifs, il résulte des relations (2) que a_1, b_1, c_1, sont négatifs ; S sera négatif, la vitesse de propagation des vibrations longitudinales est imaginaire, et le rayon longitudinal évanescent.

On retrouve donc ainsi très facilement toutes les conséquences de la théorie de Fresnel.

THÉORIE DE NEUMANN

163. Hypothèses de Neumann. — Les hypothèses particulières à cette théorie trouvée presque simultanément par Lamé, Neumann et Mac-Cullagh sont les suivantes :

1° Le plan de l'onde est un plan de symétrie de l'ellipsoïde de polarisation.

2° La vitesse de propagation du rayon longitudinal est nulle.

Il résulte de ces hypothèses que l'ellipsoïde de polarisation se réduit à un cylindre dont les génératrices sont perpendiculaires au plan de l'onde. Si nous désignons par A', B', C' les quantités proportionnelles aux cosinus directeurs de la vibration que nous désignions par A, B, C dans les théories précédentes, et si nous continuons à appeler α, β, γ les cosinus directeurs de la normale au plan de l'onde, le premier membre Π de l'équation de l'ellipsoïde de polarisation sera une fonction homogène du second degré par rapport à A', B', C' et par rapport à α, β, γ. Cet ellipsoïde se réduira à un cylindre à génératrices normales au plan de l'onde si les équations

$$(1) \qquad \frac{d\Pi}{dA'} = 0, \qquad \frac{d\Pi}{dB'} = 0, \qquad \frac{d\Pi}{dC'} = 0,$$

qui expriment que l'un des axes de l'ellipsoïde est nul, sont satisfaites pour $A' = \alpha$, $B' = \beta$, $C' = \gamma$.

164. Équation du cylindre de polarisation. — Si nous posons

$$(2) \qquad \begin{aligned} A &= C'\beta - B'\gamma, \\ B &= A'\gamma - C'\alpha, \\ C &= B'\alpha - A'\beta, \end{aligned}$$

le premier membre de l'équation

$$(3) \quad \Pi = aA^2 + bB^2 + cC^2 + 2dBC + 2eCA + 2fAB = 1,$$

sera homogène, et du second degré par rapport à A', B', C' et par rapport à α, β, γ ; nous allons démontrer que c'est l'équation du cylindre de polarisation de Neumann.

Nous allons d'abord faire voir que si le polynôme Π est de cette forme, les équations (1) sont satisfaites quand on y remplace A', B', C' par α, β, γ. On a en effet,

$$\frac{1}{2}\frac{d\Pi}{dA'} = (aA + eC + fB)\frac{dA}{dA'} + (bB + dC + fA)\frac{dB}{dA'} + (cC + dB + eA)\frac{dC}{dA'}.$$

Or, si dans les relations (2) on fait $A' = \alpha$, $B' = \beta$, $C' = \gamma$, on trouve $A = B = C = 0$; par conséquent, quand on fera cette substitution dans l'équation précédente, les coefficients des dérivées qui entrent dans le second membre seront nuls et on aura $\frac{d\Pi}{dA'} = 0$. On démontrerait d'une manière analogue que les deux dernières des équations (1) sont également satisfaites. L'équation (3) représente donc bien un cylindre dont les génératrices sont parallèles à la direction α, β, γ.

Pour compléter la démonstration il faut démontrer que réciproquement, si $\Pi = 1$ est l'équation d'un cylindre dont les génératrices sont normales au plan de l'onde, cette équation peut se mettre sous la forme (3), A, B, C étant définis par les relations (2). Nous laisserons au lecteur le soin de démontrer cette réciproque.

Nous pouvons prendre les axes de coordonnées de manière à faire disparaître les termes rectangles de l'équation (3) qui alors se réduit à

$$\Pi = aA^2 + bB^2 + cC^2 = 1. \tag{4}$$

Les nouveaux axes de coordonnées sont alors les plans de

symétrie optique du milieu. En effet, si l'on se reporte aux équations (2), on voit que le changement de A' en — A' et de α en — α ne change pas la valeur de A et ne fait que changer les signes de B et de C ; ces quantités n'entrant dans Π que par leurs carrés, ce polynome conservera la même valeur quand on changera les signes de A' et de α, et par suite, le plan des *yz* est un plan de symétrie optique. Un raisonnement analogue montrerait que les deux autres plans de coordonnées sont également des plans de symétrie optique. Ce sont donc les mêmes que ceux que nous avons pris dans la théorie de Fresnel et celle de Cauchy.

165. Propagation d'une onde plane. — Les équations de condition qui donnent les directions de vibration et les vitesses de propagation d'une onde plane sont ici

$$A'V^2 = \frac{1}{2}\frac{d\Pi}{dA'} = \frac{1}{2}\left(\frac{d\Pi}{dA}\frac{dA}{dA'} + \frac{d\Pi}{dB}\frac{dB}{dA'} + \frac{d\Pi}{dC}\frac{dC}{dA'}\right),$$

ou

$$A'V^2 = b\gamma B - c\beta C,$$

et

$$B'V^2 = c\alpha C - a\gamma A,$$

$$C'V^2 = a\beta A - b\alpha B.$$

Ces trois équations peuvent être remplacées par un système de trois autres ne contenant plus A', B', C'. Pour cela multiplions la troisième par β, la seconde par γ et retranchons ce dernier produit du premier ; nous obtiendrons

$$(C'\beta - B'\gamma)\, V^2 = aA\,(\beta^2 + \gamma^2) - \alpha\,(b\beta B - c\gamma C),$$

et en remplaçant $C'\beta - B'\gamma$ par A, puis ajoutant l'identité

$$0 = aA\alpha^2 - \alpha\,(a\alpha A),$$

nous aurons

$$AV^2 = aA(\alpha^2 + \beta^2 + \gamma^2) - \alpha(a\alpha A + b\beta B + c\gamma C).$$

Si nous posons

$$H = a\alpha A + b\beta B + c\gamma C,$$

l'équation précédente et les deux qui s'en déduisent par permutation deviennent

$$AV^2 = aA - \alpha H,$$
$$BV^2 = bB - \beta H,$$
$$CV^2 = cC - \gamma H.$$

Ce sont les équations que nous avons déjà trouvées (**154**) en exposant la théorie de Fresnel ; elles nous montrent donc que les quantités A, B, C sont proportionnelles aux cosinus directeurs de la vibration de Fresnel, et qu'en outre les vitesses de propagation ont les mêmes valeurs dans les deux théories.

Dans ces deux théories les vibrations ont lieu dans le plan de l'onde ; il est facile de voir qu'elles sont rectangulaires. En effet si nous multiplions les relations (2) successivement par A', B', C', et si nous additionnons, nous obtenons

$$AA' + BB' + CC' = A'C'\beta - A'B'\gamma + A'B'\gamma - B'C'\alpha + B'C'\alpha - A'C'\beta = 0.$$

La théorie de Neumann ne diffère donc de celle de Fresnel qu'en ce que la vibration au lieu d'être normale au plan de polarisation est parallèle à ce plan ; par suite toutes deux rendront également bien compte des faits expérimentaux puisque l'expérience ne peut indiquer si la vibration est parallèle ou normale au plan de polarisation.

166. Équations de Lamé. — Les équations du mouvement d'une molécule d'une onde plane dans un milieu élastique satisfaisant aux hypothèses de Neumann peuvent être mises sous une forme intéressante en introduisant les quantités u, v, w définies par les relations

$$u = \frac{d\zeta}{dy} - \frac{d\eta}{dz},$$

$$v = \frac{d\xi}{dz} - \frac{d\zeta}{dx},$$

$$w = \frac{d\eta}{dx} - \frac{d\xi}{dy}.$$

Ces quantités, quand on y remplace ξ, η, ζ par les valeurs

$$\xi = A'e^{P}, \qquad \eta = B'e^{P}, \qquad \zeta = C'e^{P},$$

deviennent

$$(5) \quad \begin{aligned} u &= \frac{2i\pi}{\lambda} e^{P} (C'\beta - B'\gamma) = \frac{2i\pi}{\lambda} Ae^{P}, \\ v &= \frac{2i\pi}{\lambda} e^{P} (A'\gamma - C'\alpha) = \frac{2i\pi}{\lambda} Be^{P}, \\ w &= \frac{2i\pi}{\lambda} e^{P} (B'\alpha - A'\beta) = \frac{2i\pi}{\lambda} Ce^{P}. \end{aligned}$$

D'autre part, on a

$$(6) \quad \begin{aligned} \frac{d^2\xi}{dt^2} &= \left(\frac{2i\pi}{\lambda}\right)^2 e^{P}A'V^2, \\ \frac{d^2\eta}{dt^2} &= \left(\frac{2i\pi}{\lambda}\right)^2 e^{P}B'V^2, \\ \frac{d^2\zeta}{dt^2} &= \left(\frac{2i\pi}{\lambda}\right)^2 e^{P}C'V^2. \end{aligned}$$

Or, la première des équations de condition trouvées dans le paragraphe précédent donne, quand on multiplie ses deux membres par $\left(\frac{2i\pi}{\lambda}\right)^2 e^P$,

$$\left(\frac{2i\pi}{\lambda}\right)^2 e^P A'V^2 = \left(\frac{2i\pi}{\lambda}\right)^2 b\gamma B e^P - \left(\frac{2i\pi}{\lambda}\right)^2 c\beta C e^P,$$

et il est facile de voir, en calculant les dérivées partielles de u, v, w par rapport à x, y, z, que cette équation peut s'écrire

$$\left(\frac{2i\pi}{\lambda}\right)^2 e^P A'V^2 = b\frac{dv}{dz} - c\frac{dw}{dy}.$$

Il résulte de ces transformations et des transformations analogues que l'on pourrait effectuer sur les seconds membres des équations (6) que ces équations se réduisent à

$$(7) \quad \begin{cases} \dfrac{d^2\xi}{dt^2} = b\dfrac{dv}{dz} - c\dfrac{dw}{dy}, \\ \dfrac{d^2\eta}{dt^2} = c\dfrac{dw}{dx} - a\dfrac{du}{dz} \\ \dfrac{d^2\zeta}{dt^2} = a\dfrac{du}{dy} - b\dfrac{dv}{dx} \end{cases}$$

Ces équations seront satisfaites pour les déplacements ξ, η, ζ des molécules d'une onde plane vibrant suivant les hypothèses de Neumann. C'est sous cette forme que les équations du mouvement de ces molécules ont été trouvées par Lamé.

Remarquons que, d'après les équations (5), u, v, w sont les composantes du déplacement d'une molécule d'une onde plane dans la théorie de Fresnel quand ξ, η, ζ, satisfaisant aux équations (7), sont les valeurs des composantes du déplacement dans la théorie de Neumann. De là résulte une méthode commode pour trouver les équations du mouvement d'une molécule dans la théorie de Fresnel. En effet, si de la dérivée par rapport à y de la troisième des équations (7) nous retranchons la dérivée par rapport à z de la seconde, nous obtenons

$$\frac{d}{dy}\frac{d^2\zeta}{dt^2}-\frac{d}{dz}\frac{d^2\eta}{dt^2}=a\frac{d^2u}{d^2y}-b\frac{d^2v}{dxdy}-c\frac{d^2w}{dxdz}+a\frac{d^2u}{dz^2},$$

ou

$$\frac{d}{dt^2}\left(\frac{d\zeta}{dy}-\frac{d\eta}{dz}\right)=a\left(\frac{d^2u}{dx^2}+\frac{d^2u}{dy^2}+\frac{d^2u}{dz^2}\right)-a\frac{d^2u}{dx^2}-b\frac{d^2v}{dxdy}-c\frac{d^2w}{dxdz}$$

ou encore

$$\frac{d^2u}{dt^2}=a\Delta u-a\frac{d^2u}{dx^2}-b\frac{d^2v}{dxdy}-c\frac{d^2w}{dxdz}.$$

On trouverait par une marche analogue deux autres équations qui, avec la précédente, détermineraient les valeurs de u, v, w pour une molécule d'une onde plane. La substitution de $u = Ae^p$, $v = Be^p$, $w = Ce^p$ dans ces équations doit évidemment conduire aux équations que nous avons déduites des hypothèses de Fresnel (**154**) et que nous avons retrouvées précédemment (**165**) ; c'est ce dont il est facile de s'assurer.

THÉORIE DE M. SARRAU

167. Équations du mouvement. — M. Sarrau prend pour bases de sa théorie les mêmes hypothèses que Briot dans sa théorie de la dispersion, hypothèses que nous avons déjà énoncées dans le chapitre précédent (**140**). Dans cette théorie les équations du mouvement sont

$$
(1) \qquad
\begin{aligned}
\rho \frac{d^2\xi}{dt^2} &= \Delta\xi - \frac{d\Theta}{dx},\\
\rho \frac{d^2\eta}{dt^2} &= \Delta\eta - \frac{d\Theta}{dy}\\
\rho \frac{d^2\zeta}{dt^2} &= \Delta\zeta - \frac{d\Theta}{dz}
\end{aligned}
$$

où ρ est une fonction périodique des coordonnées qui, développée en série trigonométrique, peut s'écrire :

$$\rho = \sum R \sin (ax + by + cz + d),$$

La valeur moyenne de tous les termes de cette série étant nulle, sauf celle du terme où l'on a $a = b = c = o$, la valeur moyenne de ρ est égale à $R \sin d$. A cause de cette périodicité imposée à la densité la résolution des équations du mouvement nécessite des calculs pénibles et, malgré les simplifications introduites par M. Potier, ils sont encore longs.

168. Propagation d'une onde plane. — Si nous posons,

$$(2) \qquad \xi = Le^P, \quad \eta = Me^P, \quad \zeta = Ne^P,$$

où

$$P = 2\frac{i\pi}{\lambda}(\alpha x + \beta y + \gamma z - Vt),$$

α, β, γ et λ étant des constantes, ces quantités représenteront les composantes du déplacement d'une molécule d'une onde plane $\alpha x + \beta y + \gamma z = 0$

En choisissant une unité de longueur très petite, de l'ordre des distances qui séparent les molécules, λ sera exprimé par un nombre très grand et par conséquent $\frac{2\pi}{\lambda}$, que nous désignerons par μ, sera une quantité très petite. Nous pourrons donc dans les calculs négliger les termes contenant μ^n en facteur, la valeur de l'exposant n variant avec le but que l'on se propose. En conservant les termes du premier degré on trouve l'explication de la polarisation rotatoire et nous avons montré qu'en conservant ceux du second degré on explique le phénomène de la dispersion. Dans la théorie de la double réfraction on peut négliger toutes les puissances de μ. Cherchons ce que donnent dans cette hypothèse, les équations (1) quand on y remplace ξ, η et ζ par leurs valeurs (2) en admettant, puisque ρ est une fonction périodique des coordonnées, que L, M, N sont également des fonctions périodiques.

Nous obtiendrons pour Θ,

$$\Theta = \frac{d\xi}{dx} + \frac{d\eta}{dy} + \frac{d\zeta}{dz} = e^{\rho}\left[\frac{dL}{dx} + \frac{dM}{dy} + \frac{dN}{dz} + i\mu(\alpha L + \beta M + \gamma N)\right];$$

et si, pour simplifier, nous posons :

$$(3) \qquad \frac{dL}{dx} + \frac{dM}{dy} + \frac{dN}{dz} = T,$$

$$(4) \qquad \alpha L + \beta M + \gamma N = Q,$$

nous aurons

$$\Theta = e^{\rho}(T + i\mu Q).$$

De cette dernière expression nous tirons,

$$\frac{d\Theta}{dx} = e^{\rho}\left[\frac{dT}{dx} + i\mu\left(\alpha T + \frac{dQ}{dx}\right) - \mu^2 \alpha Q\right].$$

Le calcul de la dérivée seconde $\frac{d^2\xi}{dx^2}$ donne

$$\frac{d^2\xi}{dx^2} = e^{\text{P}}\left(\frac{d^2\text{L}}{dx^2} + 2i\mu\alpha\frac{d\text{L}}{dx} - \mu^2\alpha^2\text{L}\right);$$

par conséquent nous aurons pour $\Delta\xi$,

$$\Delta\xi = e^{\text{P}}\left(\Delta\text{L} + 2i\mu\frac{d\text{L}}{dn} - \mu^2\text{L}\right),$$

en posant

$$\frac{d\text{L}}{dn} = \alpha\frac{d\text{L}}{dx} + \beta\frac{d\text{M}}{dy} + \gamma\frac{d\text{N}}{dz}.$$

Enfin nous trouverons pour $\frac{d^2\xi}{dt^2}$,

$$\frac{d^2\xi}{dt^2} = -\mu^2\text{V}^2\text{L}e^{\text{P}}.$$

En portant ces valeurs de $\frac{d\Theta}{dx}$, $\Delta\xi$, $\frac{d^2\xi}{dt^2}$ dans la première des équations (1) cette équation devient :

$$(5)\quad -\mu^2\text{V}^2\rho\text{L} = \Delta\text{L} - \frac{d\text{T}}{dx} + i\mu\left(2\frac{d\text{L}}{dn} - \alpha\text{T} - \frac{d\text{Q}}{dx}\right) - \mu^2(\text{L} - \alpha\text{Q}).$$

Si on néglige les termes qui contiennent en facteur les puissances de μ, cette équation se réduit à

$$(6)\qquad \Delta\text{L} - \frac{d\text{T}}{dx} = 0.$$

169. On peut mettre cette équation et les deux qu'on déduirait de la même manière des deux dernières équations du mouvement sous une autre forme en introduisant les quantités l, m, n définies par les relations suivantes

$$(\text{I}) \qquad \left\{ \begin{aligned} l &= \frac{dN}{dy} - \frac{dM}{dz}, \\ m &= \frac{dL}{dz} - \frac{dN}{dx}, \\ n &= \frac{dM}{dx} - \frac{dL}{dy}. \end{aligned} \right.$$

En effet si nous développons l'équation (6), elle devient :

$$\frac{d^2L}{dx^2} + \frac{d^2L}{dy^2} + \frac{d^2L}{dz^2} - \frac{d^2L}{dx^2} - \frac{d^2M}{dxdy} - \frac{d^2N}{dxdz} = 0,$$

ou
$$\frac{d^2L}{dy^2} - \frac{d^2M}{dxdy} + \frac{d^2L}{dz^2} - \frac{d^2N}{dxdz} = 0.$$

Mise sous cette forme, il est facile de voir que cette équation n'est autre que la suivante

$$-\frac{dn}{dy} + \frac{dm}{dx} = 0.$$

Par conséquent les trois équations du mouvement nous donneront le groupe d'équations

$$(\text{II}) \qquad \left\{ \begin{aligned} \frac{dn}{dy} - \frac{dm}{dz} &= 0, \\ \frac{dl}{dz} - \frac{dn}{dx} &= 0, \\ \frac{dm}{dx} - \frac{dl}{dy} &= 0, \end{aligned} \right.$$

dont chacune est formée avec l, m, n, de la même manière que ces quantités sont formées avec L, M, N.

De l'équation (5) nous pouvons tirer une relation entre les valeurs moyennes des quantités qui y entrent. L, M et N étant des fonctions périodiques, et la valeur moyenne de la dérivée d'une fonction périodique étant nulle, nous aurons

$$V^2 [\rho L]_0 = [L - \alpha Q]_0,$$

les quantités affectées d'un indice 0 représentant les valeurs moyennes de ces quantités. En remplaçant Q par sa valeur (4) et en écrivant immédiatement les deux équations analogues à la précédente qui s'en déduisent par permutation, on obtient un nouveau groupe de relations :

$$\text{(III)} \quad \begin{cases} V^2 [\rho L]_0 = L_0 - \alpha (\alpha L_0 + \beta M_0 + \gamma N_0) \\ V^2 [\rho M]_0 = M_0 - \beta (\alpha L_0 + \beta M_0 + \gamma N_0) \\ V^2 [\rho N]_0 = N_0 - \gamma (\alpha L_0 + \beta M_0 + \gamma N_0) \end{cases}$$

Enfin les équations (1) du mouvement nous donnent une dernière relation. Nous en tirons en dérivant respectivement chacune d'elles par rapport à x, y, z et additionnant

$$\frac{d}{dx} \rho \frac{d^2\xi}{dt^2} + \frac{d}{dy} \rho \frac{d^2\eta}{dt^2} + \frac{d}{dz} \rho \frac{d^2\zeta}{dt^2} = \Delta \left(\frac{d\xi}{dx} + \frac{d\eta}{dy} + \frac{d\zeta}{dz} \right) - \\ - \frac{d^2\Theta}{dx^2} - \frac{d^2\Theta}{dy^2} - \frac{d^2\Theta}{dz^2},$$

ou, puisque le second membre est identiquement nul

$$\frac{d}{dx} \rho \frac{d^2\xi}{dt^2} + \frac{d}{dy} \rho \frac{d^2\eta}{dt^2} + \frac{d}{dz} \rho \frac{d^2\zeta}{dt^2} = 0.$$

Or, pour les valeurs de ξ, η, ζ définies par les relations (2), on a

$$\frac{d^2\xi}{dt^2} = - \mu^2 V^2 L e^P ;$$

par conséquent l'identité précédente peut s'écrire

$$\frac{d}{dx}\rho L e^{P} + \frac{d}{dy}\rho M e^{P} + \frac{d}{dz}\rho N e^{P} = 0,$$

ou

$$e^{P}\left(\frac{d}{dx}\rho L + \frac{d}{dy}\rho M + \frac{d}{dz}\rho N\right) + i\mu\rho e^{P}(\alpha L + \beta M + \gamma N = 0.$$

Si, comme nous l'avons dit, nous négligeons les termes contenant μ, nous aurons simplement

$$\text{(IV)} \qquad \frac{d}{dx}\rho L + \frac{d}{dy}\rho M + \frac{d}{dz}\rho N = 0.$$

Nous avons donc pour déterminer V, les fonctions L, M, N et les valeurs moyennes de ces fonctions, les trois groupes d'équations (I) (II) (III) et l'identité (IV). Au premier abord le problème semble indéterminé, puisque la fonction ρ est inconnue. Nous verrons cependant qu'il peut être résolu si on ne cherche que les quantités susceptibles d'une mesure expérimentale; mais auparavant nous allons établir deux propriétés des fonctions périodiques qui nous permettront de démontrer la périodicité des quantités l, m, n, et de déterminer les valeurs de ces quantités.

170. Propriétés des fonctions périodiques. — 1° Si u et v sont deux fonctions périodiques de z, on a la relation suivante entre les valeurs moyennes

$$\left[u\frac{dv}{dz}\right]_0 = -\left[v\frac{du}{dz}\right]_0.$$

En effet, le produit uv de deux fonctions périodiques est une fonction périodique; par conséquent, la valeur moyenne de la dérivée de ce produit sera nulle. On a donc

$$\left[u \frac{dv}{dz} + v \frac{du}{dz}\right]_0 = 0,$$

ou

$$\left[u \frac{dv}{dz}\right]_0 + \left[v \frac{du}{dz}\right]_0 = 0,$$

puisque la valeur moyenne d'une somme est égale à la somme des valeurs moyennes des parties qui la composent.

2° Si ρ et φ sont deux fonctions périodiques de x, y, z, satisfaisant à

$$\frac{d}{dx} \rho \frac{d\varphi}{dx} + \frac{d}{dy} \rho \frac{d\varphi}{dy} + \frac{d}{dz} \rho \frac{d\varphi}{dz} = 0,$$

la fonction φ doit se réduire à une constante.

En effet, d'après la propriété précédente on a

$$\left[\varphi \frac{d}{dx} \rho \frac{d\varphi}{dx}\right]_0 = -\left[\rho \frac{d\varphi}{dx} \frac{d\varphi}{dx}\right]_0,$$

et par conséquent

$$\left[\varphi \left(\frac{d}{dx} \rho \frac{d\varphi}{dx} + \frac{d}{dy} \rho \frac{d\varphi}{dy} + \frac{d}{dz} \rho \frac{d\varphi}{dz}\right)\right]_0 =$$

$$= -\left[\rho \left(\left(\frac{d\varphi}{dx}\right)^2 + \left(\frac{d\varphi}{dy}\right)^2 + \left(\frac{d\varphi}{dz}\right)^2\right)\right]_0.$$

Mais par suite de notre hypothèse, le premier membre de cette égalité est égal à 0 et on a

$$\left[\rho \left(\left(\frac{d\varphi}{dx}\right)^2 + \left(\frac{d\varphi}{dy}\right)^2 + \left(\frac{d\varphi}{dz}\right)^2\right)\right]_0 = 0.$$

Si ρ est positif, la quantité entre crochets est le produit de deux quantités positives et sa valeur moyenne doit être positive ; elle ne peut donc être nulle comme l'exige l'égalité précédente, que si

$$\left(\frac{d\varphi}{dx}\right)^2 + \left(\frac{d\varphi}{dy}\right)^2 + \left(\frac{d\varphi}{dz}\right)^2 = 0,$$

ce qui exige que chacun des termes soit nul, c'est-à-dire,

$$\frac{d\varphi}{dx} = \frac{d\varphi}{dy} = \frac{d\varphi}{dz} = 0.$$

Or, cette suite d'égalités n'est vérifiée que si φ est une constante.

Remarquons que si on fait $\rho = 1$ dans la relation qui, par hypothèse, lie les fonctions ρ et φ, cette relation devient $\Delta\varphi = 0$. Par conséquent, si une fonction périodique φ est telle que l'on ait $\Delta\varphi = 0$, cette fonction se réduit à une constante.

171. Valeurs des quantités l, m, n. — Le groupe d'équations (II) exprime que

$$ldx + mdy + ndz$$

est une différentielle exacte. Si nous désignons par φ la fonction dont cette quantité est la différentielle, nous aurons

$$l = \frac{d\varphi}{dx}, \qquad m = \frac{d\varphi}{dy}, \qquad n = \frac{d\varphi}{dz}.$$

En dérivant la première des équations du groupe (I) par rapport à x, la seconde, par rapport à y, et la troisième, par rapport à z, puis additionnant, nous obtiendrons

$$\frac{dl}{dx} + \frac{dm}{dy} + \frac{dn}{dz} = 0,$$

ou, en remplaçant l, m, n par les expressions précédentes,

$$\frac{d^2\varphi}{dx^2} + \frac{d^2\varphi}{dy^2} + \frac{d^2\varphi}{dz^2} = \Delta\varphi = 0.$$

Montrons que φ est une fonction périodique. L, M, N étant, par hypothèse, des fonctions périodiques, l, m, n seront, d'après les équations (I) des fonctions périodiques ayant pour valeur moyenne zéro; par conséquent, les dérivées partielles de la fonction φ seront de la forme

$$\frac{d\varphi}{dx} = \sum \mathrm{A} \sin(ax + by + cz + d) = \sum \mathrm{A} \sin \theta,$$

$$\frac{d\varphi}{dy} = \sum \mathrm{B} \sin(ax + by + cz + d) = \sum \mathrm{B} \sin \theta,$$

$$\frac{d\varphi}{dz} = \sum \mathrm{C} \sin(ax + by + cz + d) = \sum \mathrm{C} \sin \theta.$$

En dérivant la première de ces égalités par rapport à y et la seconde par rapport à x, nous obtenons deux expressions de la même quantité $\frac{d^2\varphi}{dx\,dy}$; ces deux expressions doivent être identiques. On a donc identiquement

$$\sum \mathrm{A}b \cos \theta = \sum \mathrm{B}a \cos \theta,$$

et par conséquent,

$$\mathrm{A}b = \mathrm{B}a.$$

On obtiendrait d'une manière analogue

$$Ac = Ca;$$

nous avons donc

$$\frac{A}{a} = \frac{B}{b} = \frac{C}{c} = D,$$

et par suite,

$$d\varphi = \sum D\,(adx + bdy + cdz)\sin\theta = \sum D\sin\theta d\theta.$$

En intégrant nous aurons

$$\varphi = -\sum D\cos\theta + C^{te}$$

φ est donc une fonction périodique, et puisqu'elle satisfait à $\Delta\varphi = 0$, elle doit, d'après la propriété des fonctions périodiques précédemment démontrée, se réduire à une constante. Il en résulte que l, m, n qui sont les dérivées partielles de φ ont pour valeur 0.

172. Recherche des quantités L, M, N. — Puisque les quantités l, m, n sont nulles, le groupe d'équations (I) nous donne les relations

$$\frac{dN}{dy} - \frac{dM}{dz} = 0, \qquad \frac{dL}{dz} - \frac{dN}{dx} = 0, \qquad \frac{dM}{dx} - \frac{dL}{dy} = 0,$$

qui expriment que

$$Ldx + Mdy + Ndz$$

est une différentielle exacte. En désignant par ψ la fonction dont cette quantité est la différentielle exacte, nous aurons

$$\text{(1)} \qquad L\,dx + M\,dy + N\,dz = d\psi,$$

équation qui peut remplacer les groupes (I) et (II). Si l'on connaissait cette fonction ψ on en déduirait immédiatement les valeurs de L, M, N, qui sont les dérivées partielles de ψ par rapport à x, y, z. Nous allons montrer que, pour des valeurs données des valeurs moyennes L_0, M_0, N_0 de L, M, N, il existe une fonction ψ satisfaisant aux conditions imposées par les hypothèses de M. Sarrau et qu'il n'en existe qu'une en négligeant la constante d'intégration.

Remarquons que L_0, M_0, N_0 étant des constantes,

$$L_0 dx + M_0 dy + N_0 dz,$$

est une différentielle exacte. Par conséquent on a

$$\text{(2)} \qquad (L - L_0)\,dx + (M - M_0)\,dy + (N - N_0)\,dz = d\chi,$$

$d\chi$ représentant la différentielle d'une certaine fonction χ qui doit être périodique. En effet, les dérivées partielles $L - L_0$, $M - M_0$, $N - N_0$ de cette fonction sont des fonctions périodiques puisque, par hypothèse, L, M, N sont périodiques ; de plus la valeur moyenne de chacune de ces dérivées est évidemment nulle. La fonction χ doit donc être périodique.

L'intégration des équations (1) et (2) donne

$$\psi = L_0 x + M_0 y + N_0 z + \chi;$$

relation qui nous montre que, si à des valeurs données de L_0, M_0, N_0 correspondent plusieurs fonctions ψ, ces fonctions ne peuvent différer entre elles que par la partie périodique χ.

Par conséquent, pour démontrer qu'il ne peut exister qu'une fonction ψ il nous suffit de démontrer qu'il ne peut y avoir qu'une seule fonction périodique χ.

Pour cette démonstration considérons l'équation (IV). En y remplaçant L, M, N par $\frac{d\psi}{dx}, \frac{d\psi}{dy}, \frac{d\psi}{dz}$, elle devient :

$$(3) \qquad \frac{d}{dx} \rho \frac{d\psi}{dx} + \frac{d}{dy} \rho \frac{d\psi}{dy} + \frac{d}{dz} \rho \frac{d\psi}{dz} = 0.$$

Si nous admettons qu'il existe deux fonctions ψ_1 et ψ_2 satisfaisant à cette équation, la différence $\psi_1 - \psi_2$ devra également y satisfaire. Or cette différence est une fonction périodique égale, d'après ce qui précède, à la différence $\chi_1 - \chi_2$ des parties périodiques des fonctions ψ_1 et ψ_2 ; elle doit donc se réduire à une constante. Par conséquent les deux fonctions ψ_1 et ψ_2 ne diffèrent que par une constante.

178. Montrons qu'il existe une fonction ψ satisfaisant à la relation (3).

Considérons la fonction

$$\rho\,(L^2 + M^2 + N^2).$$

Sa valeur moyenne est essentiellement positive puisque ρ est une quantité positive et le second facteur une somme de carrés. En outre elle ne peut devenir nulle, car il faudrait que l'on eût $L = M = N = 0$, ce qui est impossible puisque les valeurs moyennes L_0, M_0, N_0 qui sont données ne sont pas nulles en général. Cette valeur moyenne doit donc passer par un minimum auquel correspond une certaine valeur de la fonction χ. Si nous donnons à χ un accroissement $\delta\chi$ les accroissements δL, δM, δN de L, M, N satisfont en vertu des propriétés des minimums à la relation

$$(4) \qquad \left[\rho\,(L\delta L + M\delta M + N\delta N)\right]_0 = 0.$$

Or, la valeur de ψ

$$\psi = L_0 x + M_0 y + N_0 z + \chi,$$

donne :

$$\delta\psi = \delta\chi.$$

Par conséquent on aura

$$\delta L = \frac{d}{dx}\delta\chi, \qquad \delta M = \frac{d}{dy}\delta\chi, \qquad \delta N = \frac{d}{dz}\delta\chi,$$

et par suite.

$$\left[\rho L\delta L\right]_0 = \left[\rho L \frac{d}{dx}\delta\chi\right]_0,$$

$$\left[\rho M\delta M\right]_0 = \left[\rho M \frac{d}{dy}\delta\chi\right]_0,$$

$$\left[\rho N\delta N\right]_0 = \left[\rho N \frac{d}{dz}\delta\chi\right]_0.$$

En additionnant ces relations membre à membre on obtient une égalité dont le premier membre est nul d'après la relation (4) ; on a donc

$$\left[\rho L \frac{d}{dx}\delta\chi\right]_0 + \left[\rho M \frac{d}{dy}\delta\chi\right]_0 + \left[\rho N \frac{d}{dz}\delta\chi\right]_0 = 0.$$

Si nous transformons chacun des termes de cette égalité en nous appuyant sur la propriété des fonctions périodiques démontrée précédemment (**170**), nous obtiendrons

$$\left[\delta\chi \frac{d}{dx}\rho L\right]_0 + \left[\delta\chi \frac{d}{dy}\rho M\right]_0 + \left[\delta\chi \frac{d}{dz}\rho N\right]_0 = 0.$$

Cette égalité devant être satisfaite quelle que soit la valeur dnnnée à $\delta\chi$, on doit avoir

$$\frac{d}{dx}\rho L + \frac{d}{dy}\rho M + \frac{d}{dz}\rho N = 0. \tag{5}$$

Il existe donc une fonction χ et par suite, une fonction ψ, telles que les valeurs de L, M, N, qui s'en déduisent satisfont à l'équation précédente.

Il est facile de démontrer que si

$$\begin{array}{llll} \text{pour} \; L_0 = 1, & M_0 = N_0 = 0 & \text{on a} & \psi = \psi_1, \\ M_0 = 1, & L_0 = N_0 = 0 & & \psi = \psi_2, \\ N_0 = 1, & M_0 = L_0 = 0 & & \psi = \psi_3, \end{array}$$

la forme la plus générale de la fonction ψ sera

$$\psi = L_0\psi_1 + M_0\psi_2 + N_0\psi_3.$$

En effet, puisque ψ_1, ψ_2, ψ_3 satisfont à l'équation (5), la fonction ψ doit y satisfaire également. De plus les valeurs moyennes des dérivées partielles de ψ sont bien égales à L_0, M_0, N_0, car on a

$$\left[\frac{d\psi}{dx}\right]_0 = L_0\left[\frac{d\psi_1}{dx}\right]_0 + M_0\left[\frac{d\psi_2}{dx}\right]_0 + N_0\left[\frac{d\psi_3}{dx}\right]_0 = L_0,$$

puisque par hypothèse

$$\left[\frac{d\psi_1}{dx}\right]_0 = 1, \quad \left[\frac{d\psi_2}{dx}\right]_0 = 0, \quad \left[\frac{d\psi_3}{dx}\right]_0 = 0.$$

On verrait de la même manière que les valeurs moyennes des dérivées partielles par rapport à y et à z sont respectivement M_0 et N_0.

174. Valeurs des vitesses de propagation. — La relation.

$$\psi = L_0 x + M_0 y + N_0 z + \chi$$

nous montre que ψ dépend linéairement de L_0, M_0, N_0 ; par suite il en sera de même des dérivées partielles, L, M, N, de cette fonction. La fonction $\rho\ (L^2 + M^2 + N^2)$ et sa valeur moyenne seront donc des fonctions homogènes du second degré de L_0, M_0, N_0. Par un choix convenable des axes de coordonnées, que jusqu'ici nous avons laissés arbitraires, nous pourrons faire disparaître les termes rectangles de la valeur moyenne et nous aurons

$$\frac{L_0^2}{a} + \frac{M_0^2}{b} + \frac{N_0^2}{c} = \left[\rho\ (L^2 + M^2 + N^2)\right]_0.$$

Si nous donnons à L_0 un accroissement δL_0 il en résultera un accroissement $\dfrac{2L_0\delta L_0}{a}$ de la valeur moyenne de $\rho\ (L^2 + M^2 + N^2)$. Or, cet accroissement a également pour valeur

$$2\left[\rho(L\delta L + M\delta M + N\delta N)\right]_0 ;$$

comme on a

$$\delta\psi = \delta\chi + x\delta L_0,$$

$$\delta L = \frac{d}{dx}\delta\chi + \delta L_0,$$

$$\delta M = \frac{d}{dy}\delta\chi,$$

$$\delta N = \frac{d}{dz}\delta\chi,$$

la dernière expression de l'accroissement de la valeur moyenne de $\rho\,(L^2 + M^2 + N^2)$ devient

$$2\left[\rho L \delta L_0\right]_0 + 2\left[\rho\left(L\frac{d}{dx}\delta\chi + M\frac{d}{dy}\delta\chi + N\frac{d}{dz}\delta\chi\right)\right]_0.$$

Le second terme de cette somme est nul puisque la relation (5) doit être satisfaite. Par conséquent, en égalant les deux valeurs de l'accroissement, on obtient

$$\frac{L_0 \delta L_0}{a} = [\rho L \delta L_0]_0 = \delta L_0\,[\rho L]_0\,;$$

d'ou

$$[\rho L]_0 = \frac{L_0}{a}.$$

On aurait pour les valeurs moyennes de ρM et de ρN les quantités $\frac{M_0}{b}$, $\frac{N_0}{c}$. En portant ces quantités dans les équations du groupe (III), ces équations deviennent

$$\text{(V)}\qquad \begin{aligned} \frac{V^2 L_0}{a} &= L_0 - \alpha\,(\alpha L_0 + \beta M_0 + \gamma N_0),\\ \frac{V^2 M_0}{b} &= M_0 - \beta\,(\alpha L_0 + \beta M_0 + \gamma N_0),\\ \frac{V^2 N_0}{c} &= N_0 - \gamma\,(\alpha L_0 + \beta M_0 + \gamma N_0), \end{aligned}$$

d'où nous pourrons tirer des quantités proportionnelles à L_0, M_0, N_0.

Les périodes de L, M, N étant très courtes, les valeurs moyennes de ces quantités interviendront seules dans les expériences. Donc tout se passera comme si les vibrations avaient une direction constante dont les cosinus directeurs seraient proportionnels à L_0, M_0, N_0. Nous n'aurons donc, pour la recherche des conséquences expérimentales de la théorie de M. Sarrau, qu'à considérer le groupe d'équations qui précède. Il est facile de les mettre sous une forme déjà connue en posant

$$(6) \qquad L_0 = Aa, \quad M_0 = Bb, \quad N_0 = Cc,$$

et

$$H = Aa\alpha + Bb\beta + Cc\gamma ;$$

nous obtenons alors

$$(\text{VI}) \qquad \begin{aligned} V^2A &= aA - \alpha H, \\ V^2B &= bB - \beta H, \\ V^2C &= cC - \gamma H. \end{aligned}$$

Ce sont les équations que nous avons déduites des hypothèses de Fresnel ; elles conduisent à l'équation suivante :

$$\frac{\alpha^2}{V^2 - a} + \frac{\beta^2}{V^2 - b} + \frac{\gamma^2}{V^2 - c} = 0$$

qui donne les vitesses de propagation d'une onde plane.

175. Direction des vibrations d'une onde plane. — Si A, B, C sont les composantes de la vibration de Fresnel celles de la vibration de M. Sarrau seront, d'après les relations (6),

$$Aa, \quad Bb, \quad Cc,$$

Désignons les composantes de la vibration de Neumann par A', B', C' ; nous savons qu'il existe entre A, B, C, A', B', C', α, β, γ

les trois relations

$$A\alpha + B\beta + C\gamma = 0,$$
$$A'\alpha + B'\beta + C'\gamma = 0,$$
$$AA' + BB' + CC' = 0.$$

Les deux premières expriment que les vibrations de Fresnel et de Neumann sont dans le plan de l'onde, la troisième que ces deux vibrations sont rectangulaires. Elles vont nous permettre de trouver la direction de la vibration d'après M. Sarrau.

Multiplions les équations (VI) par A', B', C' et additionnons ; nous aurons

$$V^2 \sum AA' = \sum aAA' - H \cdot \sum \alpha A',$$

équation qui d'après les relations précédentes se réduit à

$$A'Aa + B'Bb + C'Cc = 0.$$

Cette dernière relation montre que la vibration de M. Sarrau est perpendiculaire à celle de Neumann. Comme en général la vibration de M. Sarrau ne se confond pas en direction avec celle de Fresnel puisque dans les corps anisotropes, a, b, c ont des valeurs différentes, elle n'est pas située dans le plan de l'onde ; nous verrons bientôt qu'elle est perpendiculaire au rayon lumineux. Dans le cas des corps isotropes, a, b, c deviennent égaux et la vibration de M. Sarrau ayant alors la même direction que celle de Fresnel se trouve dans le plan de l'onde.

Les théories de Fresnel, de Neumann, de M. Sarrau conduisent donc à la même équation pour la vitesse de propagation ; elles ne diffèrent que par la direction de la vibration. En outre dans les milieux isotropes elles donnent pour cette direction soit celle de l'intersection du plan de polarisation et du plan de l'onde, soit celle de la normale au plan de polarisation contenue dans le plan de l'onde. Les observations ne pouvant être faites que dans l'air, milieu qui jouit de l'isotropie, l'expérience ne pourra indiquer laquelle de ces trois théories doit être définitivement acceptée.

THÉORIE DE M. BOUSSINESQ

176. Équations du mouvement. — Nous avons, à propos de la dispersion, exposé les hypothèses particulières à M. Boussinesq et nous avons vu que les équations du mouvement d'une molécule d'éther sont :

$$\rho \frac{d^2\xi}{dt^2} = \Delta\xi + \frac{d\Theta}{dx} - \rho_1 \frac{d^2\xi_1}{dt^2},$$

et les deux qui se déduisent de celle-ci par permutation. Dans ces équations ρ est la densité de l'éther, ρ_1 celle de la matière au point considéré ; ξ, η, ζ les composantes du déplacement de la molécule d'éther ; ξ_1, η_1, ζ_1, celles du déplacement de la molécule matérielle. Ces dernières quantités doivent dépendre du déplacement et de la vitesse de la molécule d'éther, c'est-à-dire de ξ, η, ζ et de leurs dérivées. Lorsque nous voulions expliquer la dispersion nous avons dû tenir compte de ces dérivées, mais dans la théorie de la double réfraction on peut les négliger et considérer ξ_1, η_1, ζ_1 comme des fonctions de ξ, η, ζ, seulement. D'ailleurs, comme ξ, η, ζ sont des quantités très petites on peut, avec une approximation très suffisante, prendre pour ξ_1, η_1, ζ_1, les termes du premier degré des développements de ces fonctions par rapport à ξ, η, ζ. Les composantes du déplacement d'une molécule matérielle seront alors des fonctions linéaires des composantes du déplacement de la molécule d'éther et pour un système d'axes de coordonnées convenablement choisi on aura

$$\xi_1 = h\xi, \qquad \eta_1 = k\eta, \qquad \zeta_1 = l\zeta.$$

En substituant ces valeurs dans les équations du mouvement nous obtiendrons

$$(\rho + \rho_1) h \frac{d^2\xi}{dt^2} = \Delta\xi - \frac{d\Theta}{dx},$$

et deux équations analogues. Si nous posons

$$\rho + \rho_1 h = \frac{1}{a}, \qquad \rho + \rho_1 k = \frac{1}{b}, \qquad \rho + \rho_1 l = \frac{1}{c},$$

elles deviendront

$$(1) \qquad \begin{aligned} \frac{1}{a}\frac{d^2\xi}{dt^2} &= \Delta\xi - \frac{d\Theta}{dx}, \\ \frac{1}{b}\frac{d^2\eta}{dt^2} &= \Delta\eta - \frac{d\Theta}{dy}, \\ \frac{1}{c}\frac{d^2\zeta}{dt^2} &= \Delta\zeta - \frac{d\Theta}{dz}. \end{aligned}$$

177. Propagation d'une onde plane. — Soient ξ, η, ζ les composantes des vibrations d'une onde plane ; nous pouvons poser

$$(2) \qquad \xi = L_0 e^{\mu}, \qquad \eta = M_0 e^{\mu}, \qquad \zeta = N_0 e^{\mu}.$$

Si nous calculons quelles sont alors les valeurs des quantités qui entrent dans les équations (1) nous trouvons

$$\frac{d^2\xi}{dt^2} = -\frac{4\pi^2}{\lambda^2} V^2 L_0 e^P,$$

$$\frac{d\xi}{dx} = +\frac{2i\pi}{\lambda} \alpha L_0 e^P,$$

$$\frac{d^2\xi}{dx^2} = -\frac{4\pi^2}{\lambda^2} \alpha^2 L_0 e^P,$$

d'où nous déduisons

$$\Theta = \frac{2i\pi}{\lambda} e^P (\alpha L_0 + \beta M_0 + \gamma N_0),$$

$$\frac{d\Theta}{dx} = -\frac{4\pi^2}{\lambda^2} e^P \alpha (\alpha L_0 + \beta M_0 + \gamma N_0).$$

et

$$\Delta\xi = \frac{4\pi^2}{\lambda^2} L_0 e^P.$$

En portant ces valeurs de $\frac{d^2\xi}{dt^2}$, $\frac{d\Theta}{dx}$, $\Delta\xi$ dans la première des équations du mouvement (1), nous obtiendrons une nouvelle équation à laquelle nous joindrons les deux qui s'en déduisent et nous aurons

$$\frac{V^2 L_0}{a} = L_0 - \alpha (\alpha L_0 + \beta M_0 + \gamma N_0),$$

$$\frac{V^2 M_0}{b} = M_0 - \beta (\alpha L_0 + \beta M_0 + \gamma N_0),$$

$$\frac{V^2 N_0}{c} = N_0 - \gamma (\alpha L_0 + \beta M_0 + \gamma N_0).$$

Ces équations sont précisément celles que nous avons déduites des hypothèses de M. Sarrau (**175**) ; la théorie de M. Boussinesq doit donc conduire aux mêmes conséquences que celle de M. Sarrau.

178. Relations entre les composantes des vibrations de Fresnel, de Neumann, de M. Sarrau. — On peut donner aux équations (1) du mouvement une autre forme en posant

$$\text{(I)}\qquad \begin{aligned} X &= \frac{d\zeta}{dy} - \frac{d\eta}{dz}, \\ Y &= \frac{d\xi}{dz} - \frac{d\zeta}{dx}, \\ Z &= \frac{d\eta}{dx} - \frac{d\xi}{dy}, \end{aligned}$$

et

$$\text{(II)}\qquad \begin{aligned} u &= \frac{dZ}{dy} - \frac{dY}{dz}, \\ v &= \frac{dX}{dz} - \frac{dZ}{dx}, \\ w &= \frac{dY}{dx} - \frac{dX}{dy}. \end{aligned}$$

La substitution dans u, v, w des valeurs de X, Y, Z données par le groupe (I) conduit à

$$u = -\Delta\xi + \frac{d\Theta}{dx}$$

et deux égalités analogues ; par conséquent les équations (1) deviennent

$$\text{(III)}\qquad \frac{d^2\xi}{dt^2} = au, \qquad \frac{d^2\eta}{dt^2} = bu, \qquad \frac{d^2\zeta}{dt^2} = cu.$$

Nous allons montrer que ξ, η, ζ étant les composantes de la vibration de M. Sarrau, X, Y, Z sont proportionnels à celles de la vibration de Neumann et u, v, w à celles de la vibration de Fresnel.

Si dans X, Y, Z nous remplaçons les derivées partielles de ξ, η, ζ par leurs valeurs tirées des relations (2), nous obtenons pour l'une de ces quantités X,

$$X = \frac{2i\pi}{\lambda} e^{P}(\beta N_0 - \gamma M_0);$$

et si nous posons,

$$\text{(3)}\qquad \begin{aligned} A' &= \beta N_0 - \gamma M_0, \\ B' &= \gamma L_0 - \alpha N_0, \\ C' &= \alpha M_0 - \beta L_0, \end{aligned}$$

nous aurons pour X, Y, Z,

$$X = \frac{2i\pi}{\lambda} A'e^{P}, \qquad Y = \frac{2i\pi}{\lambda} B'e^{P}, \qquad Z = \frac{2i\pi}{\lambda} C'e^{P},$$

c'est-à-dire que X, Y, Z sont respectivement proportionnels à A', B', C'. Or des relations précédentes (3), nous déduisons immédiatement les deux suivantes,

$$A'\alpha + B'\beta + C'\gamma = 0,$$
$$A'L_0 + B'M_0 + C'N_0 = 0.$$

La première exprimant qu'un déplacement ayant pour composantes A', B', C' appartient au plan de l'onde, la seconde que ce déplacement est perpendiculaire à la vibration de M. Sarrau, A', B', C' doivent d'après ce que nous savons sur les directions des vibrations de Neumann et de M. Sarrau, être proportionnels aux composantes de la vibration de Neumann. Il en est également de même de X, Y, Z.

Considérons maintenant u, v, w. Ces quantités étant formées avec X, Y, Z comme X, Y, Z le sont avec ξ, η, ζ, nous aurons la valeur de u en remplaçant dans la valeur X précédemment trouvée X par u, N_0 par $\frac{2i\pi}{\lambda}$ C' et M_0 par $\frac{2i\pi}{\lambda}$ B'. Cette substitution donne

$$u = \frac{2i\pi}{\lambda} e^P \left(\beta \frac{2i\pi}{\lambda} C' - \gamma \frac{2i\pi}{\lambda} B'\right).$$

Nous aurons donc pour u, v, w

$$u = -\frac{4\pi^2}{\lambda^2} e^P(\beta C' - \gamma B') = -\frac{4\pi^2}{\lambda^2} e^P A,$$
$$v = -\frac{4\pi^2}{\lambda^2} e^P(\gamma A' - \alpha C') = -\frac{4\pi^2}{\lambda^2} e^P B,$$
$$w = -\frac{4\pi^2}{\lambda^2} e^P(\alpha B' - \beta A') = -\frac{4\pi^2}{\lambda^2} e^P C.$$

Ces égalités montrent que les quantités u, v, w sont proportionnelles aux quantités A, B, C définies par les relations suivantes

$$A = \beta C' - \gamma B',$$
$$B = \gamma A' - \alpha C',$$
$$C = \alpha B' - \beta A'.$$

De ces relations on déduit facilement

$$A\alpha + B\beta + C\gamma = 0;$$
$$AA' + BB' + CC' = 0.$$

Si donc A', B', C' sont proportionnels aux cosinus directeurs de la vibration de Neumann, A, B, C et par suite u, v, w seront proportionnels à ceux de la vibration de Fresnel, ces relations exprimant, la première que la direction A, B, C est dans le plan de l'onde, la seconde que cette direction est normale à la vibration de Neumann.

Dans la théorie électro-magnétique de la lumière on retrouve les trois groupes d'équations (I), (II), (III) ; dans cette théorie $\frac{d\xi}{dt}$, $\frac{d\eta}{dt}$, $\frac{d\zeta}{dt}$ sont les composantes de la *force électromotrice*, x, y, z celles de la *force magnétique* et u, v, w, celles du *déplacement électrique*.

179. Changements d'axes de coordonnées. — Les équations du mouvement dans les diverses théories de la double réfraction ont été établies en prenant pour axes de coordonnées des axes particuliers, les axes de symétrie optique du milieu. Les équations du mouvement mises sous la forme (III) présentent le grand avantage de se prêter à un changement d'axes et de donner facilement les cosinus directeurs de la vibration de M. Sarrau. Les relations qui existent entre les directions des vibrations de Fresnel, de Neumann et de M. Sarrau étant indépendantes du choix des axes de coordonnées pourvu qu'ils soient rectangulaires, les groupes de relations (I) et (II) permettront toujours de trouver les cosinus directeurs des vibrations de Neumann et de Fresnel quand on connaîtra les composantes ξ, η, ζ de la vibration de M. Sarrau. Cherchons donc ce que deviennent les équations (III) quand on fait un changement d'axes

Posons

$$au^2 + bv^2 + cw^2 = F(u, v, w).$$

Les équations (III) peuvent alors s'écrire :

$$\text{(IV)} \quad \frac{d^2\xi}{dt^2} = -\frac{1}{2}\frac{dF}{du}, \quad \frac{d^2\eta}{dt^2} = -\frac{1}{2}\frac{dF}{dv}, \quad \frac{d^2\zeta}{dt^2} = -\frac{1}{2}\frac{dF}{dw}.$$

L'équation du plan tangent à l'ellipsoïde $F = 1$ au point P de coordonnées $-u$, $-v$, $-w$ est :

$$U\frac{dF}{du} + V\frac{dF}{dv} + W\frac{dF}{dw} = -1$$

et la distance OT (*fig.* 10) du centre O de l'ellipsoïde à ce plan est :

$$\frac{1}{\sqrt{\left(\frac{dF}{du}\right)^2 + \left(\frac{dF}{dv}\right)^2 + \left(\frac{dF}{dw}\right)^2}}.$$

Si donc on prend sur la droite OT une longueur $OS = \frac{1}{OT}$ les coordonnées du point S seront $-\frac{dF}{du}$, $-\frac{dF}{dv}$, $-\frac{dF}{dw}$ c'est-à-dire le double de $\frac{d^2\xi}{dt^2}$, $\frac{d^2\eta}{dt^2}$, $\frac{d^2\zeta}{dt^2}$. Le point S se déduisant du

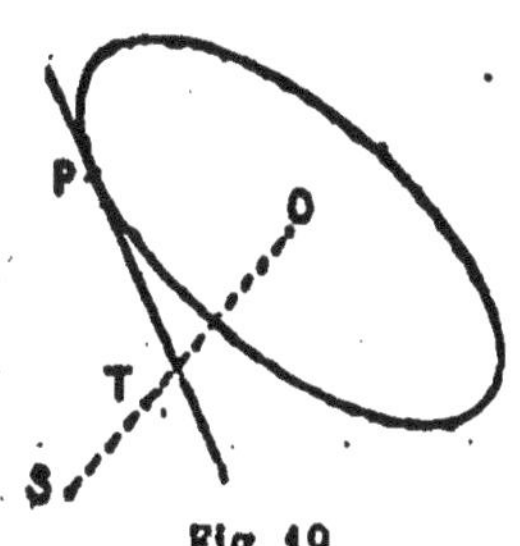

Fig. 19.

point P par une construction géométrique indépendante de la direction des axes, les valeurs de $\frac{d^2\xi}{dt^2}$, $\frac{d^2\eta}{dt^2}$, $\frac{d^2\zeta}{dt^2}$ auront toujours la même forme quels que soient les axes. Les équations (IV) seront toujours vraies, mais F aura pour expression dans le cas le plus général

$$F = au^2 + bv^2 + cw^2 + 2dvw + 2ewu + 2fuv.$$

En développant les seconds termes des équations (IV), on obtient alors

$$\frac{d^2\xi}{dt^2} = -(au + fv + ew),$$

$$\frac{d^2\eta}{dt^2} = -(fu + bv + dw),$$

$$\frac{d^2\zeta}{dt^2} = -(eu + dv + cw);$$

ce sont les équations de la double réfraction rapportées à des axes quelconques.

SURFACE D'ONDE. — PROPAGATION RECTILIGNE DE LA LUMIÈRE.

180. Surface d'onde. — Si nous supposons l'éther primitivement au repos et qu'à l'origine des temps on ébranle les molécules contenues dans une sphère de rayon très petit, les molécules en mouvement au bout de l'unité de temps appartiendront à une certaine surface qu'on appelle *surface d'onde*.

Cette surface est une sphère dans un milieu isotrope. En étendant aux corps non isotropes le principe de Huyghens, on peut trouver l'équation de la surface d'onde dans ces milieux quand on connaît la vitesse de propagation d'une onde plane. Mais on peut faire à cette extension du principe de Huyghens les objections que nous avons signalées dans le cas des isotropes, et pour être rigoureux, il nous faudrait recommencer pour les corps anisotropes la justification à laquelle nous sommes parvenus dans le chapitre III. Nous nous bornerons à admettre la manière de raisonner de Huyghens sans en chercher la justification.

Considérons une onde plane PP' (*fig.* 20) passant par un point O d'un milieu anisotrope. Au bout de l'unité de temps, cette onde coïncidera avec le plan QQ' parallèle

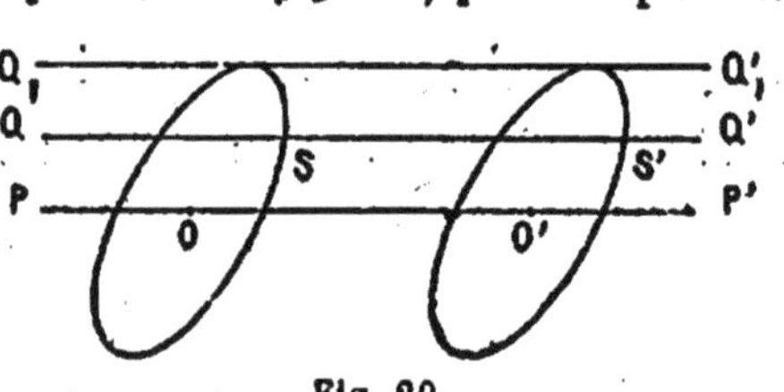

Fig. 20.

à PP', et situé à une distance de ce dernier plan égale à la vitesse de propagation V de cette onde.

D'autre part, l'ébranlement initial du point O mettra en mouvement au bout du temps 1 les molécules du milieu élastique qui, d'après la définition de la surface d'onde, sont situées sur la surface d'onde S relative au point O. Or, d'après le principe de Huyghens, le mouvement de l'éther en tout point de l'onde plane QQ' est la résultante des mouvements qu'envoient isolément chacun des points O,O' de l'onde PP'. Les ondes élémentaires de ces points étant S,S',... il ne peut y avoir de mouvement au-delà du plan tangent commun Q_1Q_1' à ces ondes. De plus il y en a certainement au point Q_1 où ce plan Q_1Q' touche la surface S; car Q_1 étant extérieur aux autres surfaces d'onde S' etc ; le mouvement envoyé en Q_1 par le point O ne peut-être détruit par le mouvement envoyé par les autres points du plan PP'. et comme le mouvement ne doit avoir lieu que dans le plan QQ', les deux plans QQ' et Q_1 Q_1' doivent se confondre.

Quelle que soit la direction du plan de l'onde PP' passant par le point O, la surface d'onde de ce point sera toujours tangente à la position occupée par l'onde plane au bout de l'unité de temps; par conséquent, elle est l'enveloppe de ces positions.

181. Direction du rayon lumineux. — Voici comment on peut, en s'appuyant sur le principe de Huyghens, déterminer la direction du rayon lumineux. Soit P (*fig.* 21) la position du plan de l'onde à un instant quelconque, et P' la nouvelle position du plan de l'onde au bout de l'unité de temps.

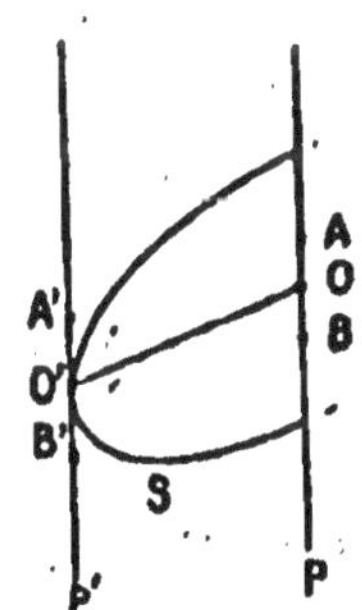

Fig. 21.

Supposons maintenant que le plan P ne soit pas tout entier ébranlé, et que la partie éclairée de ce plan se réduise à un élément AB, ayant son centre de gravité en O, très petit, d'une manière absolue, mais assez grand toutefois, pour qu'on puisse négliger les phénomènes de diffraction.

On obtiendra la portion éclairée du plan P' en construisant les surfaces de l'onde qui ont pour centres les divers points de AB, et on cherchera les points de contact de ces surfaces avec le plan P'. Les points ainsi obtenus formeront un élément plan A' B' ayant son centre de gravité en O'. La droite OO' est alors le rayon lumineux cherché, d'où la règle suivante :

On obtiendra la direction du rayon lumineux en joignant le point O au point de contact de la surface de l'onde, qui a son centre en O, avec un plan tangent parallèle au plan de l'onde.

Nous allons appliquer cette règle sans nous inquiéter des objections soulevées par le principe de Huyghens. Nous en donnerons d'ailleurs plus loin (**189**) une démonstration rigoureuse.

182. Soient α, β, γ les cosinus directeurs de la normale à une onde plane, V la vitesse de propagation de cette onde, et x, y, z les coordonnées du point où la surface d'onde est rencontrée par le rayon lumineux passant par l'origine. Ce point appartenant au plan occupé par l'onde au bout de l'unité de temps, ses coordonnées satisfont à l'équation

$$(1) \qquad \alpha x + \beta y + \gamma z = \mathrm{V};$$

comme il appartient également à l'enveloppe de ce plan on a aussi

$$(2) \qquad x d\alpha + y d\beta + z d\gamma = d\mathrm{V}.$$

Quant à la vitesse de propagation V, nous savons que dans toutes les théories de la double réfraction que nous avons exposées, elle est donnée par l'équation

$$(3) \quad \frac{\alpha^2}{\mathrm{V}^2 - a} + \frac{\beta^2}{\mathrm{V}^2 - b} + \frac{\gamma^2}{\mathrm{V}^2 - c} = \mathrm{F}(\alpha, \beta, \gamma)\, 0,$$

qui, par différentiation, donne :

$$\frac{d\mathrm{F}}{d\alpha} d\alpha + \frac{d\mathrm{F}}{d\beta} d\beta + \frac{d\mathrm{F}}{d\gamma} d\gamma + \frac{d\mathrm{F}}{d\mathrm{V}} d\mathrm{V} = 0.$$

En y remplaçant dV par le premier membre de l'égalité (2) cette équation devient :

$$(4)\quad \left(\frac{dF}{d\alpha}+x\frac{dF}{dV}\right)d\alpha+\left(\frac{dF}{d\beta}+y\frac{dF}{dV}\right)d\beta+\left(\frac{dF}{d\gamma}+z\frac{dF}{dV}\right)d\gamma=0.$$

D'ailleurs α, β, γ sont liés par la relation

$$\alpha^2+\beta^2+\gamma^2=1,$$

qui donne par différentiation

$$(5)\qquad \alpha d\alpha+\beta d\beta+\gamma d\gamma=0.$$

Les deux relations (4) et (5), satisfaites à la fois pour toutes les valeurs que l'on peut donner à $d\alpha$ et $d\beta$, doivent être identiques ; nous aurons donc en introduisant une constante arbitraire K

$$(6)\qquad \begin{aligned}\frac{dF}{d\alpha}+x\frac{dF}{dV}&=K\alpha,\\ \frac{dF}{d\beta}+y\frac{dF}{dV}&=K\beta,\\ \frac{dF}{d\gamma}+z\frac{dF}{dV}&=K\gamma.\end{aligned}$$

Cherchons les valeurs de K et des dérivées partielles qui entrent dans ces équations. Pour cela rappelons que la vitesse de propagation V satisfait aux équations

$$(I)\qquad \begin{aligned}AV^2&=aA-\alpha H,\\ BV^2&=bB-\beta H,\\ CV^2&=cC-\gamma H,\end{aligned}$$

ou

$$H = Aa\alpha + Bb\beta + Cc\gamma,$$

et qui par élimination de H nous ont conduit (**154**) à l'équation (3). Nous aurons

$$\frac{dF}{d\alpha} = \frac{2\alpha}{V^2 - a},$$

et, en remplaçant $V^2 - a$ par sa valeur tirée de la première des équations du groupe (I),

$$\frac{dF}{d\alpha} = -\frac{2A}{H}.$$

Nous trouverons

$$\frac{dF}{d\beta} = -\frac{2B}{H}, \qquad \frac{dF}{d\gamma} = -\frac{2C}{H},$$

de la même manière.

Pour la dérivée par rapport à V nous aurons

$$\frac{dF}{dV} = -\sum \frac{2\alpha^2 V}{(V^2 - a)^2} = -2V \sum \frac{\alpha^2}{(V^2 - a)^2} =$$
$$= -\frac{2V}{H^2} \sum A^2.$$

Or nous avons vu (**155**) que si le point A, B, C est sur l'ellipsoïde d'élasticité, on a

$$V = \frac{1}{\sqrt{A^2 + B^2 + C^2}};$$

il en résulte

$$\frac{dF}{dV} = -\frac{2V}{H^2}\frac{1}{V^2} = -\frac{2}{VH^2}.$$

Calculons le coefficient K. Pour cela multiplions les équations (6) par α, β, γ et additionnons, nous aurons

$$K = \sum \alpha \frac{dF}{d\alpha} + \frac{dF}{dV} \sum \alpha x ;$$

mais

$$\sum \alpha \frac{dF}{d\alpha} = -\sum \frac{2A\alpha}{H} = 0 ,$$

et d'après l'équation (1)

$$\sum \alpha x = V.$$

Par conséquent

$$K = \frac{dF}{dV} V = -\frac{2}{H^2}.$$

En portant ces valeurs K et des dérivées partielles dans les équations (6), puis multipliant par $-\frac{2}{H^2}$, nous obtiendrons

$$\text{(II)} \qquad \begin{aligned} AH + \frac{x}{V} &= \alpha, \\ BH + \frac{y}{V} &= \beta, \\ CH + \frac{z}{V} &= \gamma, \end{aligned}$$

équations qui nous donneront les coordonnées x, y, z du point d'intersection de la surface d'onde par le rayon lumineux.

183. Relations entre la direction du rayon lumineux et celles des vibrations. — Considérons la vibration de

Neumann dont les cosinus directeurs sont proportionnels à A', B', C'. Si nous multiplions les équations du groupe (II) par A', B', C' nous obtenons pour la somme de ces produits

$$H\sum AA' + \frac{1}{V}\sum A'x = \sum A'\alpha.$$

Nous savons d'ailleurs que la vibration de Neumann est située dans le plan de l'onde et qu'elle est perpendiculaire à celle de Fresnel; par conséquent, nous aurons

$$A'\alpha + B'\beta + C'\gamma = 0,$$
$$AA' + BB' + CC' = 0,$$

et la relation précédente se réduira à la suivante

$$A'x + B'y + C'z = 0$$

qui exprime que *la vibration de Neumann est perpendiculaire au rayon lumineux*

Prenons maintenant la vibration de M. Sarrau, dont les cosinus directeurs sont proportionnels à Aa, Bb, Cc. En multipliant respectivement chacune des équations (II) par ces quantités et additionnant, nous avons

$$H\sum aA^2 + \frac{1}{V}\sum aAx = \sum Aa\alpha.$$

Le point de coordonnées A, B, C étant sur l'ellipsoïde d'élasticité, $\Sigma aA^2 = 1$; d'autre part, par hypothèse, $H = \Sigma Aa\alpha$. Par conséquent, la relation précédente se réduit à la suivante

$$aAx + bBy + cCz = 0,$$

qui exprime que *la vibration de M. Sarrau est perpendiculaire au rayon lumineux.*

184. Équation de la surface d'onde. — L'équation de cette surface s'obtiendra en éliminant α, β, γ, A, B, C et V entre les équations formant les groupes (I) et (II) et la suivante

$$\text{(IV)} \qquad \mathrm{A}ax + \mathrm{B}by + \mathrm{C}cz = 0,$$

que nous venons de déduire du groupe (II).

La première des équations (II) peut s'écrire

$$\frac{x\mathrm{H}}{\mathrm{V}} = \alpha\mathrm{H} - \mathrm{AH}^2,$$

et la première des équations (I) nous donne

$$\alpha\mathrm{H} = \mathrm{A}\,(a - \mathrm{V}^2),$$

Nous aurons donc

$$\frac{x\mathrm{H}}{\mathrm{V}} = \mathrm{A}\,(a - \mathrm{V}^2 - \mathrm{H}^2).$$

Cherchons la valeur de $\mathrm{V}^2 + \mathrm{H}^2$. Pour cela tirons des équations (II) les valeurs de x, y, z et formons les carrés de ces quantités; nous aurons :

$$\begin{aligned}
x &= \alpha\mathrm{V} - \mathrm{AHV}, & x^2 &= \alpha^2\mathrm{V}^2 - 2\mathrm{A}\alpha\mathrm{HV}^2 + \mathrm{A}^2\mathrm{H}^2\mathrm{V}^2,\\
y &= \beta\mathrm{V} - \mathrm{BHV}, & y^2 &= \beta^2\mathrm{V}^2 - 2\mathrm{B}\beta\mathrm{HV}^2 + \mathrm{B}^2\mathrm{H}^2\mathrm{V}^2,\\
z &= \gamma\mathrm{V} - \mathrm{CHV}, & z^2 &= \gamma^2\mathrm{V}^2 - 2\mathrm{C}\gamma\mathrm{HV}^2 + \mathrm{C}^2\mathrm{H}^2\mathrm{V}^2,
\end{aligned}$$

et par conséquent

$$x^2 + y^2 + z^2 = r^2 = \mathrm{V}^2 - 2\mathrm{HV}^2\,\Sigma\,\mathrm{A}\alpha + \mathrm{H}^2\mathrm{V}^2\,\Sigma\,\mathrm{A}^2.$$

Nous avons déjà vu que $\Sigma\, A\alpha = 0$ et $\Sigma\, A^2 = \frac{1}{V^2}$; par suite nous aurons pour le carré du rayon vecteur de la surface d'onde

$$r^2 = V^2 + H^2.$$

En portant cette valeur de $V^2 + H^2$ dans l'expression précédemment obtenue de $\frac{xH}{V}$, nous obtiendrons

$$\frac{xH}{V} = A(a - r^2),$$

ou

$$\frac{x}{r^2 - a} = -\frac{AV}{H},$$

et par symétrie,

$$\frac{y}{r^2 - b} = -\frac{BV}{H},$$

$$\frac{z}{r^2 - c} = -\frac{CV}{H}.$$

Nous avons ainsi des quantités proportionnelles à A, B, C qui portées à la place de A, B, C dans l'équation (IV) nous donneront

$$\frac{ax^2}{r^2 - a} + \frac{by^2}{r^2 - b} + \frac{cz^2}{r^2 - c} = 0;$$

c'est l'équation de la surface d'onde sous sa forme la plus simple.

Cette surface paraît être du sixième degré; il est facile de montrer par le développement de l'équation précédente qu'elle est seulement du quatrième degré. On aura en chassant les dénominateurs

$$\sum ax^2 (r^2 - b^2)(r^2 - c^2) = 0,$$

ou

$$r^4 \sum ax^2 - r^2 \sum (b + c)\, ax^2 + abc\,(x^2 + y^2 + z^2) = 0.$$

r^2 se trouve donc en facteur ; en supprimant ce facteur on obtient

$$\sum x^2 \sum ax^2 - \sum (ab + ac)\, x^2 + abc = 0,$$

équation qui n'est que du quatrième degré.

185. Construction géométrique de la surface d'onde. — Considérons une onde plane et prenons pour plan de figure un plan perpendiculaire au plan d'onde et passant par la vibration de Fresnel. Cette vibration sera représentée par la droite OF (*fig.* 22). La vibration de Neumann, située dans le plan de l'onde et perpendiculaire à celle de Fresnel, sera normale au plan de la figure et se projettera au point O. Le rayon lumineux et la vibration de M. Sarrau tous deux perpendiculaires à la vibration de Neumann, seront situés dans le plan du tableau ; soient OS, la vibration de M. Sarrau, OM, le rayon lumineux, droites qui sont rectangulaires entre elles. La position du plan de l'onde au bout de l'unité de temps est représentée par sa trace PM.

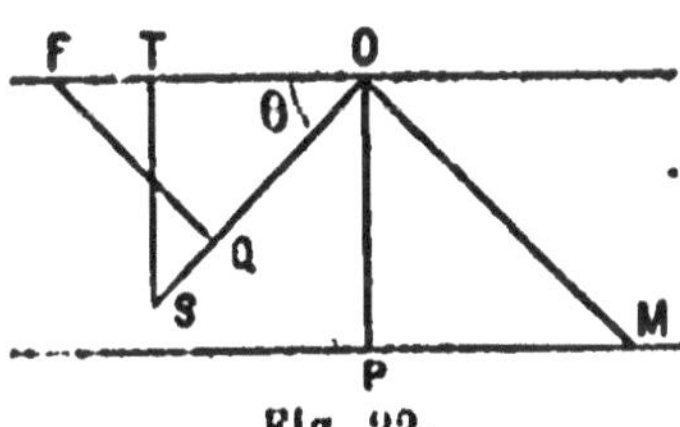

Fig. 22.

Le plan tangent à l'ellipsoïde d'élasticité

$$ax^2 + by^2 + cz^2 = 1$$

au point F de coordonnées A, B, C a pour équation

$$aAx + bBy + cCz = 1.$$

Les cosinus directeurs de la normale à ce plan sont proportionnels à aA, bB, cC, c'est-à-dire aux composantes de la vibration de M. Sarrau. Ce plan tangent sera donc perpendiculaire au plan de la figure sur laquelle il se trouvera représenté par la perpendiculaire FQ sur OS. — Ce résultat peut être obtenu d'une autre manière. La droite OF est un axe de l'ellipse d'intersection E de l'ellipsoïde d'élasticité par le plan de l'onde; par conséquent, la tangente en F à cette ellipse est perpendiculaire à OF, et, comme en outre elle est située dans le plan de l'onde, perpendiculaire au plan de la figure, elle est elle-même perpendiculaire à ce dernier plan. Le plan tangent à l'ellipsoïde en F contenant cette tangente sera aussi perpendiculaire au plan de la figure.

Considérons la sphère décrite du point O comme centre avec un rayon égal à l'unité. Si nous prenons sur la droite OQ une longueur $OS = \frac{1}{OQ}$ le point S est le *pôle* du plan FQ par rapport à cette sphère. Par conséquent, le lieu du point S quand le point F décrit l'ellipsoïde d'élasticité sera l'ellipsoïde polaire réciproque de l'ellipsoïde d'élasticité. Cet ellipsoïde réciproque a donc pour équation

$$\frac{x^2}{a} + \frac{y^2}{b} + \frac{z^2}{c} = 1.$$

Menons le plan tangent en S à cet ellipsoïde; il a pour pôle le point F; par conséquent, il est perpendiculaire au rayon OF, et il coupe le plan de la figure suivant ST. Nous allons en déduire que la droite OS est un axe de l'ellipse d'intersection E' de l'ellipsoïde réciproque S par un plan perpendiculaire au rayon lumineux. En effet, la tangente en S à cette ellipse est située dans le plan de section et dans le plan tangent à l'ellipsoïde ; ces deux plans étant perpendiculaires au plan de la figure, la tangente est aussi perpendiculaire à ce dernier plan, et, par suite, au rayon vecteur OS qui doit alors être un axe.

Montrons maintenant que l'on a OM = OS. Les droites OM et OP étant respectivement perpendiculaires à OS et OF, les angles FOS et POM sont égaux. Nous aurons donc, puisque OP, vitesse de propagation normale d'une onde plane, est égal à l'inverse de l'axe OF de l'ellipse E,

$$OM = \frac{OP}{\cos\theta} = \frac{1}{OF\cos\theta}.$$

D'autre part le triangle OFQ nous donne

$$OS = \frac{1}{OQ} = \frac{1}{OF\cos\theta}.$$

Nous avons donc bien OM = OS.

Le point M étant un point de la surface d'onde, nous pourrons construire cette surface de la manière suivante : Couper l'ellipsoïde réciproque S par un plan quelconque, et porter sur la normale OM à ce plan des longueurs égales aux axes de l'ellipse E' d'intersection.

186. Sections de la surface d'onde par les plans de symétrie. — Prenons pour plans de figure l'un des trois plans de symétrie optique du milieu. Ces plans étant les plans principaux de l'ellipsoïde d'élasticité seront également les plans principaux de l'ellipsoïde réciproque S. Un plan perpendiculaire au plan de la figure et passant par le centre de cet ellipsoïde contiendra donc un de ses axes, celui qui est perpendiculaire au plan de figure. Si OS (*fig.* 23) est le plan de section considéré, on aura les deux points correspondants de la surface d'onde en portant sur la normale OM à ce plan la longueur OM = OS et la longueur OM′ égale à l'axe projeté en O. Les deux points M et M′ sont situés dans le plan de la figure, et on obtiendra l'intersection de la surface d'onde par ce plan en faisant tourner le plan OS autour de la normale passant par O. L'un des axes des sections ainsi obtenues étant l'axe projeté en O, la longueur OM′ sera constante et le point M′ décrira un cercle. Le point M décrira une ellipse qui n'est autre que l'ellipse AB d'intersection de l'ellipsoïde réciproque par le plan de la figure, ellipse dont on a fait tourner les axes de 90°.

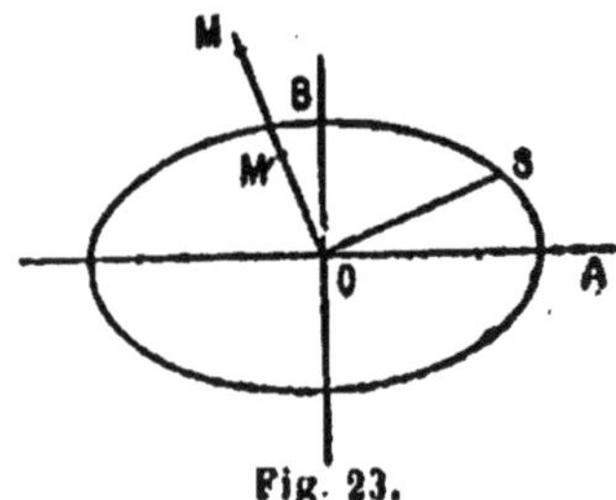

Fig. 23.

L'intersection de la surface d'onde par chacun des plans de symétrie se compose donc d'un cercle et d'une ellipse. La connaissance de ces intersections permet de se rendre assez bien compte de la forme de la surface d'onde. Si nous supposons que l'on ait $a>b>c$ la partie

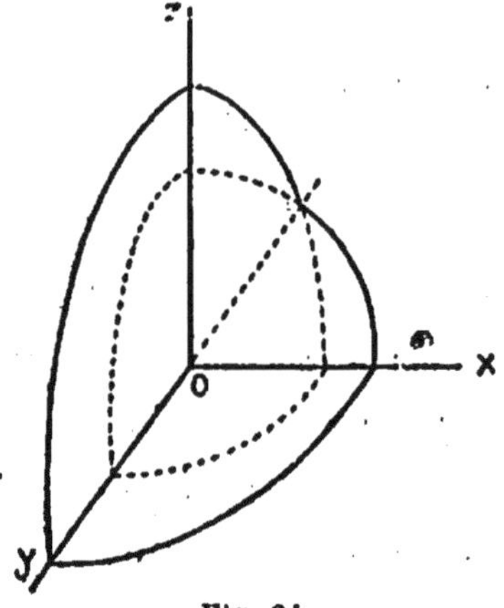

Fig. 24.

de la surface d'onde comprise dans le trièdre où les trois coordonnées d'un point sont positives aura la forme représentée par la figure 23.

Dans le cas particulier de cristaux à un axe l'ellipsoïde d'élasticité est de révolution ; l'ellipsoïde réciproque, et par suite la surface d'onde le sont également. L'intersection de cette surface par deux des plans de symétrie se compose d'une ellipse et d'un cercle ; l'intersection par le troisième plan de symétrie est formée de deux cercles. — La surface d'onde se compose alors d'une sphère et d'un ellipsoïde de révolution tangents.

187. Ombilics et plans tangents singuliers de la surface d'onde. — Considérons un plan cyclique de l'ellipsoïde réciproque. Tous les rayons vecteurs de cette section seront des axes égaux ; par conséquent, à un plan cyclique ne correspond qu'un seul point M de la surface d'onde. Mais, à chaque direction OS d'un axe correspond un plan tangent normal au plan passant par OS et OM ; nous aurons donc une infinité de plans tangents en M. C'est un point conique. Comme à chaque section cyclique correspondent deux points coniques, nous aurons quatre points coniques réels et huit points coniques imaginaires. On appelle encore ces points les *ombilics* de la surface d'onde.

Le cône formé par les plans tangents à la surface d'onde en un point conique est du second degré. En effet, il ne peut être du troisième degré, car la droite passant par deux de ces points rencontrerait la surface en six points, ce qui ne peut avoir lieu puisque cette surface est du quatrième degré.

La considération des plans cycliques de l'ellipsoïde d'élasticité conduit à une nouvelle propriété intéressante de la surface d'onde.

Si nous supposons que le plan de l'onde soit un plan cyclique, tout rayon du cercle d'intersection sera une direction de la vibration de Fresnel. A chacune de ces directions correspond un plan tangent PM à la surface d'onde; mais comme $OP = \frac{1}{OF}$ et que OF est constant, ces divers plans tangents se confondent. Leurs points de contact avec la surface d'onde ne se confondent cependant pas, car à chaque direction de OF correspond une direction particulière de OS et, par suite, de OM. Par conséquent, le plan PM correspondant à une section circulaire de l'ellipsoïde touche la surface d'onde en une infinité de points distincts. Ces points forment une courbe qui doit être du second degré, car, en général, la section d'une surface par un plan tangent singulier se composant de deux courbes confondues, chacune de ces courbes est d'un degré égal à la moitié du degré de la surface. D'ailleurs, cette courbe du second degré est un cercle. En effet, les directions asymptotiques de la surface sont données par les termes du plus haut degré $\Sigma x^2 \Sigma a x^2$; deux de ces directions sont celles d'un cercle, et comme pour les plans tangents singuliers les directions asymptotiques doivent se confondre deux à deux, puisque les courbes d'intersection se confondent, les quatre directions asymptotiques sont celles de cercles. La courbe d'intersection de la surface par un plan tangent singulier se compose donc de deux cercles confondus. Il y aura quatre de ces plans tangents singuliers qui seront réels, un ellipsoïde ayant deux directions de sections cycliques à chacune desquelles correspondent deux plans tangents singuliers.

Bien d'autres propriétés de la surface d'onde ont été étudiées par divers mathématiciens. En particulier, nous citerons les procédés élégants indiqués par M. Mannheim pour trouver les rayons de courbure et tracer les lignes de courbure de la surface d'onde. Mais nous n'insisterons pas sur ces propriétés qui n'ont aucun intérêt au point de vue de l'Optique. Seule, la considération des ombilics et des plans tangents singuliers a une grande importance. On sait, en effet, qu'elle a conduit Hamilton à la découverte de la *réfraction conique intérieure* et de la *réfraction conique extérieure* que Lloyd a pu mettre en évidence par des expériences délicates.

PROPAGATION RECTILIGNE DE LA LUMIÈRE

188. Propagation rectiligne de la lumière dans un milieu isotrope. — Nous avons déterminé plus haut (**181**) la direction du rayon lumineux dans un milieu cristallisé en nous appuyant sur le principe de Huyghens ; mais ce principe, quelles que soient l'utilité et l'importance de son rôle en optique, prête à un grand nombre d'objections dont nous avons cherché à donner une idée dans la première partie du cours.

Aussi ne sera-t-il pas inutile d'expliquer ici comment on peut déterminer la direction du rayon lumineux dans un milieu isotrope ou anisotrope en s'affranchissant du principe de Huyghens et des difficultés sans nombre qu'il soulève. Nous commencerons par le cas le plus simple qui est celui des milieux isotropes, et nous écrirons les équations du mouvement transversal sous la forme habituelle,

$$\rho \frac{d^2\xi}{dt^2} = \Delta\xi,$$

$$\rho \frac{d^2\eta}{dt^2} = \Delta\eta.$$

$$\rho \frac{d^2\zeta}{dt^2} = \Delta\zeta,$$

avec

$$\Theta = 0.$$

Cherchons à satisfaire à ces équations en faisant :

(1) $$\xi = Ae^P, \eta = Be^P, \zeta = Ce^P,$$

où

$$P = 2i\pi\left(\frac{z - Vt}{\lambda}\right).$$

Si nous regardions A, B, C comme des constantes, nous retomberions sur la théorie ordinaire de la propagation d'une onde plane indéfinie. Mais alors la question de la direction du rayon lumineux ne se poserait pas, puisque tout l'espace se trouverait également éclairé. Nous devons donc supposer qu'une portion seulement de l'éther est agitée par des ondulations et par conséquent que A, B, C sont des fonctions de x, y, z et t.

Nous prendrons une unité de longueur comparable à nos unités habituelles, de telle sorte que λ sera une longueur très petite et $\frac{2i\pi}{\lambda}$ une quantité infiniment grande ; (si dans l'exposition de la théorie de M. Sarrau, nous avons regardé cette quantité comme très petite c'est que nous avions pris une unité de longueur comparable à la distance qui sépare deux molécules matérielles). Au contraire nous supposerons que les fonctions A, B, C et leurs dérivées des divers ordres sont finies.

Les considérations qui vont suivre ne s'appliquent donc pas, du moins sans modification, au cas où les fonctions A, B, C sont discontinues et où par conséquent leurs dérivées ne sont pas finies ; dans ce cas, en effet, il se produit des phénomènes de diffraction et il y a déviation du rayon lumineux.

Substituons les valeurs (1) dans la première des équations du mouvement, il viendra, en divisant par $-e^{P}\frac{4\pi^2}{\lambda^2}$,

$$\rho\left(V^2 A - \frac{\lambda}{i\pi} V \frac{dA}{dt} - \frac{\lambda^2}{4\pi^2}\frac{d^2A}{dt^2}\right) = A + \frac{\lambda}{i\pi}\frac{dA}{dz} - \frac{\lambda}{4\pi^2}\Delta A$$

Nous négligerons les termes en λ^2; si nous remarquons que $\rho V^2 = 1$, nous verrons que les termes indépendants de λ disparaissent ; les deux membres contiendront alors le facteur $\frac{\lambda}{i\pi}$. Si nous faisons disparaître ce facteur, il restera simplement

$$\frac{dA}{dt} + V\frac{dA}{dz} = 0. \tag{2}$$

On trouverait de même

$$\frac{dB}{dt} + V\frac{dB}{dz} = 0 \qquad \frac{dC}{dt} + V\frac{dC}{dz} = 0$$

Si nous substituons les valeurs (1) dans l'équation $\Theta = 0$ et que nous la divisions par e^{P}, il viendra

$$\frac{2i\pi}{\lambda} C + \frac{dA}{dx} + \frac{dB}{dy} + \frac{dC}{dz} = 0.$$

Cette équation nous montre que C est un infiniment petit du même ordre que λ. Quant à l'équation (2), elle a pour intégrale générale :

$$A = \text{fonction arbitraire de } x, y \text{ et } z - Vt.$$

Ainsi la valeur de A au temps t et au point dont les coordonnées sont x, y, et $z + Vt$, sera la même qu'au temps 0 et au point x, y, z. Si à l'origine des temps il n'y a de lumière sensible qu'à l'intérieur d'une petite sphère ayant pour centre le point x, y, z ; à l'époque t, il n'y aura de lumière sensible qu'à l'intérieur d'une petite sphère du même rayon ayant pour centre le point x, y et $z + Vt$. En d'autres termes, la lumière se sera propagée dans la direction de l'axe des z, c'est-à-dire perpendiculairement au plan de l'onde.

Ainsi *dans un milieu isotrope le rayon lumineux est normal au plan de l'onde.*

189. Propagation rectiligne de la lumière dans un milieu anisotrope. — Passons au cas d'un milieu cristallisé, et prenons par exemple les équations de M. Sarrau :

$$(1) \qquad \begin{aligned} \frac{1}{a}\frac{d^2\xi}{dt^2} &= \Delta\xi - \frac{d\Theta}{dx}, \\ \frac{1}{b}\frac{d^2\eta}{dt^2} &= \Delta\eta - \frac{d\Theta}{dy}, \\ \frac{1}{c}\frac{d^2\zeta}{dt^2} &= \Delta\zeta - \frac{d\Theta}{dz}. \end{aligned}$$

Cherchons à y satisfaire en posant

$$\xi = Le^P, \qquad \eta = Me^P, \qquad \zeta = Ne^P,$$

$$P = \frac{2i\pi}{\lambda}\left(\alpha x + \beta y + \gamma z - Vt\right),$$

L, M, N étant des fonctions de x, y, z et t.

Si L, M et N devaient être des constantes L_0, M_0, N_0, ces constantes et V devraient satisfaire aux équations

$$(1) \quad \frac{V^2 L_0}{a} = L_0 - \alpha H, \quad \frac{V^2 M_0}{b} = M_0 - \beta H, \quad \frac{V^2 N_0}{c} = N_0 - \gamma H.$$

$$H = \alpha L_0 + \beta M_0 + \gamma N_0.$$

Posons alors :

$$L = L_0 f + g, \qquad M = M_0 f + h, \qquad N = N_0 f,$$

et cherchons à déterminer les trois fonctions f, g et h.

Pour obtenir ces trois fonctions, substituons dans les équations du mouvement à la place de ξ, η, ζ, leurs valeurs, c'est-à-dire,

$$\xi = (L_0 f + g)\, e^{\mu}, \quad \eta = (M_0 f + h)\, e^{\mu}, \quad \zeta = N_0 f e^{\mu}$$

Nous obtiendrons ainsi trois équations différentielles entre f, g et h. D'après leur mode de formation ces équations seront :

1° Linéaires et homogènes par rapport à f, g et h et à leurs dérivées partielles des deux premiers ordres ;

2° A coefficients constants, après que l'on aura supprimé le facteur commun e^{μ}.

Éliminons maintenant g et h entre ces trois équations ; il restera une équation différentielle unique qui définira f.

Cette équation sera encore linéaire, homogène et à coefficients constants ; mais elle sera d'ordre supérieur au second.

Elle ne contiendra pas f; car les équations du mouvement doivent être satisfaites quand on fait

$$f = 1, \qquad g = h = 0.$$

Elle ne changera pas quand on multipliera à la fois λ, x, y, z

et t par un même facteur, ce qui revient à changer simultanément et dans un même rapport l'unité de longueur et celle de temps.

Soit :

$$A\lambda^p D^m f$$

un terme quelconque du premier membre de notre équation ; A est une constante indépendante de λ et $D^m f$ une des dérivées partielles d'ordre m de f. Quand on changera λ x, y, z et t en $k\lambda$, kx, ky, kz, et kt, ce terme se trouvera multiplié par k^{p-m}. Pour que l'équation ne change pas, il faut que $m - p$ ait même valeur pour tous les termes de l'équation. Nous multiplierons notre équation par une puissance de λ telle que $m - p$ soit égal à 1.

Alors les coefficients des dérivées du premier ordre ne contiendront pas λ ; ceux des dérivées du second ordre contiendront le facteur λ ; ceux des dérivées du troisième ordre contiendront le facteur λ^2 ; et ainsi de suite. Mais λ étant très petit, nous pouvons négliger les termes qui contiennent ce facteur ; il ne nous restera plus alors que les dérivées du premier ordre et l'équation en f s'écrira

$$\mu \frac{df}{dx} + \mu' \frac{df}{dy} + \mu'' \frac{df}{dz} + \frac{df}{dt} = 0$$

μ, μ', μ'' étant des constantes.

L'intégrale générale de cette équation sera :

$$f = \text{fonction arbitraire de } x - \mu t,\ y - \mu' t \text{ et } z - \mu'' t,$$

ce qui veut dire que les cosinus directeurs du rayon lumineux sont proportionnels à μ, μ' et μ'' et que la vitesse de propagation, estimée non pas normalement au plan de l'onde, mais dans la direction du rayon est $\sqrt{\mu^2 + \mu'^2 + \mu''^2}$.

On pourrait déterminer μ' μ' et μ'' en effectuant tous les calculs que nous venons d'indiquer ; mais cela est inutile. En effet les équations du mouvement devront être satisfaites si l'on fait $f = e^{x-\mu t}$, d'où g et $h =$ constante très petite $\times\, e^{x-\mu t}$ et

$$L = L_0 e^{x-\mu t}, \quad M = M_0' e^{x-\mu t}, \quad N = N_0' e^{x-\mu t}.$$

L_0, M_0' et N_0' étant des constantes très peu différentes de L_0, M_0 et N_0. On aura alors

$$\xi = L_0 e^{P'}, \quad \eta = M_0' e^{P'}, \quad \zeta = N_0' e^{P'};$$

$$P' = \frac{2i\pi}{\lambda}\left[\left(\alpha + \frac{\lambda}{2i\pi}\right) x + \beta y + \gamma z - \left(V + \frac{\lambda\mu}{2i\pi}\right) t\right].$$

Or nous avons vu que si ξ, η, ζ sont égaux à des constantes multipliées par e^{P} et que l'on pose :

$$P = \frac{2i\pi}{\lambda}(\alpha x + \beta y + \gamma z - Vt)$$

λ étant choisi de telle façon que $\alpha^2 + \beta^2 + \gamma^2 = 1$; on devra avoir

$$\frac{\alpha^2}{V^2 - a} + \frac{\beta^2}{V^2 - b} + \frac{\gamma^2}{V^2 - c} = 0.$$

Nous désignerons comme nous l'avons déjà fait plus haut le premier membre de cette équation par

$$F(\alpha, \beta, \gamma, V).$$

Comme $\alpha^2 + \beta^2 + \gamma^2 = 1$; nous aurons également

$$(3) \qquad F\left(\alpha, \beta, \gamma, \frac{V}{\sqrt{\alpha^2 + \beta^2 + \gamma^2}}\right) = 0.$$

La relation (3) étant homogène en α, β, γ et V subsistera encore quand on aura multiplié à la fois α, β, γ et V par un même facteur. Elle est donc encore vraie, même quand on ne suppose plus que la somme $\alpha^2 + \beta^2 + \gamma^2$ soit égale à 1.

Ainsi la relation (3) devra être satisfaite quand on y remplacera α, β, γ et V par les coefficients de x, y, z et $-t$ dans P', c'est-à-dire par

$$\alpha + \frac{\lambda}{2i\pi}, \quad \beta, \quad \gamma \quad \text{et} \quad V + \frac{\lambda\mu}{2i\pi}.$$

On aura donc

$$(4) \qquad F\left(\alpha + \frac{\lambda}{2i\pi}, \beta, \gamma, \frac{V\frac{\lambda\mu}{2i\pi}}{\sqrt{\left(\alpha + \frac{\lambda}{2i\pi}\right)^2 + \beta^2 + \gamma^2}}\right) = 0.$$

Celà est vrai avec le degré d'approximation adopté plus haut, c'est-à dire en supposant que λ est très petit ; on a alors en négligeant λ^2

$$\left[\left(\alpha + \frac{\lambda}{2i\pi}\right)^2 + \beta^2 + \gamma^2\right]^{-\frac{1}{2}} = \left[(\alpha^2 + \beta^2 + \gamma^2) + \frac{\alpha\lambda}{i\pi}\right]^{-\frac{1}{2}} =$$

$$= \left(1 + \frac{\alpha\lambda}{i\pi}\right)^{-\frac{1}{2}} = 1 + \frac{\alpha\lambda}{2i\pi},$$

et

$$\frac{V + \frac{\lambda\mu}{2i\pi}}{\sqrt{\left(\alpha + \frac{\lambda}{2i\pi}\right)^2 + \beta^2 + \gamma^2}} = V + \frac{\lambda\mu}{2i\pi} - \frac{\alpha V\lambda}{2i\pi},$$

$$F\left(\alpha + \frac{\lambda}{2i\pi}, \beta, \gamma, \frac{V + \frac{\lambda\mu}{2i\pi}}{\sqrt{\left(\alpha + \frac{\lambda}{2i\pi}\right)^2 + \beta^2 + \gamma^2}}\right) =$$

$$= F(\alpha, \beta, \gamma, V) + \frac{\lambda}{2i\pi}\left[\frac{dF}{d\alpha} + \frac{dF}{dV}(\mu - \alpha V)\right].$$

Il reste donc en tenant compte des relations (3) et (4):

$$\frac{dF}{d\alpha} + \mu \frac{dF}{dV} = \alpha V \frac{dF}{dV},$$

$$\frac{dF}{d\beta} + \mu' \frac{dF}{dV} = \beta V \frac{dF}{dV},$$

$$\frac{dF}{d\gamma} + \mu'' \frac{dF}{dV} = \gamma V \frac{dF}{dV}.$$

Si l'on compare ces équations aux équations (6) et du § (182), on verra que le point dont les coordonnées sont μ, μ' et μ'' n'est autre que le point que nous avons appelé O′ dans ce paragraphe (voir figure 21) et dont les coordonnées étaient désignées par x, y et z.

Comme les cosinus directeurs du rayon lumineux sont d'après ce que nous venons de voir proportionnels à μ, μ' et μ'' ; la droite OO′ de la figure 21 est bien parallèle au rayon lumineux ; ce qui est conforme au résultat où nous avait conduits l'application du principe de Huyghens.

DOUBLE RÉFRACTION DANS LES CRISTAUX HÉMIÈDRES

190. Équations du mouvement. — Les théories de la double réfraction précédemment exposées ne s'appliquent qu'aux milieux holoèdres. Pour l'explication des phénomènes présentés par les milieux biréfringents hémièdres, nous devons, comme nous l'avons fait dans la théorie de la polarisation rotatoire, rejeter l'hypothèse du § 14, où nous admettions que dans les expressions de $D\xi$, $D\eta$, $D\zeta$ les termes contenant les carrés de Dx, Dy, Dz étaient négligeables. Nous avons vu que si l'on n'accepte pas cette hypothèse, la fonction W_2 est une fonction homogène et du second degré des dérivées partielles des divers ordres de ξ, η, ζ et que les équations du mouvement sont

$$\rho \frac{d^2\xi}{dt^2} = P, \qquad \rho \frac{d^2\eta}{dt^2} = Q, \qquad \rho \frac{d^2\zeta}{dt^2} = R,$$

P, Q, R étant des polynômes linéaires par rapport aux dérivées des divers ordres de ξ, η, ζ, polynômes dont nous avons indiqué le mode de formation (**124**).

Si l'on ne tient pas compte de la dispersion il est inutile d'introduire les dérivées partielles du quatrième ordre. Posons donc

$$P = X + F, \qquad Q = Y + G, \qquad R = Z + H,$$

X, Y, Z étant des fonctions linéaires des dérivées secondes de ξ, η, ζ et F, G, H des fonctions linéaires des dérivées du troisième ordre. En prenant des unités telles que ρ soit égal à 1, les équations du mouvement sont alors

$$\frac{d^2\xi}{dt^2} = X + F,$$

$$\frac{d^2\eta}{dt^2} = Y + G,$$

$$\frac{d^2\zeta}{dt^2} = Z + H.$$

Dans le cas des milieux holoèdres ces équations doivent nécessairement se réduire à celles que nous avons prises au commencement de ce chapitre et qui nous ont conduits à l'explication des phénomènes de double réfraction présentés par ces milieux. Montrons qu'en effet les quantités F, G, H disparaissent alors des équations précédentes.

Les milieux holoèdres possédant trois plans de symétrie optiques et par conséquent un centre de symétrie, les équations qui donnent le mouvement d'une de leurs molécules ne doivent pas changer quand on change les signes de $x, y, z, \xi, \eta, \zeta$. Or cette condition ne serait pas satisfaite si ces équations contenaient une dérivée du troisième ordre, $\frac{d^3\xi}{dx^2dy}$ par exemple, car cette dérivée conserverait son signe tandis que les dérivées $\frac{d^2\xi}{dt^2}, \ldots$, qui forment les premiers membres, en changeraient. D'ailleurs nous avons déjà dit (**124**) que d'une manière générale les équations du mouvement dans un milieu possédant un centre de symétrie ne pouvaient contenir que des dérivées d'ordre pair.

191. Les coefficients des différents termes des polynomes F, G, H ne sont pas indépendants; nous allons montrer que si le polynome F contient $\alpha \frac{d^3\eta}{dx^2dy}$, le polynôme G contient $- \alpha \frac{[illegible]}{dx^2dy}$.

D'après le mode de formation du polynôme P le terme $\alpha \frac{d^3\eta}{dx^2dy}$ de ce polynôme doit provenir du terme $\alpha \frac{d\eta}{dx} \frac{d^2\xi}{dxdy}$ ou $\alpha\eta'_x \xi''_{xy}$ de la fonction W_2. En effet si nous appliquons ce mode de formation nous devrons d'abord prendre la dérivée de ce terme par rapport à ξ''_{xy}, ce qui donne $\alpha\eta'_x$, puis prendre la dérivée seconde de ce résultat par rapport à x et à y, ce qui donne $\alpha \frac{d^3\eta}{dx^2dy}$.

Si maintenant nous cherchons les termes de G qui sont donnés par le terme $\alpha\, \eta'_x\, \xi''_{xy}$ de la fonction W_2, l'un de ces termes s'obtiendra en dérivant d'abord par rapport à η'_x, puis en dérivant le résultat par rapport à x et changeant le signe. En effectuant ces opérations on trouve comme nous l'avons annoncé, $-\frac{\alpha d^3\xi}{dx^2 dy}$.

192. Propagation d'une onde plane. — Étudions, en prenant pour point de départ les travaux de Neumann et de Mac-Cullagh, la propagation d'une onde plane dans un milieu hémiédre.

Les axes auxquels sont rapportées les équations du mouvement étant quelconques nous pouvons considérer l'onde plane comme parallèle au plan des xy. Alors ξ, η, ζ ne dépendent plus que de z et de t, et les dérivées des déplacements par rapport à x et y disparaissent des équations du mouvement. Si les polynômes F, G, H étaient nuls, les vibrations seraient transversales ; la condition $\Theta = 0$ donnerait $\frac{d\zeta}{dz} = 0$ et les dérivées de ζ par rapport à z disparaîtraient aussi des équations du mouvement. En général, quand F, G et H sont différents de zéro, il n'est plus ainsi, mais les vibrations étant encore presque transversales on peut négliger ces dérivées.

Dans ces conditions les équations du mouvement dans le plan de l'onde sont

$$\frac{d^2\xi}{dt^2} = a\frac{d^2\xi}{dz^2} + b\frac{d^2\eta}{dz^2} + \alpha\frac{d^3\xi}{dz^3} + \beta\frac{d^3\eta}{dz^3},$$

$$\frac{d^2\eta}{dt^2} = b\frac{d^2\xi}{dz^2} + c\frac{d^2\eta}{dz^2} - \beta\frac{d^3\xi}{dz^3} + \gamma\frac{d^3\eta}{dz^3};$$

équations dans lesquelles les coefficients satisfont aux relations imposées par le mode de formation des seconds membres.

Elles se simplifient quand on prend pour axes des x et des y les directions rectangulaires des deux vibrations de Neumann. Elles doivent alors être satisfaites pour les valeurs de ξ et η correspondant à ces vibrations quand on y néglige les dérivées du troisième ordre. Or si on fait $\xi = Ae^{\frac{2i\pi}{\lambda}(z - Vt)}$, $\eta = 0$, coordonnées de l'extrémité de la vibration parallèle à l'axe des x, la seconde donne $b = o$. Par conséquent, par ce choix d'axes de coordonnées les équations précédentes se réduisent à

$$\frac{d^2\xi}{dt^2} = a\frac{d^2\xi}{dz^2} + \alpha\frac{d^3\xi}{dz^3} + \beta\frac{d^3\eta}{dz^3}$$

$$\frac{d^2\eta}{dt^2} = c\frac{d^2\eta}{dz^2} - \beta\frac{d^3\xi}{dz^3} + \gamma\frac{d^3\eta}{dz^3}.$$

193. En faisant des hypothèses particulières sur les coefficients des termes de W_2 qui contiennent des dérivées secondes et qui, par conséquent, donnent les termes F, G, H des équations du mouvement, Mac Cullagh est arrivé à des équations dans lesquelles $\alpha = \gamma = o$. Nous allons montrer que sans faire aucune hypothèse sur la fonction W_2 on a toujours $\alpha = \gamma = o$.

D'après le mode de formation des seconds membres des équations du mouvement le terme de W_2 qui pourrait donner $\alpha\frac{d^3\xi}{dz^3}$ dans F devrait être de la forme $\alpha\frac{d\xi}{dz}\frac{d^2\xi}{dz^2}$ ou $\alpha\xi'_z\xi''_{z}$. Cherchons les deux termes qu'il donnera dans F. Nous aurons :

$$F = -\frac{d}{dz}\frac{d\alpha\xi_z'\xi_z''}{d\xi_z'} + \frac{d^2}{dz^2}\frac{d\alpha\xi_z'\xi_z''}{d\xi_z''} + \dots$$

$$F = -\frac{d}{dz}\alpha\xi_z'' + \frac{d^2}{dz^2}\alpha\xi_z' + \dots,$$

ou

$$F = -\alpha\frac{d^3\xi}{dz^3} + \alpha\frac{d^3\xi}{dz^3} + \dots.$$

Par conséquent le seul terme de W_2 pouvant donner un terme en $\frac{d^3\xi}{dz^3}$ dans la première équation en donne deux qui se détruisent. On verrait de la même manière que $\frac{d^3\eta}{dz^3}$ ne doit pas entrer dans la seconde équation. On a donc pour ces équations

(1)
$$\frac{d^2\xi}{dt^2} = a\frac{d^2\xi}{dz^2} + \beta\frac{d^3\eta}{dz^3}$$

$$\frac{d^2\eta}{dt^2} = c\frac{d^2\eta}{dz^2} - \beta\frac{d^3\xi}{dz^3}$$

194. Vitesses de propagation. — Cherchons à satisfaire à ces équations en posant

$$\xi = Ae^{\frac{2i\pi}{\lambda}(z-Vt)}, \qquad \eta = Be^{\frac{2i\pi}{\lambda}(z-Vt)}.$$

Nous obtiendrons en substituant et divisant par $\frac{2i\pi}{\lambda}$,

$$AV^2 = aA + \frac{2i\pi}{\lambda}\beta B,$$

$$BV \;= cB - \frac{2i\pi}{\lambda}\beta A\,;$$

et en remplaçant $\frac{2i\pi}{\lambda}\beta$ par β',

$$(2) \qquad \begin{aligned} AV^2 &= aA + i\beta'B, \\ BV^2 &= cB - i\beta'A. \end{aligned}$$

Nous tirons de ces équations

$$\begin{aligned} (V^2 - a)\,A &= i\beta'B, \\ (V^2 - c)\,B &= -\,i\beta'A, \end{aligned}$$

et en multipliant ces deux dernières nous obtenons

$$(3) \qquad (V^2 - a)\,(V^2 - c) = \beta'^2.$$

Cette équation nous donne deux valeurs pour la vitesse de propagation de l'onde, et ces valeurs sont réelles, car β étant très petit, β' l'est aussi ; nous aurons donc deux rayons lumineux. Ces vitesses deviennent égales à $V = \sqrt{a \pm \beta'}$ quand on a $a = c$. Dans le cas général, l'une d'elles est très voisine de $\sqrt{a}$, l'autre de $\sqrt{c}$.

195. Polarisation elliptique des rayons. — La seconde des équations (2) nous donne

$$\frac{B}{A} = \frac{-\,i\beta'}{V^2 - c};$$

elle nous montre que le rapport $\frac{B}{A}$ est une quantité purement imaginaire. Si donc nous supposons A réel, B est de la forme $B = iB_1$ et les parties réelles de ξ et η qui satisfont aux équations du mouvement sont

$$\xi = A \cos \frac{2\pi}{\lambda}(x - Vt),$$

$$\eta = - B_1 \sin \frac{2\pi}{\lambda}(x - Vt).$$

La trajectoire de la molécule vibrante est donnée par l'équation

$$\frac{\xi^2}{A^2} + \frac{\eta^2}{B_1^2} = 1$$

qui est celle d'une ellipse rapportée à ses axes. Par conséquent, dans les cristaux hémièdres, les rayons sont polarisés elliptiquement et les axes de l'ellipse de polarisation sont les directions de vibrations des rayons polarisés rectilignement dans le cristal holoèdre.

Le rapport des axes de l'ellipse est égal à

$$- \frac{B_1}{A} = \frac{\beta'}{V^2 - a}.$$

En élevant au carré et remplaçant β'^2 par sa valeur (3), nous obtenons pour le rapport des carrés des axes.

$$R = \frac{V^2 - c}{V^2 - a}.$$

Pour l'onde dont la vitesse de propagation est voisine de $\sqrt{a}$, le numérateur de R est voisin de $a - c$, et le dénominateur voisin de 0 ; la valeur de R est donc très grande, et l'ellipse est très allongée. — Pour l'onde dont la vitesse de propagation est voisine de $\sqrt{c}$, R est voisin de zéro, et l'ellipse est encore très allongée. Par conséquent, en général, la polarisation des deux rayons réfractés sera presque rectiligne. Pour que la polarisation elliptique soit appréciable, il faut que la différence $a - c$ soit très petite ; dans ce cas, en effet, les deux termes du rapport R étant très petits, ce rapport aura une valeur finie.

Considérons le cas où $c = a$. Si on néglige les termes contenant β' en facteur, les deux équations (2) deviennent

$$AV^2 = Aa \qquad BV^2 = Ba$$

et le rapport $\frac{B}{A}$ est indéterminé ; la polarisation est rectiligne, mais le plan de polarisation est indéterminé. La direction de propagation est donc un axe optique du cristal. D'après ce qui précède, la polarisation elliptique ne sera sensible dans un cristal hémièdre que lorsque la direction de propagation sera voisine de l'axe optique, puisque dans ces conditions seulement $a - c$ sera très petit.

Si l'on considère une onde plane dont la direction de propagation dans un cristal hémièdre est celle de l'axe optique, elle donnera naissance à deux ondes planes, puisque les vitesses de propagation $\sqrt{a + \beta'}$ et $\sqrt{a - \beta'}$ de ces ondes sont différentes. En outre, ces deux ondes seront polarisées circulairement, car le rapport R des carrés des axes de l'ellipse devient alors $\frac{V^2 - a}{V^2 - a} = 1$. On aura donc le phénomène de la polarisation rotatoire.

196. Reprenons le cas où les deux ondes se propagent avec des vitesses différentes que nous désignerons par V' et V'', et où les rayons sont polarisés elliptiquement. Montrons que les ellipses décrites par la molécule vibrante dans les deux ondes planes sont égales.

Si nous supposons que V' soit la vitesse la plus voisine de $\sqrt{a}$, le rapport R des carrés des axes de l'ellipse qui correspond à cette vitesse sera plus grand que 1 et représentera le carré du rapport du grand axe au petit axe ; la valeur de R est alors

$$\frac{V'^2 - c}{V'^2 - a}.$$

Pour l'autre vitesse V'', R est au contraire plus petit que l'unité, et le carré du rapport du grand axe au plus petit axe de l'ellipse correspondant à cette vitesse est

$$\frac{V''^2 - a}{V''^2 - c}.$$

Si les deux ellipses sont égales, nous devons avoir

$$\frac{V'^2 - c}{V'^2 - a} = \frac{V''^2 - a}{V''^2 - c},$$

ou

$$V'^2 + V''^2 = a + c.$$

Or, si nous développons l'équation (3) qui donne les vitesses, nous obtenons

$$V^4 - (a + c) V^2 + ac - \beta'^2 = 0,$$

et nous avons bien pour la somme des racines V'^2 et V''^2 de cette équation

$$V'^2 + V''^2 = a + c.$$

Ces deux ellipses égales ont leurs grands axes perpendiculaires l'un à l'autre, puisque le rapport R du carré de l'axe dirigé suivant Ox au carré de l'axe dirigé suivant Oy, passe d'une valeur plus petite que 1 à une valeur plus grande que 1, ou réciproquement quand on y fait successivement V^2 égal à V'^2 et à V''^2.

Enfin ces ellipses seront décrites en sens contraire, comme l'indiquent les flèches de la figure. Pour le faire voir, il suffit de

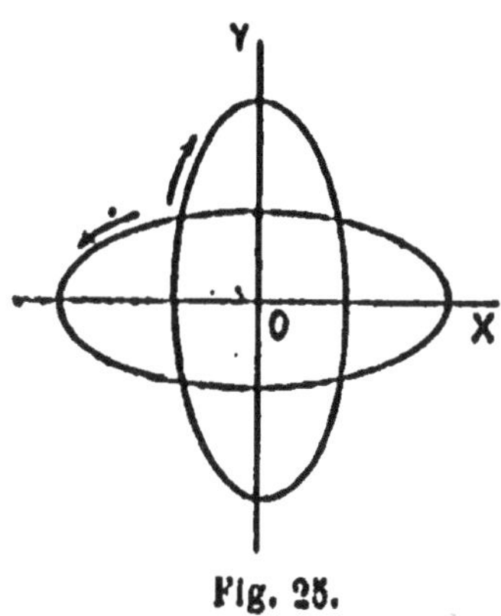

Fig. 25.

montrer que le rapport $\frac{B_1}{A}$ des modules de η et de ξ change de signe avec le rayon considéré. Or, ce rapport a pour valeur $\frac{\beta'}{V^2 - c}$, et il changera de signe si c est compris entre les valeurs V'^2 et V''^2 des carrés des vitesses. La substitution de c à V^2 dans le premier membre de l'équation des vitesses

$$(V^2 - a)(V^2 - c) - \beta'^2 = 0.$$

donne un résultat négatif, tandis que si l'on fait $V^2 = \infty$ et $V^2 = 0$, on obtient une quantité positive. L'une des racines est donc plus grande que c, l'autre plus petite.

197. Il est possible en partant des hypothèses de M. Sarrau d'expliquer les phénomènes de double réfraction dans les milieux hémièdres. Nous n'insisterons pas sur cette théorie, et nous renverrons au mémoire que M. Potier a publié sur ce sujet dans le *Bulletin de l'Association française pour l'avancement des sciences* (t. I, p. 204).

CHAPITRE VII

RÉFLEXION

198. Quand un rayon de lumière arrive à la surface de séparation de deux milieux, une partie de la lumière est réfléchie par cette surface et reste dans le premier milieu; une autre partie est réfractée et pénètre dans le second milieu. On peut se demander quelle est la fraction de la lumière incidente qui est réfléchie et quelle est la fraction qui est réfractée. D'autre part si le rayon incident est polarisé, les rayons réfléchi et réfracté le seront également et il importe de savoir quels sont leurs plans de polarisation. En d'autres termes, le problème que nous nous proposons est le suivant :

Étant données la direction et l'amplitude de la vibration incidente, trouver la direction et l'amplitude de la vibration réfractée et de la vibration réfléchie.

Nous supposerons toujours que le premier milieu est transparent et isotrope, mais la solution sera différente suivant que le second milieu sera : 1° Transparent et isotrope; 2° Transparent et cristallisé ; 3° Opaque.

Nous examinerons successivement ces trois cas qui sont ceux de la réflexion vitreuse, de la réflexion cristalline et de la réflexion métallique.

RÉFLEXION VITREUSE

La réflexion vitreuse a donné lieu à trois théories également confirmées par l'expérience, ce sont celle de Fresnel, celle de Neumann et Mac Cullagh et celle de Cauchy.

THÉORIE DE FRESNEL (1)

199. Hypothèses fondamentales. — Fresnel suppose :

1° Que la vibration est perpendiculaire au plan de polarisation.

2° Que l'élasticité ε de l'éther est constante et est la même dans les deux milieux. La densité ρ de l'éther est au contraire variable. Comme la vitesse de propagation V est égale à $\sqrt{\frac{\varepsilon}{\rho}}$ nous devons admettre, si nous regardons ε comme constant, que ρ est proportionnel au carré de l'indice de réfraction.

3° Fresnel envisage ensuite les vitesses de deux molécules infiniment voisines l'une de l'autre et de la surface de séparation, mais situées de part et d'autre de ces surfaces; il décompose chacune de ces vitesses en deux autres, l'une parallèle au plan tangent à la surface de séparation, l'autre normale à ce plan. Il admet que les composantes tangentielles des vitesses des deux molécules doivent être les mêmes en grandeur et en direction, mais que les composantes normales peuvent être différentes.

(1) *Œuvres complètes*. T. I, p. 767.

Cette façon d'énoncer l'hypothèse de la continuité peut paraître arbitraire et elle a semblé telle à bien des esprits. Nous croyons que c'est à tort. Les vibrations de l'éther sont transversales; nous avons montré **(45)** qu'on peut expliquer cette transversalité de bien des manières, mais nous avons surtout insisté sur deux de ces explications. On peut supposer que cette transversalité est le résultat d'une sorte de liaison, telle que la résistance de l'éther à la compression est infinie. C'est, ainsi que nous l'avons dit plus haut, l'hypothèse que Fresnel paraît avoir adoptée dans sa théorie de la double réfraction. Ici il adopte l'hypothèse contraire, celle où les équations du mouvement s'écrivent :

$$\rho \frac{d^2\xi}{dt^2} = \varepsilon\left(\Delta\xi - \frac{d\Theta}{dx}\right)$$

$$\rho \frac{d^2\eta}{dt^2} = \varepsilon\left(\Delta\eta - \frac{d\Theta}{dy}\right)$$

$$\rho \frac{d^2\zeta}{dt^2} = \varepsilon\left(\Delta\xi - \frac{d\Theta}{dz}\right)$$

et où la résistance de l'éther à la compression est nulle. Mais s'il en est ainsi, rien n'empêche d'admettre que les composantes normales des vitesses de nos deux molécules infiniment voisines soient différentes. Imaginons en effet que la surface de séparation des deux milieux soit un plan et considérons deux plans infiniment voisins parallèles au plan de séparation, mais situés de part et d'autre de ce plan. Envisageons les molécules d'éther situées dans ces deux plans; si les composantes normales de leurs vitesses ne sont pas les mêmes, la distance de ces deux plans va varier d'une façon périodique et il en résultera des compressions et dilatations alternatives de l'éther compris entre ces deux plans. Mais la résistance de l'éther à la compression étant nulle, ces alternatives pourront se produire sans apporter dans le mouvement aucune perturbation.

4° Enfin Fresnel s'appuie sur le principe des forces vives.

200. Application des principes précédents. — Nous supposerons que la surface de séparation des deux milieux est un plan; que les ondes incidente, réfléchie et réfractée sont planes. Nous supposerons de plus que le rayon incident, et par conséquent les rayons réfléchi et réfracté sont entièrement polarisés. Les lois de la réflexion de la lumière naturelle se déduisent en effet aisément de celles de la lumière polarisée, si l'on regarde un rayon naturel comme la superposition de deux rayons d'égale intensité polarisés à angle droit.

Nous prendrons le plan de séparation des deux milieux pour plan des xy. Soient ξ, η, ζ les trois composantes du déplacement d'une molécule quelconque; ξ_1, η_1, ζ_1 les composantes du déplacement dû à la lumière incidente; ξ_2, η_2, ζ_2 celles du déplacement dû à la lumière réfléchie; ξ_3, η_3, ζ_3 celles du déplacement dû à la lumière réfractée. On aura alors dans le premier milieu :

$$\xi = \xi_1 + \xi_2, \qquad \eta = \eta_1 + \eta_2, \qquad \zeta = \zeta_1 + \zeta_2,$$

et dans le second milieu :

$$\xi = \xi_3, \qquad \eta = \eta_3, \qquad \zeta = \zeta_3,$$

D'après la troisième hypothèse de Fresnel, ξ et η sont des fonctions continues, mais ζ peut être discontinu. On a donc pour $z = 0$

$$(1) \qquad \xi_1 + \xi_2 = \xi_3, \qquad \eta_1 + \eta_2 = \eta_3$$

Les ondes étant planes, on aura

$$\xi_1 = A_1 \cos(P_1 + \omega_1),$$
$$\eta_1 = B_1 \cos(P_1 + \omega_1'),$$
$$\zeta_1 = C_1 \cos(P_1 + \omega_1'');$$

ou

$$P_1 = \frac{2\pi}{\lambda_1}(\alpha_1 x + \beta_1 y + \gamma_1 z - Vt)$$

$$\xi_2 = A_2 \cos(P_2 + \omega_2),$$
$$\eta_2 = B_2 \cos(P_2 + \omega_2'),$$
$$\zeta_2 = C_2 \cos(P_2 + \omega_2'');$$

ou

$$P_2 = \frac{2\pi}{\lambda_2}(\alpha_2 x + \beta_2 y + \gamma_2 z - Vt)$$

$$\xi_3 = A_3 \cos(P_3 + \omega_3),$$
$$\eta_3 = B_3 \cos(P_3 + \omega_3'),$$
$$\zeta_3 = C_3' \cos(P_3 + \omega_3'');$$

ou

$$P_3 = \frac{2\pi}{\lambda_3}(\alpha_3 x + \beta_3 y + \gamma_3 z - V't).$$

Les A, les B et les C et les ω sont des constantes; V a la même valeur pour le rayon incident et pour le rayon réfléchi, car c'est la vitesse de propagation dans le premier milieu; V' est la vitesse de propagation dans le second milieu et l'on a, en appelant n l'indice de réfraction

$$V' = \frac{V}{n}.$$

Les vibrations devant être dans le plan de l'onde ; on aura

$$(2)\qquad \alpha_1\xi_1+\beta_1\eta_1+\gamma_1\zeta_1=\alpha_2\xi_2+\beta_2\eta_2+\gamma_2\zeta_2=\alpha_3\xi_3+\beta_3\eta_3+\gamma_3\zeta_3=0.$$

La première des équations (1) qui doivent être vérifiées pour $x = 0$, nous donne

$$(3)\qquad A_1 \cos\left[\frac{2\pi}{\lambda_1}(\alpha_1 x + \beta_1 y - Vt) + \omega_1)\right] +$$

$$+ A_2 \cos\left[\frac{2\pi}{\lambda_2}(\alpha_2 x + \beta_2 y - Vt) + \omega_2\right] =$$

$$= A_3 \cos\left[\frac{2\pi}{\lambda_3}(\alpha_3 x + \beta_3 y - V't) + \omega_3\right].$$

201. Fresnel introduit ici une hypothèse nouvelle; c'est que $\omega_1 = \omega_2$; cette hypothèse lui est suggérée non par des vues théoriques, mais par l'expérience qui lui prouve que tant qu'il n'y a pas réflexion totale, la lumière réfléchie reste polarisée rectilignement si la lumière incidente l'est elle-même.

Dans ce cas l'équation (3) ne peut être vérifiée identiquement que si l'on a

$$(4)\qquad \frac{\alpha_1}{\lambda_1} = \frac{\alpha_2}{\lambda_2} = \frac{\alpha_3}{\lambda_3}, \qquad \frac{\beta_1}{\lambda_1} = \frac{\beta_2}{\lambda_2} = \frac{\beta_3}{\lambda_3}, \qquad \frac{V}{\lambda_1} = \frac{V}{\lambda_2} = \frac{V'}{\lambda_3},$$

$$\omega_1 = \omega_2 = \omega_3$$

$$A_1 + A_2 = A_3.$$

La seconde équation (1) nous donnerait de même

$$\omega'_1 = \omega'_2 = \omega'_3,$$

$$B_1 + B_2 = B_3.$$

Les équations (4) nous donnent

$$\lambda_1 = \lambda_2, \qquad \alpha_1 = \alpha_2, \qquad \beta_1 = \beta_2,$$

$$\lambda_3 = \frac{\lambda_1}{n}, \qquad \alpha_3 = \frac{\alpha_1}{n}, \qquad \beta_3 = \frac{\beta_1}{n}.$$

Nous supposerons que le plan d'incidence ait été choisi comme plan des xz; on aura alors $\beta_1 = 0$ et en appelant i l'angle d'incidence :

$$\alpha_1 = \sin i, \qquad \gamma_1 = \cos i.$$

Si β_1 est nul, il devra en être de même de β_2 et de β_3 en vertu des équations (4). Cela veut dire que l'onde réfléchie et l'onde réfractée sont perpendiculaires au plan de xz, ou en d'autres termes que le rayon réfléchi et le rayon réfracté sont dans le plan d'incidence.

Puisque $\alpha_1 = \alpha_2$ on aura aussi

$$\alpha_2 = \sin i$$

et

$$\gamma_2 = \pm\sqrt{1 - \alpha_2^2 - \beta_2^2} = \pm \cos i.$$

Comme γ_2 ne peut être égal à γ_1 sans quoi le rayon incident et réfléchi se confondraient, on aura

$$\gamma_2 = -\gamma_1 = -\cos i.$$

Cela montre que l'angle de réflexion est égal à l'angle d'incidence.

De même si r est l'angle de réfraction, on aura

$$\alpha_3 = \sin r, \qquad \gamma_3 = \cos r$$

et puisque $\alpha_1 = n\alpha_3$, on arrive à la loi connue de la réfraction

$$\sin i = n \sin r.$$

La théorie de Fresnel conduit donc très simplement aux lois élémentaires de la réflexion et de la réfraction.

D'autre part les équations (2) deviennent :

$$A_1\alpha_1 \cos(P_1 + \omega_1) + C_1\gamma_1 \cos(P_1 + \omega_1'') = 0,$$
$$A_2\alpha_2 \cos(P_2 + \omega_2) + C_2\gamma_2 \cos(P_2 + \omega_2'') = 0,$$
$$A_3\alpha_3 \cos(P_3 + \omega_3) + C_3\gamma_3 \cos(P_3 + \omega_3'') = 0.$$

Ces équations ne peuvent être vérifiées identiquement que si l'on a

$$A_1\alpha_1 + C_1\gamma_1 = A_2\alpha_2 + C_2\gamma_2 = A_3\alpha_3 + C_3\gamma_3 = 0$$
$$\omega_1 = \omega_1'', \qquad \omega_2 = \omega_2'', \qquad \omega_3 = \omega_3''.$$

Si le rayon incident est polarisé rectilignement on aura $\omega_1 = \omega_1'$; de sorte que les neuf quantités ω seront égales ; nous pourrons supposer alors que l'origine des temps a été choisie de telle sorte que ces neuf quantités soient nulles.

Il nous restera donc entre les quantités A, B et C les relations :

$$(5) \qquad A_1 + A_2 = A_3, \qquad B_1 + B_2 = B_3$$

$$(6) \qquad \begin{gathered} A_1\alpha_1 + C_1\gamma_1 = 0, \\ A_2\alpha_1 - C_2\gamma_1 = 0, \qquad A_3\alpha_3 + C_3\gamma_3 = 0. \end{gathered}$$

202. Application du principe des forces vives. — Pour pouvoir appliquer le principe des forces vives, il faut supposer qu'une portion seulement de l'éther est ébranlée ;

car si tout l'espace était éclairé, la force vive totale serait infinie et l'application du principe deviendrait illusoire.

Nous supposerons qu'à l'origine des temps l'éther ébranlé se trouve renfermé dans un parallélipipède rectangle CDEF (*fig.* 26)

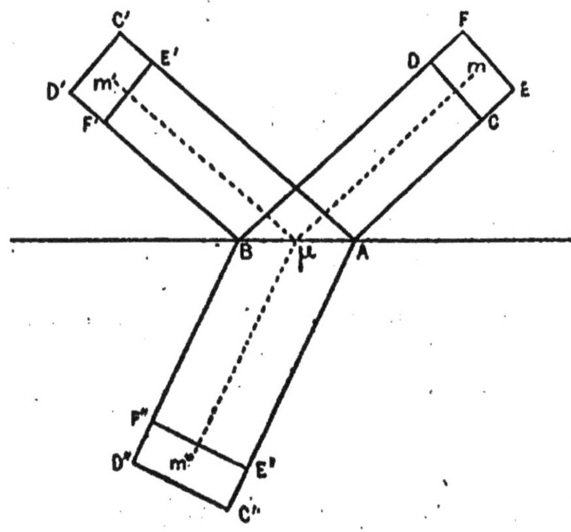

Fig. 26.

limité par deux plans parallèles au plan d'incidence, par deux plans parallèles au plan de l'onde incidente et par deux plans perpendiculaires aux quatre premiers. Nous supposerons de plus que les dimensions de ce parallélipipède soient très grandes par rapport à une longueur d'onde de façon à n'avoir pas à tenir compte des phénomènes de diffraction.

Que deviendra l'ébranlement de l'éther au bout d'un temps t. L'ébranlement parti d'un point m du parallélipipède CDEF cheminera d'abord dans la direction du rayon incident jusqu'à sa rencontre en μ avec le plan de séparation; là il se divisera en deux parties, l'une ira de μ en m' en suivant le rayon réfléchi, l'autre de μ en m'' en suivant le rayon réfracté. Il marchera d'ailleurs avec une vitesse V le long de $m\mu$ et de $\mu m'$ et avec une vitesse V' le long de $\mu m''$ de sorte qu'on devra avoir :

$$\frac{m\mu}{V} + \frac{\mu m'}{V} = \frac{m\mu}{V} + \frac{\mu m''}{V'} = t,$$

ou

$$n \, . \, \mu m'' = \mu m'. \tag{7}$$

Ainsi au temps t la lumière partie du parallélipipède CDEF occupera deux parallélipipèdes : le premier C'D'E'F', occupé par la lumière réfléchie aura deux faces parallèles au plan d'incidence et deux faces parallèles à l'onde réfléchie.

Le second C''D''E''F'', occupé par la lumière réfractée aura deux faces parallèles au plan d'incidence et deux faces parallèles à l'onde réfractée. Sur la figure ces trois parallélipipèdes sont représentés en prenant pour plan du tableau le plan d'incidence.

Soient q_1, q_2 et q_3 les masses d'éther contenues dans ces trois parallélipipèdes. La valeur moyenne de l'énergie d'une masse d'éther ébranlée, par exemple par la lumière incidente, sera proportionnelle d'une part à cette masse, d'autre part à $A_1^2 + B_1^2 + C_1^2$; le théorème des forces vives s'écrira donc :

$$q_1 (A_1^2 + B_1^2 + C_1^2) = q_2 (A_2^2 + B_2^2 + C_2^2) + q_3 (A_3^2 + B_3^2 + C_3^2)$$

Il est clair que $q_1 = q_2$; il faut chercher le rapport de q_3 à q_1. Les volumes de nos parallélipipèdes seront entre eux comme leurs sections faites par le plan d'incidence, c'est-à-dire comme les rectangles CDEF, C'D'E'F'. Comme d'autre part la densité dans le second milieu est n^2 fois plus grande que dans le premier, on aura

$$\frac{q_3}{q_1} = n^2 \frac{C''E''}{CE} \frac{C''D''}{CD}.$$

On a, en vertu de l'équation (7) :

$$\frac{C''A}{C'A} = \frac{1}{n}, \qquad \frac{E''A}{E'A} = \frac{1}{n},$$

d'où

$$C''E'' = \frac{1}{n} C'E' = \frac{1}{n} CE.$$

D'autre part,

$$C''D'' = AB \cos r, \qquad CD = AB \cos i,$$

d'où

$$\frac{q_3}{q_1} = n \frac{\cos r}{\cos i} = \frac{\sin i \cos r}{\sin r \cos i} = \frac{\alpha_1}{\gamma_1} \frac{\gamma_3}{\alpha_3}.$$

Le principe des forces vives peut donc s'écrire

$$\frac{\gamma_1}{\alpha_1}(A_1^2 + B_1^2 + C_1^2 - A_2^2 - B_2^2 - C_2^2) = \frac{\gamma_3}{\alpha_3}(A_3^2 + B_3^2 + C_3^2)$$

Nous pouvons décomposer le rayon incident en deux autres, l'un polarisé dans le plan d'incidence, l'autre perpendiculairement à ce plan.

Pour le premier A_1, C_1, A_2, C_2, A_3, C_3 sont nuls.

Pour le second B_1, B_2 et B_3 sont nuls.

Le principe des forces vives doit être vrai pour chacun de ces rayons séparément de sorte que l'équation des forces vives se décompose en deux :

$$\frac{\gamma_1}{\alpha_1}(B_1^2 - B_2^2) = \frac{\gamma_3}{\alpha_3} B_3^2, \tag{8}$$

$$\frac{\gamma_1}{\alpha_1}(A_1^2 - A_2^2 + C_1^2 - C_2^2) = \frac{\gamma_3}{\alpha_3}(A_3^2 + C_3^2) \tag{9}$$

Les équations (5), (6), (8) et (9) suffisent pour déterminer A_2, B_2, C_2 et A_3, B_3, C_3 quand on connaît A_1, B_1 et C_1.

203. Premières conséquences. — Si nous divisons l'équation (8) par la seconde des équations (5) il vient :

$$\frac{\gamma_1}{\alpha_1}(B_1 - B_2) = \frac{\gamma_3}{\alpha_3} B_3. \tag{10}$$

Si dans l'équation (9) nous remplaçons C_1, C_2 et C_3 par leurs valeurs tirées de (6) il vient :

$$\frac{\gamma_1}{\alpha_1}\left(1 + \frac{\alpha_1^2}{\gamma_1^2}\right)(A_1^2 - A_2^2) = \frac{\gamma_3}{\alpha_3}\left(1 + \frac{\alpha_3^2}{\gamma_3^2}\right)A_3^2$$

ou en divisant par la première équation (5),

$$\frac{\gamma_1}{\alpha_1}\left(1 + \frac{\alpha_1^2}{\gamma_1^2}\right)(A_1 - A_2) = \frac{\gamma_3}{\alpha_3}\left(1 + \frac{\alpha_3^2}{\gamma_3^2}\right)A_3,$$

ou

$$\frac{A_1 - A_2}{\alpha_1\gamma_1} = \frac{A_3}{\alpha_3\gamma_3}. \tag{11}$$

Les deux équations (8) et (9) peuvent donc être remplacées par les équations (10) et (11) qui ont l'avantage d'être linéaires.

L'équation (10) peut s'écrire (si l'on se rappelle que $\gamma_2 = -\gamma_1, \lambda_2 = \lambda_1, \frac{\alpha_1}{\lambda_1} = \frac{\alpha_3}{\lambda_3}$) :

$$\frac{B_1\gamma_1}{\lambda_1} + \frac{B_2\gamma_2}{\lambda_2} = \frac{B_3\gamma_3}{\lambda_3}. \tag{12}$$

De même l'équation (11) peut s'écrire

$$A_1\left(\frac{\gamma_1}{\alpha_1} + \frac{\alpha_1}{\gamma_1}\right) + A_2\left(\frac{\gamma_2}{\alpha_2} + \frac{\alpha_2}{\gamma_2}\right) = A_3\left(\frac{\gamma_3}{\alpha_3} + \frac{\alpha_3}{\gamma_3}\right),$$

ou en tenant compte des équations (6)

$$\frac{A_1\gamma_1 - C_1\alpha_1}{\alpha_1} + \frac{A_2\gamma_2 - C_2\alpha_2}{\alpha_2} = \frac{A_3\gamma_3 - C_3\alpha_3}{\alpha_3}.$$

Cette équation et l'équation (12) s'écriront plus symétriquement (en se rappelant que les β sont nuls)

$$
(13)\quad
\begin{cases}
\dfrac{B_1\gamma_1 - C_1\beta_1}{\lambda_1} + \dfrac{B_2\gamma_2 - C_2\beta_2}{\lambda_2} = \dfrac{B_3\gamma_3 - C_3\beta_3}{\lambda_3}, \\[2ex]
\dfrac{C_1\alpha_1 - A_1\gamma_1}{\lambda_1} + \dfrac{C_2\alpha_2 - A_2\gamma_2}{\lambda_2} = \dfrac{C_3\alpha_3 - A_3\gamma_3}{\lambda_3},
\end{cases}
$$

auxquelles on peut ajouter la suivante :

$$\frac{A_1\beta_1 - B_1\alpha_1}{\lambda_1} + \frac{A_2\beta_2 - B_2\alpha_2}{\lambda_2} = \frac{A_3\beta_3 - B_3\alpha_3}{\lambda_3},$$

que l'on déduit de la seconde équation (5) en observant que les β sont nuls et que $\frac{\alpha_1}{\lambda_1} = \frac{\alpha_2}{\lambda_2} = \frac{\alpha_3}{\lambda_3}$

Sous cette forme symétrique il est aisé de voir quelle est la signification des équations (13). Nous avons, en effet, en nous rappelant que les quantités que nous avions appelées ω sont supposées nulles,

$$\xi_1 = A_1 \cos P_1, \qquad \zeta_1 = C_1 \cos P_1;$$

d'où

$$\frac{d\xi_1}{dz} = -\frac{2\pi\gamma_1}{\lambda_1} A_1 \sin P_1, \qquad \frac{d\zeta_1}{dx} = -\frac{2\pi\alpha_1}{\lambda_1} C_1 \sin P_1,$$

de sorte que :

$$\frac{d\xi_1}{dz} - \frac{d\zeta_1}{dx} = 2\pi \sin P_1 \frac{C_1\alpha_1 - A_1\gamma_1}{\lambda_1}$$

Ainsi, la seconde équation (13) peut s'écrire :

$$\frac{d\xi_1}{dz} - \frac{d\zeta_1}{dx} + \frac{d\xi_2}{dz} - \frac{d\zeta_2}{dx} = \frac{d\xi_3}{dz} - \frac{d\zeta_3}{dx}$$

Elle signifie que $\frac{d\xi}{dz} - \frac{d\zeta}{dx}$ est une fonction continue. De même les deux autres équations (13) signifient que $\frac{d\eta}{dx} - \frac{d\xi}{dy}$ et $\frac{d\zeta}{dy} - \frac{d\eta}{dz}$ sont des fonctions continues. Ces conditions peuvent remplacer le principe des forces vives.

Je dis que $\frac{d\zeta}{dz}$ est aussi une fonction continue. En effet ξ et η sont continues et il est aisé de voir qu'il en est de même de $\frac{d\xi}{dx}$ et $\frac{d\eta}{dy}$. Mais à cause de la transversalité des vibrations, on doit avoir dans les deux milieux

$$\Theta = \frac{d\xi}{dx} + \frac{d\eta}{dy} + \frac{d\zeta}{dz} = 0.$$

Donc $\frac{d\zeta}{dz}$ est aussi continu.

Ainsi dans les hypothèses de Fresnel non seulement ξ et η, mais encore $\frac{d\xi}{dz} - \frac{d\zeta}{dx}$, $\frac{d\eta}{dx} - \frac{d\xi}{dy}$, $\frac{d\zeta}{dy} - \frac{d\eta}{dz}$ et $\frac{d\zeta}{dz}$ sont des fonctions continues.

204. Théorème de Mac-Cullag. — Multiplions la seconde équation (5) par $\frac{\gamma_1}{\alpha_1}$ et ajoutons la à (10) de façon à éliminer B_2, il viendra

$$(14) \qquad 2B_1 \frac{\gamma_1}{\alpha_1} - B_3 \left(\frac{\gamma_1}{\alpha_1} + \frac{\gamma_3}{\alpha_3}\right) = 0.$$

Éliminons de même A_2 entre la première équation (5) et l'équation (11), il viendra :

$$2A_1 \left(\frac{\gamma_1}{\alpha_1} + \frac{\alpha_1}{\gamma_1}\right) - A_3 \left(\frac{\gamma_1}{\alpha_1} + \frac{\alpha_1}{\gamma_1} + \frac{\gamma_3}{\alpha_3} + \frac{\alpha_3}{\gamma_3}\right) = 0,$$

ou,

$$(15)\quad 2A_1\frac{\gamma_1}{\alpha_1}-A_3\left(\frac{\gamma_1}{\alpha_1}+\frac{\gamma_3}{\alpha_3}\right)=-2A_1\frac{\alpha_1}{\gamma_1}+A_3\left(\frac{\alpha_1}{\gamma_1}+\frac{\alpha_3}{\gamma_3}\right)=$$
$$=\frac{\alpha_1}{\gamma_1}\left[2C_1\frac{\gamma_1}{\alpha_1}-C_3\left(\frac{\gamma_3}{\alpha_3}+\frac{\gamma_1}{\alpha_1}\right)\right].$$

La comparaison des équations (14) et (15) donne :

$$\begin{vmatrix} A_1 & B_1 & C_1 \\ A_3 & B_3 & C_3 \\ \alpha_1 & 0 & \gamma_1 \end{vmatrix}=0, \text{ ou plus symétriquement } \begin{vmatrix} A_1 & B_1 & C_1 \\ A_3 & B_3 & C_3 \\ \alpha_1 & \beta_1 & \gamma_1 \end{vmatrix}=0.$$

Cette équation prouve que le rayon incident, la vibration incidente et la vibration réfractée sont dans un même plan.

En d'autres termes la vibration incidente est, *en direction seulement*, la projection de la vibration réfractée sur l'onde incidente.

On démontrerait de même que la vibration réfléchie est, en direction, la projection de la vibration réfractée sur l'onde réfléchie.

205. Loi de Brewster. — Supposons que le rayon réfléchi soit perpendiculaire au rayon réfracté, c'est-à-dire que l'onde réfléchie soit perpendiculaire à l'onde réfractée.

Toute droite située sur le plan de l'onde réfractée se projettera sur le plan de l'onde réfléchie suivant la droite d'intersection de ces deux plans, c'est-à-dire suivant l'axe des y.

Quelle que soit donc la direction de la vibration réfractée et par conséquent aussi la direction de la vibration incidente, la vibration réfléchie sera parallèle à l'axe des y.

En d'autres termes, quel que soit le plan de polarisation du rayon incident, le rayon réfléchi sera entièrement polarisé dans le plan d'incidence. Il en sera donc encore de même quand la lumière incidente sera naturelle.

206. Réflexion totale. — Si le second milieu est moins réfringent que le premier, n est plus petit que 1 ; il peut arriver alors que α_3 soit plus grand que 1 et par conséquent que γ_3 soit imaginaire.

L'angle de réfraction est alors imaginaire, la lumière ne pouvant se transmettre dans le second milieu se réfléchit toute entière et l'on dit alors qu'il y a réflexion totale. Dans ce cas les formules de Fresnel deviennent illusoires, car le rapport $\frac{A_2}{A_1}$ par exemple est imaginaire. Nous avons vu que dans le cas ordinaire Fresnel avait introduit l'hypothèse que les deux rayons incident et réfléchi avaient même phase et que

$$\omega_1 = \omega_2.$$

Dans le cas de la réflexion totale ses formules lui donnent pour $\frac{A_2}{A_1}$ une valeur imaginaire de la forme

$$\cos\varphi + i\sin\varphi.$$

Fresnel admet, par une sorte d'intuition heureuse que le module de cette expression imaginaire, c'est-à-dire 1 représente la véritable valeur du rapport $\frac{A_2}{A_1}$ et que l'argument de cette même expression c'est-à-dire φ représente la différence de phase $\omega_2 - \omega_1$ qu'il avait jusque là supposée nulle.

Il a été évidemment conduit à cette hypothèse hardie par deux expériences antérieures qui lui avaient prouvé que si le rayon incident est polarisé rectilignement, le rayon réfléchi, qui a d'ailleurs même intensité, est polarisé elliptiquement.

Quoi qu'il en soit, sa hardiesse a été pleinement justifiée par l'expérience.

207. Objections contre la théorie de Fresnel. — L'analyse qui précède a été entre les mains de Fresnel un admirable instrument de découverte ; c'est à ce point de vue qu'il faut la considérer sans y chercher une rigueur qui ne saurait s'y trouver. Les théoriciens y ont fait un certain nombre d'objections plus ou moins sérieuses que nous devons réfuter si nous voulons établir la parfaite concordance de la théorie des ondes avec l'expérience.

1° La restriction apportée au principe de la continuité en ce qui concerne les composantes normales paraît assez arbitraire ;

2° L'hypothèse de $\omega_1 = \omega_2$ que nous avons introduite plus haut ne paraît justifiée au premier abord par aucune raison théorique ;

3° La formule de la réflexion totale, confirmée par l'expérience, paraît due plutôt à un heureux hasard qu'à un raisonnement rigoureux ;

4° Si l'élasticité de l'éther est constante, sa densité devra être proportionnelle au carré de l'indice de réfraction, mais comme cet indice dépend de la longueur d'onde, cette formule conduit pour la densité de l'éther à des valeurs différentes suivant la couleur de la lumière que l'on considère ;

5° Enfin la théorie précédente ne paraît pas, pour une raison analogue, susceptible d'être étendue aux milieux cristallisés puisque l'indice de réfraction n'est pas une constante. Si donc la densité est regardée comme une constante, elle ne saurait être proportionnelle au carré de cet indice.

208. Réfutation de ces objections. — Nous allons chercher à faire une autre exposition de la théorie de Fresnel, sans nous écarter de la pensée de son auteur, mais en nous mettant à l'abri de ces objections.

Nous écrirons les équations du mouvement sous la forme

$$\rho \frac{d^2\xi}{dt^2} = \varepsilon\left(\Delta\xi - \frac{d\Theta}{dx}\right),$$

$$\rho \frac{d^2\eta}{dt^2} = \varepsilon\left(\Delta\eta - \frac{d\Theta}{dy}\right),$$

$$\rho \frac{d^2\zeta}{dt^2} = \varepsilon\left(\Delta\zeta - \frac{d\Theta}{dz}\right).$$

Nous regarderons ε comme constant et ρ comme variable; nous pourrons alors choisir les unités de façon que $\varepsilon = 1$. Nous imaginerons ensuite que l'espace est partagé en trois régions; l'une occupée par le premier milieu, et où ρ pourra être regardé comme constant; l'autre occupée par le second milieu et où ρ aura une valeur constante différente de la première; enfin entre ces deux régions s'étendra une troisième région intermédiaire que nous appellerons *couche de passage* et où ρ variera très rapidement depuis sa première valeur constante jusqu'à la seconde. L'épaisseur de cette couche de passage sera finie, mais très petite par rapport à une longueur d'onde.

Si la surface de séparation est le plan des xy, la couche de passage sera limitée par deux plans extrêmement voisins $z = o$, $z = h$, parallèles au plan de séparation.

Alors la densité ρ est une fonction de z seulement, qui reste constante de $z = -\infty$ à $z = o$, varie très rapidement de $z = o$ à $z = h$ et prend de nouveau une valeur constante différente de la première de $z = h$ à $z = +\infty$.

L'existence d'une pareille couche de passage semblera plus naturelle que l'hypothèse d'un changement brusque dans la nature du milieu, elle nous débarrasse d'ailleurs de toutes les difficultés relatives au principe de continuité.

Ceci posé, cherchons à satisfaire aux équations du mouvement en faisant :

$$\xi = Xe^{i(ax+bt)}, \qquad \eta = Ye^{i(ax+bt)}, \qquad \zeta = Ze^{i(ax+bt)},$$

X, Y et Z étant des fonctions imaginaires de z seulement. Alors ξ, η, ζ seront aussi des fonctions imaginaires dont les parties réelles représenteront les véritables déplacements des molécules d'éther, conformément à la convention faite plus haut.

Les équations du mouvement deviennent alors

$$\begin{aligned} -\rho b^2 X &= X'' - iaZ', \\ -\rho b^2 Y &= -a^2 Y + Y'', \\ -\rho b^2 Z &= -a^2 Z - iaX', \end{aligned}$$

en représentant par des lettres accentuées les dérivées de X, Y, Z, par rapport à z.

Dans chacun des deux milieux la densité ρ est constante et on trouve pour l'intégrale de ces équations

$$\begin{aligned} X &= Ae^{iz\sqrt{\rho b^2 - a^2}} + A'e^{-iz\sqrt{\rho b^2 - a^2}} \\ Y &= Be^{iz\sqrt{\rho b^2 - a^2}} + B'e^{-iz\sqrt{\rho b^2 - a^2}} \\ Z &= Ce^{iz\sqrt{\rho b^2 - a^2}} + C'e^{-iz\sqrt{\rho b^2 - a^2}} \end{aligned}$$

Appelons c la valeur de $\sqrt{\rho b^2 - a^2}$ dans le premier milieu et c' la valeur de ce même radical dans le second milieu.

Alors nous aurons en comparant nos notations à celles que nous avons employées plus haut :

$$a = \frac{2\pi\alpha_1}{\lambda_1} = \frac{2\pi\alpha_2}{\lambda_2} = \frac{2\pi\alpha_3}{\lambda_3},$$

$$c = \frac{2\pi\gamma_1}{\lambda_1}, \qquad c' = \frac{2\pi\gamma_3}{\lambda_3},$$

$$\gamma = \frac{-2\pi V}{\lambda_1} = \frac{-2\pi V'}{\lambda_3}.$$

L'expression de X que nous venons de trouver se compose de deux termes ; dans le premier milieu, le terme en e^{icz} correspond au rayon incident et le terme en e^{-icz} correspond au rayon réfléchi ; dans le second milieu le terme $e^{ic'z}$ correspondra au rayon réfracté ; le terme en $e^{-ic'z}$ ne correspondra à rien et son coefficient devra être nul. Dans le premier milieu on aura donc

$$X = Ae^{icz} + A'e^{-icz}, \qquad Y = Be^{icz} + B'e^{-icz},$$
$$Z = Ce^{icz} + C'e^{-icz},$$

et dans le second milieu

$$X = A''e^{ic'z}, \qquad Y = B''e^{ic'z}, \qquad Z = C''e^{ic'z}$$

Si nous comparons nos notations actuelles à celles que nous avons employées plus haut, nous trouverons :

$$P_1 = ax + cz + bt, \qquad P_2 = ax - cz + bt,$$
$$P_3 = ax + c'z + bt.$$

$$A = A_1e^{i\omega_1} \qquad B = B_1e^{i\omega_1'} \qquad C = C_1e^{i\omega_1''}$$

$$A' = A_2e^{i\omega_2} \qquad B' = B_2e^{i\omega_2'} \qquad C' = C_2e^{i\omega_2''}$$

$$A'' = A_3e^{i\omega_3} \qquad B'' = B_3e^{i\omega_3'} \qquad C'' = C_3e^{i\omega_3''}$$

Si nous posons

$$\frac{d\zeta}{dy}-\frac{d\eta}{dz}=u, \qquad \frac{d\xi}{dz}-\frac{d\zeta}{dx}=v, \qquad \frac{d\eta}{dx}-\frac{d\xi}{dy}=w,$$

les équations du mouvement deviennent

$$\rho\frac{d^2\xi}{dt^2}=\frac{dv}{dz}-\frac{dw}{dy},$$

$$\rho\frac{d^2\eta}{dt^2}=\frac{dw}{dx}-\frac{du}{dz},$$

$$\rho\frac{d^2\zeta}{dt^2}=\frac{du}{dy}-\frac{dv}{dx},$$

ou :

$$\frac{du}{dz}=iaw+\rho b^2\eta, \qquad \frac{dv}{dz}=-\rho b^2\xi.$$

Ces équations montrent que les dérivées $\frac{du}{dz}$ et $\frac{dv}{dz}$ sont finies; et comme la couche de passage est extrêmement mince, les valeurs de u et v des deux côtés de cette couche seront extrêmement peu différentes. Donc u et v sont des fonctions continues et par conséquent finies.

On a

$$\frac{d\xi}{dz}=v+ia\zeta, \qquad \frac{d\eta}{dz}=-u.$$

Ainsi les dérivées de ξ et de η sont finies et par conséquent ξ et η sont continues. Comme on a d'autre part

$$w=ia\eta,$$

on voit que w est aussi continue.

Si l'on ajoute les trois équations du mouvement après les

avoir différentiées respectivement par rapport à x, y et z ; il vient :

$$\frac{d(\rho\xi)}{dx} + \frac{d(\rho\eta)}{dy} + \frac{d(\rho\zeta)}{dz} = 0,$$

ce qui nous donne ici,

$$\frac{d(\rho\zeta)}{dz} = ia\rho\xi.$$

Cela prouve d'abord que $\rho\zeta$ est une fonction continue et comme ρ est discontinu, ζ ne pourra être continu à moins d'être nul.

De plus ξ étant continu il en résulte que

$$\frac{1}{\rho}\frac{d(\rho\zeta)}{dz}$$

est continu. Mais dans les deux milieux ρ est constant $d\rho = 0$, de sorte que cette expression se réduit à $\frac{d\zeta}{dz}$.

Ainsi, par le calcul rigoureux qui précède nous retrouvons les mêmes résultats auxquels une intuition heureuse avait conduit Fresnel : les fonctions ξ, η, u, v, w et $\frac{d\zeta}{dz}$ sont continues, tandis que ζ est discontinu.

En écrivant ces conditions, il vient

(15)
$$A + A' = A'', \qquad B + B' = B''.$$

$$Ac - Ca + A'c - C'a = A''c' - C''a, \qquad Bc - B'c = B''c',$$

auxquelles il faut joindre les conditions de transversalité :

$$Aa + Cc = A'a - C'c = A''a - C''c' = 0.$$

Les conditions (15) suffisent pour la solution complète du problème. Nous n'avons donc pas fait intervenir le principe des forces vives ; ce principe est cependant certainement applicable dans le cas qui nous occupe ; en effet les équations du mouvement dont nous nous sommes servis sont celles que nous avons obtenues dans le chapitre premier en supposant l'existence d'une fonction des forces ; ce qui implique le principe des forces vives.

209. Réflexion totale. — La quantité $c = \frac{2\pi\gamma_1}{\lambda_1}$ qui se rapporte au rayon incident est toujours réelle ; la quantité c' est aussi toujours réelle si le premier milieu est moins réfringent que le second. Mais, si $n < 1$, la quantité c' n'est réelle que si l'angle d'incidence est assez petit. Si l'angle d'incidence dépasse une certaine limite, c' devient imaginaire et il y a réflexion totale.

Tant que c' est réel, les équations (15) nous donnent pour les rapports des quantités A, B, C, etc. des valeurs réelles ; ce qui revient à dire qu'elles ont toutes même argument ou que toutes les quantités ω sont égales entre elles. Si l'on suppose que l'origine du temps ait été choisie de telle façon que ω_1 soit nul, les neuf ω seront nuls. Ainsi se trouve justifiée l'hypothèse de Fresnel.

Il n'en est plus de même quand c' est imaginaire et qu'il y a réflexion totale ; les rapports des coefficients A, B, C, etc. deviendront imaginaires. On verrait que les rapports

$$\frac{A'}{A}, \quad \frac{B'}{B}, \quad \frac{C'}{C}$$

ont pour module l'unité, ce qui prouve que l'intensité du rayon réfléchi est la même que celle du rayon incident. Les arguments de ces rapports représentent les différences de phase du rayon réfléchi et du rayon incident. Ainsi une analyse rigoureuse, que l'emploi des exponentielles imaginaires a rendue très simple, nous conduit au même résultat que l'induction hardie de Fresnel.

Quels seront alors les mouvements de l'éther dans le second milieu. Nous trouverons par exemple :

$$\eta = \text{partie réelle de } B'' e^{i(ax+bt+c'z)}$$

Comme c' est imaginaire nous pourrons poser

$$c' = ih$$

d'où, en supposant que l'origine du temps ait été choisie de façon que l'argument de B″ soit nul,

$$\eta = B'' e^{-hz} \cos(ax + bt)$$

Nous reconnaissons ainsi qu'une certaine quantité de lumière pénètre dans le second milieu et que, si elle n'est pas observable, c'est à cause de la présence du facteur e^{-hz} qui est très rapidement décroissant quand z croît. Il en résulte que l'intensité de la lumière réfractée n'est sensible qu'à une faible distance du plan de séparation, distance du même ordre de grandeur qu'une longueur d'onde.

On est parvenu à déceler la présence de cette lumière réfractée (1) par l'artifice suivant. Deux prismes de verre sont séparés par une lame d'air extrêmement mince ; cette lame est comprise entre deux faces parallèles AB et A′B′, apparte-

(1) Quincke, *Pogg. Ann.*

nant l'une au premier prisme, l'autre au second. Un rayon lumineux traverse le premier prisme et vient rencontrer la face AB sous un angle d'incidence supérieur à l'angle limite; la lumière réfractée pénètre dans la lame d'air et si cette lame est assez mince pour que la lumière atteigne la face A'B' avant de s'être éteinte, elle pénètre dans le second prisme et se comporte ensuite régulièrement, de sorte que l'on peut observer la lumière transmise à travers les deux prismes et la lame d'air.

Cette expérience paraît avoir été faite par Fresnel (1); elle a été répétée plus récemment et complétée par M. Quincke. Le phénomène est tout à fait analogue à celui des anneaux colorés; mais on n'observe pas alors les vives colorations que présentent d'ordinaire les lames minces. Il est aisé de se rendre compte pourquoi; en effet dans la théorie ordinaire des anneaux colorés, on trouve que l'intensité des rayons dont la longueur d'onde est λ, est proportionnelle à $\sin \frac{al}{\lambda}$, l désignant l'épaisseur de la lame et a un coefficient qui dépend de la direction du rayon lumineux. Pour certaines valeurs de λ, ce sinus s'annule, ce qui fait disparaître les rayons de certaines couleurs et produit une vive coloration de la lumière. Ici a est imaginaire et les sinus ordinaires sont remplacés par des sinus hyperboliques qui ne peuvent s'annuler que si $l = o$. Les vives colorations n'apparaîtront donc pas.

Nous n'insisterons pas sur cette expérience; nous nous bornerons à ajouter que les résultats concordent avec la théorie d'une façon assez satisfaisante, mais qu'il subsiste néanmoins de légères différences qui paraissent s'expliquer,

(1) FRESNEL (?) cité par VERDET, *Leçons d'optique physique*, t. II.

parce que l'épaisseur de la *couche de passage* ne serait pas tout à fait négligeable devant une longueur d'onde.

210. Objection relative à la dispersion. — Les considérations qui précèdent nous paraissent réfuter complètement les trois premières objections faites à la théorie de Fresnel. Nous reviendrons sur la cinquième à propos de la réflexion cristalline; mais nous devons parler ici de la quatrième qui est relative à la dispersion. Pour la réfuter, il faut se reporter à ce que nous avons dit des théories de la dispersion.

Prenons par exemple la dernière des théories que nous avons exposées. Dans cette théorie, on considère l'action mutuelle des molécules d'éther et des molécules matérielles, et les équations du mouvement s'écrivent en appelant ξ, η, ζ les composantes du déplacement d'une molécule d'éther, ξ_1, η_1, ζ_1 celles du déplacement d'une molécule matérielle, ρ la densité de l'éther, ρ_1 celle de la matière, M un coefficient assez grand:

$$\rho \frac{d^2\xi}{dt^2} = \Delta\xi - \frac{d\Theta}{dx} + M(\xi_1 - \xi), \quad \rho_1 \frac{d^2\xi_1}{dt^2} = M(\xi - \xi_1),$$

$$\rho \frac{d^2\eta}{dt^2} = \Delta\eta - \frac{d\Theta}{dy} + M(\eta_1 - \eta), \quad \rho_1 \frac{d^2\eta_1}{dt^2} = M(\eta - \eta_1),$$

$$\rho \frac{d^2\zeta}{dt^2} = \Delta\zeta - \frac{d\Theta}{dz} + M(\zeta_1 - \zeta), \quad \rho_1 \frac{d^2\zeta_1}{dt^2} = M(\zeta - \zeta_1),$$

M, ρ et ρ_1 doivent être regardés comme des fonctions de z qui, constantes dans chacun des deux milieux, varient très rapidement dans la couche de passage.

Supposons qu'on cherche à satisfaire à ces équations, en

faisant

$$\xi = Xe^{i(ax+bt)}, \qquad \xi_1 = X_1 e^{i(ax+bt)},$$
$$\eta = Ye^{i(ax+bt)}, \qquad \eta_1 = Y_1 e^{i(ax+bt)},$$
$$\zeta = Ze^{i(ax+bt)}, \qquad \zeta_1 = Z_1 e^{i(ax+bt)};$$

on a alors

$$\frac{1}{\xi}\frac{d^2\xi}{dt^2} = \frac{1}{\eta}\frac{d^2\eta}{dt^2} = \frac{1}{\zeta}\frac{d^2\zeta}{dt^2} = \frac{1}{\xi_1}\frac{d^2\xi_1}{dt^2} = \ldots\ldots = -b^2$$

d'où

$$\rho_1 b^2 \xi_1 + M(\xi - \xi_1) = 0, \quad \xi_1 = \frac{M\xi}{M - \rho_1 b^2}.$$

Posons

$$\rho' = \rho + \frac{M\rho_1}{M - \rho_1 b^2};$$

il viendra, en remplaçant ξ_1 par sa valeur dans la première des équations du mouvement

$$-\rho' b^2 \xi = \Delta\xi - \frac{d\Theta}{dx},$$

et de même

$$-\rho' b^2 \eta = \Delta\eta - \frac{d\Theta}{dy},$$

$$-\rho' b^2 \zeta = \Delta\zeta - \frac{d\Theta}{dz}.$$

Tout se passe donc comme si chacun des deux milieux était homogène et avait pour densité ρ'. Mais cette densité fictive ρ' dépend de b, c'est-à-dire de la longueur d'onde. Tout se passe donc comme si la densité de l'éther n'était pas la même pour les différentes couleurs, et la quatrième objection se trouve écartée.

La théorie de Briot, qui explique la dispersion en admettant que ρ n'est pas une constante mais une fonction périodique permet aussi de réfuter sans peine cette objection. Cela ne serait pas aussi aisé si on admettait la théorie de Cauchy.

THÉORIE DE NEUMANN ET MAC CULLAGH.

211. Neumann et Mac Cullagh ont fondé sur des hypothèses toutes contraires à celles de Fresnel, une théorie qui est cependant également confirmée par l'expérience. Dans l'étude de cette théorie, nous adopterons un mode d'exposition qui diffère beaucoup de celui des inventeurs, mais qui fait mieux ressortir la véritable raison de ce fait étrange.

Soient ξ, η, ζ les projections sur les trois axes du déplacement dû à la propagation d'une onde plane quelconque, de sorte que ξ, η, ζ soient les parties réelles de

$$Ae^{iP}, \qquad Be^{iP}, \qquad Ce^{iP},$$

ou

$$P = \frac{2\pi}{\lambda}(\alpha x + \beta y + \gamma z - Vt).$$

Si l'on pose

$$u = \frac{d\zeta}{dy} - \frac{d\eta}{dz}, \qquad v = \frac{d\xi}{dz} - \frac{d\zeta}{dx}, \qquad w = \frac{d\eta}{dx} - \frac{d\xi}{dy};$$

u, v et w seront les parties réelles de

$$A'e^{iP}, \qquad B'e^{iP}, \qquad C'e^{iP}$$

ou

$$A' = \frac{2\pi i}{\lambda}(\beta C - \gamma B), \quad B' = \frac{2\pi i}{\lambda}(\gamma A - \alpha C), \quad C' = \frac{2\pi i}{\lambda}(\alpha B - \beta A).$$

Si l'on regarde u, v, w comme les projections sur les trois axes du déplacement dû à la propagation d'une seconde onde plane, il y aura entre les deux mouvements vibratoires représentés respectivement par ξ, η, ζ et par u, v, w les relations suivantes :

1° Les deux vibrations (ξ, η, ζ) et (u, v, w) seront toutes deux dans le plan de l'onde (qui sera le même pour les deux mouvements vibratoires); mais elles seront perpendiculaires l'une à l'autre.

2° Il y a entre les deux vibrations une différence de phase égale à $\frac{\pi}{2}$ (à cause du facteur i qui entre dans A', B' et C').

3° L'amplitude de la vibration (u, v, w) sera à celle de la vibration (ξ, η, ζ) dans le rapport $\frac{2\pi}{\lambda}$.

212. Revenons maintenant à la théorie de Fresnel que nous venons d'exposer; nous avons vu que si l'on appelle ξ_1, η_1, ζ_1; ξ_2, η_2, ζ_2; ξ_3, η_3, ζ_3 : les composantes du déplacement dû respectivement à la lumière incidente, à la lumière réfléchie, et à la lumière réfractée, des considérations théoriques ont conduit Fresnel à établir entre ces neuf quantités certaines relations que l'expérience a confirmées.

On peut former alors les quantités u_1, v_1, w_1 ; u_2, v_2, w_2 ;

u_3, v_3, w_3; de la façon suivante :

$$u_1 = \frac{d\zeta_1}{dy} - \frac{d\eta_1}{dz}, \quad \cdots\cdots$$

$$u_2 = \frac{d\zeta_2}{dy} - \frac{d\eta_2}{dz}, \quad \cdots\cdots$$

Supposons avec Neumann et Mac Cullagh que la vibration est parallèle au plan de polarisation, perpendiculaire par conséquent à la vibration de Fresnel.

Supposons en même temps que les trois composantes des vibrations incidente, réfléchie et réfractée sont respectivement u_1, v_1, w_1; u_2, v_2, w_2; u_3, v_3, w_3 ces quantités étant liées par les mêmes relations que dans la théorie de Fresnel.

Nous allons montrer d'abord que ces hypothèses ne sont pas contredites par l'expérience, c'est-à-dire que les résultats vérifiables expérimentalement sont les mêmes que dans la théorie de Fresnel.

En effet, les vibrations (ξ, η, ζ) et (u, v, w) sont perpendiculaires entre elles, d'où il suit que la direction des vibrations incidente, réfléchie et réfractée est dans la théorie de Neumann perpendiculaire à ce qu'elle est dans la théorie de Fresnel; mais, comme nous supposons en même temps que le plan de polarisation est parallèle à la vibration et non perpendiculaire comme l'imaginait Fresnel, le plan de polarisation qui est seul accessible à l'expérience, est le même dans les deux théories opposées.

Soient I_1, I_2, I_3 les intensités des lumières incidente, réfléchie et réfractée dans la théorie de Fresnel; soient I'_1, I'_2, I'_3 les intensités des mêmes lumières dans la théorie de Neumann. Soient λ_1, λ_2 et λ_3 les longueurs d'onde correspondante.

Comme les intensités sont proportionnelles aux carrés des amplitudes, on aura

$$I'_1 = \frac{4\pi^2}{\lambda_1^2} I_1, \qquad I'_2 = \frac{4\pi^2}{\lambda_2^2} I_2, \qquad I'_3 = \frac{4\pi^2}{\lambda_3^2} I_3.$$

Comme $\lambda_1 = \lambda_2 = n\lambda_3$ on aura

$$\frac{I'_2}{I'_1} = \frac{I_2}{I_1}, \quad \frac{I'_3}{I'_1} = n^2 \frac{I_3}{I_1}.$$

Ainsi le rapport de l'intensité de la lumière réfléchie à celle de la lumière incidente est la même dans les deux théories, de sorte que les expériences qui déterminent ce rapport ne permettent pas non plus de décider entre elles.

Le rapport $\frac{I'_3}{I'_1}$ est au contraire différent de rapport $\frac{I_3}{I_1}$; mais si nous supposons par exemple que le premier milieu soit l'air et le second le verre, on pourra observer l'intensité de la lumière incidente, mais on n'aura aucun moyen d'aller observer dans le verre celle de la lumière réfractée; il faudra attendre, pour que cette observation devienne possible, que cette lumière soit sortie du verre par une nouvelle réfraction pour pénétrer de nouveau dans l'air. Son intensité sera devenue alors I_4 dans la théorie de Fresnel, I'_4 dans celle de Neumann et puisque la longueur d'onde sera de nouveau égale à λ_1, (longueur d'onde dans l'air) on aura :

$$I'_4 = \frac{4\pi^2}{\lambda_1^2} I_4$$

de sorte qu'il viendra encore

$$\frac{I'_4}{I_4} = \frac{I'_1}{I_1}$$

De même les expériences d'interférence telles que celle des trois miroirs ne peuvent permettre de donner la préférence à l'une des deux théories. Si deux rayons interfèrent de façon à se détruire c'est que les valeurs de ξ, η, et ζ relatives à ces deux rayons sont respectivement égales et de signe contraire. Il en sera alors évidemment de même des valeurs de :

$$u = \frac{d\zeta}{dy} - \frac{d\eta}{dz}, \qquad v = \frac{d\xi}{dz} - \frac{d\zeta}{dx}, \qquad w = \frac{d\eta}{dx} - \frac{d\xi}{dy}.$$

En résumé les deux théories sont toutes deux également bien conformes à l'expérience.

213. Principe de continuité. — Nous avons vu, (**203**) que u, v, w sont des fonctions continues. Comme ces fonctions représentent dans la nouvelle théorie les composantes du déplacement, nous voyons que ces trois composantes sont continues. *Le principe de continuité n'est donc plus ici soumis à la même restriction que dans la théorie de Fresnel* où les composantes parallèles au plan de séparation devaient être continues tandis que la composante normale pouvait être discontinue.

Cette condition de continuité s'exprime en écrivant que pour $z = o$, on a

$$(1) \quad u_1 + u_2 = u_3; \qquad v_1 + v_2 = v_3; \qquad w_1 + w_2 = w_3.$$

214. Densité de l'éther. — Voyons quelle doit être dans la nouvelle théorie la densité de l'éther. Reportons-nous à ce que nous avons dit plus haut au sujet de l'application du principe des forces vives (**202**). Ce principe doit être applicable aussi bien dans l'hypothèse de Neumann que dans celle de Fresnel. Soient v_1, v_2 et v_3 les volumes de trois parallélipipèdes d'éther CDEF,

C'D'E'F' et C''D''E''F''. Soient ρ_1 et ρ_3 les densités de l'éther admises par Fresnel dans le premier et le second milieu; ρ_1' et ρ_3' ce que doivent être ces mêmes densités dans la nouvelle théorie; on aura d'après l'une des hypothèses de Fresnel

$$\rho_3 = n^2\rho_1.$$

Le principe des forces vives s'écrira dans la théorie de Fresnel

$$(2) \qquad \rho_1 (v_1 I_1 - v_2 I_2) = \rho_3 v_3 I_3,$$

et dans celle de Neumann

$$(3) \qquad \rho_1' (v_1 I_1' - v_2 I_2') = \rho_3' v_3 I_3'.$$

L'équation (2) donne

$$v_1 I_1 - v_2 I_2 = n^2 v_3 I_3$$

d'où

$$v_1 I_1' - v_2 I_2' = v_3 I_3',$$

ou enfin en comparant à (3) :

$$\rho_3' = \rho_1'.$$

Ainsi dans la théorie de Neumann, la densité de l'éther doit être regardée comme constante et son élasticité comme seule variable.

En résumé les hypothèses que nous avons faites équivalent aux suivantes qui sont celles qui ont été énoncées par Neumann et Mac Cullagh :

1° La vibration est perpendiculaire au plan de polarisation ;

2° La densité de l'éther est constante ;

3° Les trois composantes du déplacement sont des fonctions continues.

215. Théorème de Mac Cullagh. — Soit O (*fig.* 27) un point du plan de séparation; menons par ce point trois droites OI, OR' et OR dont les projections sur les trois axes soient respectivement, u_1, v_1, w_1; u_2, v_2, w_2; u_3, v_3, w_3. Ces trois droites représenteront en grandeur et direction, dans la théorie de Neumann, les vibrations incidente, réfléchie et réfractée. D'après les équations (1), OR est la somme géométrique de OI et de OR', c'est-à-dire la diagonale du parallélogramme construit sur OI et OR'. Les trois droites OI, OR et OR' sont donc dans un même plan.

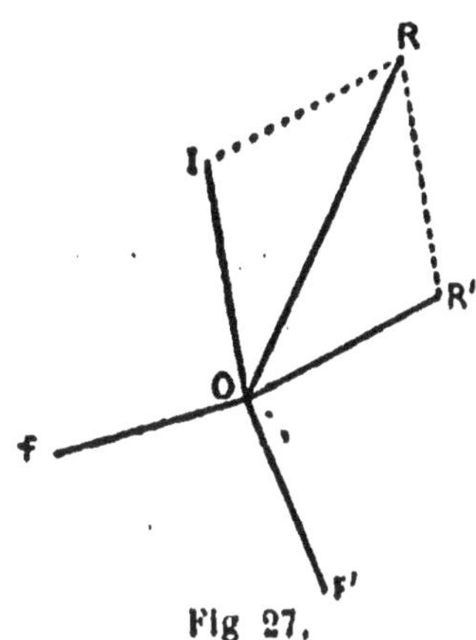

Fig 27.

Cherchons à déterminer ce plan. Soient OF et OF' les directions des vibrations incidente et réfractée dans la théorie de Fresnel. Le plan IOF est celui de l'onde incidente, le plan R'OF' celui de l'onde réfractée. D'après un théorème démontré plus haut (**204**), OF est la projection de OF' sur l'onde incidente. Les deux plans, IOF et F'OF sont donc rectangulaires; de plus l'angle IFO est droit; donc OI est perpendiculaire au plan FOF' et par conséquent à OF'; OF' perpendiculaire à la fois à OI et à OR est perpendiculaire au plan ROI. Donc le plan ROI et le plan de l'onde réfractée sont rectangulaires. Donc *le plan des trois vibrations OI, OR et OR' passe par le rayon réfracté.*

Ceci permet de résoudre le problème suivant : connaissant en grandeur et direction la vibration incidente OI (dans la théorie de Neumann) construire les vibrations réfléchie et réfractée.

Par OI et le rayon réfracté faisons passer un plan qui coupe l'onde réfléchie suivant une certaine droite OR' et l'onde réfractée suivant une droite OR. Par le point I menons une parallèle à OR' jusqu'à sa rencontre en R avec OR, puis par le point R une parallèle à OI jusqu'à sa rencontre en R' avec OR'. Nous avons ainsi construit en grandeur et direction les droites OR et OR'.

Si l'on veut énoncer le théorème sans faire intervenir la direction de la vibration, il faut dire :

Le plan de polarisation du rayon réfracté coupe le plan de polarisation du rayon incident suivant une droite perpendiculaire au rayon incident et le plan de polarisation du rayon réfléchi suivant une droite perpendiculaire au rayon réfléchi.

THÉORIE DE CAUCHY (1)

216. Cauchy prend pour point de départ le principe de continuité auquel il n'apporte aucune restriction ; non seulement ξ, η et ζ doivent être des fonctions continues, mais il en est de même des dérivées $\frac{d\xi}{dz}$, $\frac{d\eta}{dz}$ et $\frac{d\zeta}{dz}$, (si l'on prend pour plan des xy le plan de séparation).

Il serait impossible de satisfaire à ces conditions si l'on n'admettait qu'à côté des vibrations transversales susceptibles d'être observées, il se propage également des vibrations longitudinales inaccessibles à l'expérience. Nous ne devons donc

(1) Nouveaux exercices de mathématiques, *Comptes rendus*, passim 1836 et 1839. *Œuvres complètes*, première série, t. IV, passim et principalement page 112 sqq. première série, t. V, page 111.

pas admettre que la vitesse de propagation des rayons longitudinaux soit nulle; elle ne peut non plus être réelle, sans quoi une portion de la force vive due à la lumière incidente serait absorbée par ces ondes longitudinales et l'expérience n'indique aucune trace d'une semblable perte de force vive.

Nous sommes donc conduits à supposer que cette vitesse de propagation est imaginaire ; elle sera par exemple $i\varepsilon$ dans le premier milieu et $i\varepsilon'$ dans le second. D'ailleurs ε et ε' seront très petits. De cette façon les rayons longitudinaux seront évanescents (**58**) et n'absorberont pas de force vive.

Soient ξ_1, η_1, ζ_1 les composantes du déplacement dû aux vibrations transversales, ξ_2, η_2, ζ_2 les composantes du déplacement dû aux vibrations longitudinales, on aura :

$$\xi = \xi_1 + \xi_2, \qquad \eta = \eta_1 + \eta_2, \qquad \zeta = \zeta_1 + \zeta_2,$$

Cherchons à satisfaire aux conditions en posant comme plus haut (**210**)

$$\xi_1 = X_1 e^{i(ax+bt)}, \qquad \eta_1 = Y_1 e^{i(ax+bt)}, \qquad \zeta_1 = Z_1 e^{i(ax+bt)}$$
$$\xi_2 = X_2 e^{i(ax+bt)}, \qquad \eta_2 = Y_2 e^{i(ax+bt)}, \qquad \zeta_2 = Z_2 e^{i(ax+bt)}$$

les X, les Y et les Z étant des fonctions de z seulement.

Nous aurons, dans le premier milieu, c'est-à-dire pour $z < 0$,

$$X_2 = Ae^{+hz}, \qquad Y_2 = Be^{+hz}, \qquad Z_2 = Ce^{+hz};$$

et dans le second milieu, c'est-à-dire pour $z > 0$

$$X_2 = A'e^{-h'z}, \qquad Y_2 = B'e^{-h'z}, \qquad Z_2 = C'e^{-h'z}.$$

Écrivons que la vitesse de propagation dans le premier milieu est $i\varepsilon$, il viendra

$$\frac{b^2}{a^2 - h^2} = -\varepsilon^2 \qquad \text{ou} \qquad h = \sqrt{a^2 + \frac{b^2}{\varepsilon^2}}.$$

On trouve de même

$$h' = \sqrt{a^2 + \frac{b^2}{\varepsilon'^2}}.$$

Nous voyons d'abord que ε et ε' étant très petits, h et h' seront très grands. Par conséquent les facteurs e^{hz} (dans le premier milieu où $z < 0$) et $e^{-h'z}$ (dans le second milieu où $z > 0$) seront très petits à moins que la valeur absolue de z ne soit très petite. Il n'y aura donc de lumière longitudinale sensible que dans le voisinage immédiat du plan de séparation ce qui explique pourquoi elle est inobservable et n'absorbe pas de force vive.

Ecrivons que la vibration (ξ_2, η_2, ζ_2) est longitudinale; nous aurons :

$$(2) \qquad \frac{d\zeta_2}{dy} - \frac{d\eta_2}{dz} = \frac{d\xi_2}{dz} - \frac{d\zeta_2}{dx} = \frac{d\eta_2}{dx} - \frac{d\xi_2}{dy} = 0.$$

Cela montre que $\frac{d\zeta_2}{dy} - \frac{d\eta_2}{dz}$ est continu ; il en est de même de $\frac{d\zeta}{dy} - \frac{d\eta}{dz}$ puisque d'après le principe de Cauchy, ξ, η, ζ sont continus ainsi que leurs dérivées du premier ordre. Donc $\frac{d\zeta_1}{dy} - \frac{d\eta_1}{dz}$ est continu, de même que $\frac{d\xi_1}{dz} - \frac{d\zeta_1}{dx}$; $\frac{d\eta_1}{dx} - \frac{d\xi_1}{dy}$. Ainsi si l'on ne considère que la lumière transversale observable les quantités que nous avons appelées plus haut u, v, w sont continues comme dans la théorie de Fresnel.

Les conditions (2) peuvent aussi s'écrire,

$$\frac{A}{a}=\frac{C}{-ih'}, \qquad \frac{A'}{a}=\frac{C'}{+ih'}, \qquad B=B'=0.$$

Donc $\eta_2=0$ et comme η est continu, η_1 devra l'être aussi comme dans la théorie de Fresnel.

Il vient ensuite dans le premier milieu

$$h^2\frac{d\xi_2}{dx}+a^2\frac{d\zeta_2}{dz}=0,$$

et dans le second milieu

$$h'^2\frac{d\xi_2}{dx}+a^2\frac{d\zeta_2}{dz}=0,$$

ou, ce qui revient au même, dans le premier milieu

$$(3) \qquad b^2\frac{d\xi_2}{dx}+a^2\varepsilon^2\left(\frac{d\xi_2}{dx}+\frac{d\zeta_2}{dz}\right)=0,$$

et dans le second

$$(4) \qquad b^2\frac{d\xi_2}{dx}+a^2\varepsilon'^2\left(\frac{d\xi_2}{dx}+\frac{d\zeta_2}{dz}\right)=0.$$

La vibration (ξ_1, η_1, ζ_1) étant transversale on aura dans les deux milieux

$$\frac{d\xi_1}{dx}+\frac{d\zeta_1}{dz}=0. \qquad (\eta_1 \text{ est indépendant de } y)\ ;$$

et comme $\frac{d\xi}{dx}+\frac{d\zeta}{dz}$ est continu, cela signifie que $\frac{d\xi_2}{dx}+\frac{d\zeta_2}{dz}$ est également continu.

Si donc nous appelons ξ_2^0 et ζ_2^0 les valeurs de ξ_2 et de ζ_2 dans le premier milieu, mais infiniment près du plan de séparation, et de même ξ_2^1 et ζ_2^1 les valeurs de ξ_2 et ζ_2 dans le second milieu et infiniment près du plan de séparation, nous aurons

$$\frac{d\xi_2^0}{dx} + \frac{d\zeta_2^0}{dz} = \frac{d\xi_2^1}{dx} + \frac{d\zeta_2^1}{dz};$$

et les équations (3) et (4) donneront

$$\text{(5)} \qquad \frac{d\xi_2^1}{dx} - \frac{d\xi_2^0}{dx} = \frac{a^2}{b^2}(\varepsilon^2 - \varepsilon'^2)\left(\frac{d\xi_2^0}{dx} + \frac{d\zeta_2^0}{dz}\right).$$

Si la vitesse de propagation des vibrations longitudinales était la même dans tous les milieux, on aurait $\varepsilon = \varepsilon'$; le second membre de l'égalité (5) serait nul et $\frac{d\xi_2}{dx}$ serait continu. Il en en résulterait que $\frac{d\xi_1}{dx}$ et par conséquent ξ_1 seraient des fonctions continues et il y aurait concordance complète avec la théorie de Fresnel.

Mais il est plus naturel de supposer $\varepsilon \gtrless \varepsilon'$; dans ce cas, comme ε et ε' sont tous deux très petits, le second membre de (5) n'est plus nul mais seulement très petit et la concordance avec la théorie de Fresnel n'est plus qu'approximative. En particulier le rayon réfléchi devrait présenter des traces de polarisation elliptique.

La théorie de Cauchy a paru un instant recevoir une confirmation éclatante quand les expériences de Jamin ont décélé l'existence de ces traces de polarisation elliptique que le géomètre français avait prévues. Mais de nouvelles expériences du même physicien ont cessé de concorder avec les prévisions de Cauchy.

Soient ε, ε', ε'' les vitesses de la lumière longitudinale dans l'air, dans l'eau et dans le verre ; les observations de Jamin sur la réfraction de l'air dans le verre devraient fournir le rapport $\frac{\varepsilon}{\varepsilon''}$; de même en observant la réfraction de l'air dans l'eau, puis de l'eau dans le verre, on devrait trouver les rapports $\frac{\varepsilon}{\varepsilon'}$ et $\frac{\varepsilon'}{\varepsilon''}$.

Le premier rapport devrait être égal au produit des deux autres; il n'en est rien.

Aussi la théorie de Cauchy est-elle aujourd'hui abandonnée et préfère-t-on expliquer les phénomènes observés par Jamin en admettant que l'épaisseur de la couche de passage (208) n'est pas négligeable devant une longueur d'onde.

RÉFLEXION CRISTALLINE

Il y a deux théories principales de la réflexion cristalline; la première est une extension de la théorie de Neumann et Mac-Cullagh; la seconde est celle de M. Sarrau qui peut être regardée comme une généralisation des théories de Cauchy et de Fresnel.

THÉORIE DE MAC-CULLAGH (1)

217. Hypothèses fondamentales. — Mac-Cullagh et Neumann admettent les mêmes hypothèses que dans le cas de la réflexion vitreuse :

1° La vibration est parallèle au plan de polarisation;

2° L'élasticité de l'éther est variable et sa densité constante;

3° Le principe des forces vives est applicable;

4° Les trois composantes du déplacement ξ, η et ζ sont des fonctions continues.

218. Équations du mouvement lumineux. — Rappelons d'abord quelles sont les équations de la double réfraction rapportées à des axes quelconques (**179**).

Soient X, Y, Z les trois composantes de la vibration de M. Sarrau; ξ, η, ζ celles de la vibration de Neumann, u, v, w

(1) Mac-Cullagh, Transactions de l'Académie royale d'Irlande, vol. XVIII; *Journal de Liouville*, première série, tome VII, page 217; Neumann, *Journal de Liouville*, première série, tome VII, page 369, traduction d'un mémoire lu à l'Académie de Berlin, le 7 décembre 1835.

celles de la vibration de Fresnel, il viendra :

$$\xi = \frac{dZ}{dy} - \frac{dY}{dz}, \qquad u = \frac{d\zeta}{dy} - \frac{d\eta}{dz}, \qquad \frac{d^2X}{dt^2} = \frac{dW_2}{du}$$

$$\eta = \frac{dX}{dz} - \frac{dZ}{dx}, \qquad v = \frac{d\xi}{dz} - \frac{d\zeta}{dx}, \qquad \frac{d^2Y}{dt^2} = \frac{dW_2}{dv}$$

$$\zeta = \frac{dY}{dx} - \frac{dX}{dy}, \qquad w = \frac{d\eta}{dx} - \frac{d\xi}{dy}, \qquad \frac{d^2Z}{dt^2} = \frac{dW_2}{dw}$$

$$2W_2 = au^2 + bv^2 + cw^2 + 2evw + 2fuw + 2guv.$$

Si l'on observe qu'en tenant compte des expressions de u et de v, on a

$$\frac{dW_2}{du} = \frac{dW_2}{d\zeta'_y} = -\frac{dW_2}{d\eta'_z}, \qquad \frac{dW_2}{d\xi'_x} = \frac{dW_2}{d\eta'_y} = \frac{dW_2}{d\zeta'_z} = 0, \text{ etc.}$$

il viendra

$$\frac{d^2\xi}{dt^2} = \frac{d}{dy}\frac{d^2Z}{dt^2} - \frac{d}{dz}\frac{d^2Y}{dt^2} = -\frac{d}{dy}\frac{dW_2}{d\xi'_y} - \frac{d}{dz}\frac{dW_2}{d\xi'_z},$$

ou

$$(1) \qquad \frac{d^2\xi}{dt^2} = -\frac{d}{dx}\frac{dW_2}{d\xi'_x} - \frac{d}{dy}\frac{dW_2}{d\xi'_y} - \frac{d}{dz}\frac{dW_2}{d\xi'_z}.$$

On en déduirait par symétrie deux équations analogues pour $\frac{d^2\eta}{dt^2}$ et $\frac{d^2\zeta}{dt^2}$.

Cela posé, nous allons reprendre l'hypothèse de la couche de passage que nous avons exposée plus haut (**208**) et montrer que cette hypothèse est équivalente à celle de Neumann.

Dans la théorie de la double réfraction on regarde les coefficients de W_2 comme des constantes. Mais ici nous n'avons plus affaire à un milieu homogène. Nous devons donc regarder ces coefficients a, b, c, e, f, g comme variables.

Nous considérerons toujours deux milieux séparés par une couche de passage extrêmement mince; cette couche de passage sera limitée par deux plans parallèles, à savoir par le plan des xy et par un plan infiniment voisin. Dans chacun des deux milieux les coefficients de W_2 conserveront des valeurs constantes; dans la couche de passage au contraire ils varieront très rapidement. Remarquons de plus que, si l'un des plans qui limitent la couche de passage est pris pour plan des xy, ces coefficients seront fonctions de z seulement.

On aura alors par exemple :

$$\frac{dW_2}{d\xi'_z} = gu + bv + ew,$$

et

$$\frac{d}{dz}\frac{dW_2}{d\xi'_z} = g\frac{du}{dz} + b\frac{dv}{dz} + e\frac{dw}{dz} + u\frac{dg}{dz} + v\frac{db}{dz} + w\frac{de}{dz}.$$

Je dis maintenant que les équations que je viens d'écrire équivalent aux hypothèses de Neumann et Mac-Cullagh.

219. Densité de l'éther. — En premier lieu elles entraînent le principe des forces vives et la constance de la densité de l'éther. En effet nous avons vu dans le chapitre Ier que si ρ est la densité de l'éther et que $\int W_2 d\tau$ représente la fonction des forces, l'équation du mouvement s'écrira

$$(2)\qquad \rho\frac{d^2\xi}{dt^2} = -\frac{d}{dx}\frac{dW_2}{d\xi'_x} - \frac{d}{dy}\frac{dW_2}{d\xi'_y} - \frac{d}{dz}\frac{dW_2}{d\xi'_z}.$$

Cette équation devient identique à l'équation (1) si l'on y fait $\rho = 1$.

L'existence d'une fonction des forces entraîne le principe des forces vives. On est obligé d'ailleurs, pour identifier les équations (1) et (2), de supposer $\rho = 1$, c'est-à-dire de regarder la densité de l'éther comme constante, ce qui est précisément l'hypothèse de Neumann.

220. Principe de continuité. — En second lieu les équations du mouvement telles que nous venons de les écrire entraînent la continuité de ξ, η, ζ qui constitue la seconde hypothèse de Neumann.

En effet, supposons qu'on cherche à satisfaire aux équations du mouvement en faisant comme nous l'avons fait plusieurs fois dans la théorie de la réflexion vitreuse,

$$
\begin{aligned}
X &= X_1 e^{i(\alpha x + \beta t)}, & \xi &= \xi_1 e^{i(\alpha x + \beta t)}, & u &= u_1 e^{i(\alpha x + \beta t)}, \\
Y &= Y_1 e^{i(\alpha x + \beta t)}, & \eta &= \eta_1 e^{i(\alpha x + \beta t)}, & v &= v_1 e^{i(\alpha x + \beta t)}, \\
Z &= Z_1 e^{i(\alpha x + \beta t)}, & \zeta &= \zeta_1 e^{i(\alpha x + \beta t)}, & w &= w_1 e^{i(\alpha x + \beta t)},
\end{aligned}
$$

X_1, Y_1, Z_1. ξ_1, η_1, ζ_1, u_1, v_1, w_1 étant des fonction de z seulement.

Les équations du mouvement donneront :

$$
\begin{aligned}
\frac{dY}{dz} &= -\xi, & \frac{dX}{dz} &= \eta + i\alpha Z, \\
\frac{d\eta}{dz} &= -\mu, & \frac{d\xi}{dz} &= v + i\alpha\zeta, \\
\zeta &= i\alpha Y, & w &= i\alpha\eta.
\end{aligned}
$$

Ces équations montrent :

1° Que les dérivées de ξ, η, X et Y sont finies et que ces quatre quantités sont par conséquent continues;

2° Que ζ et w sont égaux à Y et à η au facteur constant près

$i\alpha$. Donc ζ et w sont continues comme Y et η le sont elles-mêmes.

Ainsi :

1° Les trois composantes ξ, η, ζ de la vibration de Neumann sont continues ;

2° Les deux composantes de la vibration de M. Sarrau parallèles au plan de séparation, c'est-à-dire X et Y sont aussi continues.

221. Vérifications expérimentales. — En écrivant que X, Y, ξ, η et ζ sont des fonctions continues, on a un nombre suffisant d'équations pour déterminer en grandeur et direction les vibrations réfléchie et réfractée, quand on connaît la vibration incidente. Nous ne croyons pas utile toutefois de former ici ces équations linéaires et de les résoudre effectivement; il n'y a là qu'un calcul algébrique qui est assez long mais ne présente aucune difficulté. Nous nous bornerons à dire que les prévisions de la théorie ont été confirmées par l'expérience.

Dans toutes les expériences qui ont été faites, le premier milieu était monoréfringent et le second cristallin et dans les développements qui vont suivre nous supposerons toujours qu'il en est ainsi. Une des difficultés principales provient de ce que toutes les substances connues sont assez peu biréfringentes; il en résulte que le plan de polarisation diffère peu en général de ce qu'il serait avec une substance isotrope. On a tourné cette difficulté en prenant comme premier milieu un liquide dont l'indice de réfraction diffère peu de l'indice moyen du cristal. Dans ces conditions on peut observer des déviations très considérables du plan de polarisation. Les déviations observées paraissent concorder suffisamment avec les déviations calculées.

Il semble toutefois que certains cristaux présentent des anomalies. Ainsi le diamant qui est du système cubique et devrait se comporter par conséquent comme un corps isotrope donne lieu à une polarisation elliptique très intense.

222. Réfraction uniradiale. — Si un rayon incident tombe sur un cristal, il se partage en un rayon réfléchi et deux rayons réfractés; ces deux derniers sont entièrement polarisés. Supposons maintenant que le rayon incident ait été polarisé par son passage à travers un nicol; quand on fera tourner ce nicol, les intensités des deux rayons réfractés varieront; dans une des positions du nicol, l'un des rayons réfractés disparaît; dans une autre position, c'est l'autre rayon réfracté qui s'éteint. On dit alors qu'il y a *réfraction uniradiale*. Les directions de la vibration incidente qui correspondent à cette extinction de l'un des deux rayons réfractés s'appellent les deux directions uniradiales.

223. Théorème de Mac-Cullagh. — Le théorème de Mac-Cullagh (**215**) est susceptible d'une généralisation remarquable par son élégance (1), mais que nous énoncerons sans démonstration.

Il faut d'abord donner la définition du plan polaire d'une des vibrations réfractées. Nous considérons un des deux rayons réfractés; par un point O quelconque menons une parallèle ON à la vibration de Neumann et une parallèle OM au rayon. Construisons la surface de l'onde qui a pour centre le point O

(1) Mac-Cullagh, *Journal de Liouville*, première série, tome VII, 1842.

et qui vient couper en M le rayon lumineux OM. En ce point M menons le plan tangent à la surface de l'onde et abaissons du point M une perpendiculaire OP sur ce plan tangent; nous appellerons R le chemin que la lumière aurait parcouru dans le premier milieu pendant le temps que met dans le second milieu un ébranlement parti du point O pour parvenir au point M ou en un point quelconque de la surface de l'onde qui passe en M.

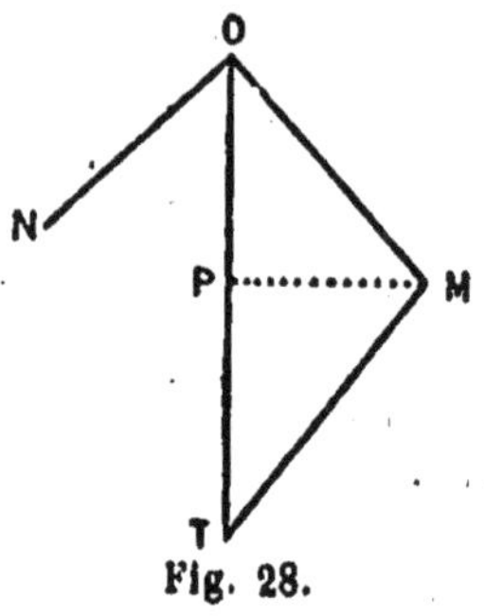

Fig. 28.

Prenons ensuite sur le prolongement de OP un point tel que :

$$OT = \frac{R^2}{OP}.$$

Joignons MT ; le plan mené par ON parallèlement à MT s'appelle le plan polaire du rayon réfracté considéré.

Il résulte de cette définition que si l'on change la direction du plan de séparation en faisant varier en même temps la direction du rayon incident, mais de telle façon que celle du rayon réfracté ne change pas, le plan polaire ne changera pas non plus, pourvu que l'indice de réfraction du premier milieu soit resté le même; la direction de ce plan dépend au contraire de l'indice de réfraction du premier milieu.

Voici maintenant en quoi consiste le théorème de Mac-Cullagh.

Dans le cas de la réfraction uniradiale, on obtiendra le déplacement d'un point quelconque du premier milieu en composant les déplacements dus à la vibration incidente et à la vibration réfléchie ; quant au déplacement d'un point du second milieu il se réduira au déplacement dû à la seule vibration réfractée qui subsiste, puisque nous avons supposé le nicol orienté de façon à éteindre la seconde vibration réfractée.

Si donc nous construisons en un point du plan de séparation trois droites représentant en grandeur et direction la vibration réfractée, la vibration incidente et la vibration réfléchie, la première sera la somme géométrique des deux autres. Ces trois droites sont donc dans un même plan.

L'analyse de Mac-Cullagh montre que ce plan n'est autre que le plan polaire de la vibration réfractée.

224. Proposons-nous maintenant le problème suivant:

Connaissant en grandeur et direction la vibration incidente, construire la vibration réfléchie et les deux vibrations réfractées.

La construction de Huyghens nous permettra d'abord, connaissant le plan de l'onde incidente de construire les plans de l'onde réfléchie et des deux ondes réfractées; nous connaîtrons également le rayon réfléchi et les deux rayons réfractés.

Nous en déduirons les *directions* des deux vibrations réfractées OR' et OR''; puisque dans la théorie de Neumann la vibration réfractée doit être menée dans le plan de l'onde perpendiculairement au rayon (**215**).

Nous construisons ensuite les plans polaires des deux vibrations réfractées; ces plans polaires couperont le plan de l'onde incidente suivant les deux *directions uniradiales*.

Soit OI la vibration incidente donnée, nous la décomposerons, par la règle de parallélogramme en deux composantes OI' et OI'' dirigées suivant ces deux directions uniradiales.

Le premier plan polaire qui passe par OR' et OI' coupera l'onde réfléchie suivant une droite OS'. Nous achevons le parallélogramme OI'R'S' dont un côté est OI' et dont l'autre côté et la diagonale sont dirigés suivant OR' et OS'. Alors OR' représentera, non seulement en direction, mais en grandeur la première vibration réfractée, et OS' représentera en grandeur et en direction ce que serait la vibration réfléchie si la vibration incidente se réduisait à OI'.

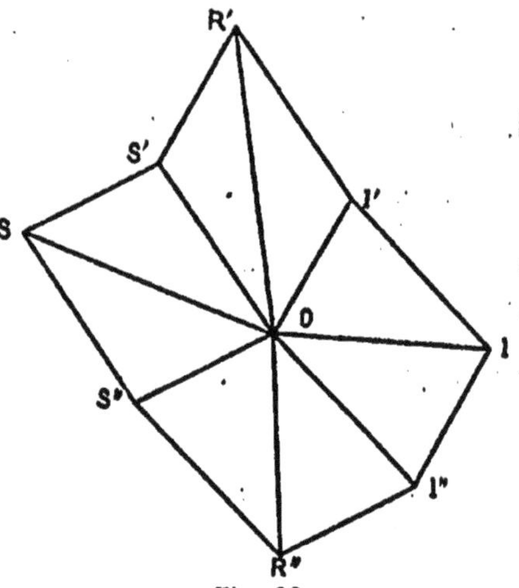

Fig. 29.

On construirait de même un second parallélogramme OI" R"S" dont un côté serait OI"; dont la diagonale OR" représenterait en grandeur et direction la seconde vibration réfractée; dont enfin le second côté OS" représenterait ce que serait la vibration réfléchie si la vibration incidente se réduisait à OI".

On n'aurait plus ensuite qu'à composer OS' et OS" par la règle du parallélogramme pour avoir la vibration réfléchie totale OS.

225. *Remarque.* — Il est aisé de se rendre compte d'après ce qui précède pourquoi les phénomènes de la réflexion cristalline s'écartent d'autant plus de ceux de la réflexion vitreuse que l'indice du premier milieu se rapproche plus de l'indice moyen du cristal. En effet l'écart entre les deux ordres de phénomènes sera d'autant plus grand que le plan polaire défini plus haut s'écartera plus du plan NOP ; c'est-à-dire que l'angle PTM sera plus voisin de 90°. Les substances connues étant peu biréfringentes l'angle POM est petit et par conséquent PM est petit.

Pour que l'angle PTM ne soit pas petit, il faut que PT soit petit. Or :

$$PT = \frac{R^2}{OP} - OP.$$

Il faut donc que OP soit très voisin de R. Or $\frac{OP}{R}$ est le rapport de la vitesse de propagation de l'onde réfractée à celle de l'onde incidente. Ces deux vitesses doivent donc être très voisines ce qui exige que les indices moyens des deux milieux soient peu différents.

THÉORIE DE M. SARRAU (1)

226. M. Sarrau suppose :

1° Que la véritable vibration a pour composantes les quantités que nous avons appelées plus haut X, Y et Z ;

2° Il admet en outre les principes fondamentaux de la théorie de la réflexion qui est due à Cauchy et d'après lesquels les trois composantes du déplacement seraient continues ainsi que leurs dérivées du premier ordre, mais à la condition de tenir compte, à côté des rayons transversaux observables, de rayons longitudinaux évanescents et inaccessibles à l'expérience.

Nous avons vu plus haut (**216**) quelles étaient les conséquences des principes admis par Cauchy. Si ξ_1, η_1, ζ_1 sont les trois composantes du déplacement dû à la lumière transversale (en prenant le plan d'incidence pour plan des xz et le plan de séparation pour plan des xy), les quantités

$$\eta_1, \quad \frac{d\zeta_1}{dy} - \frac{d\eta_1}{dz}, \quad \frac{d\xi_1}{dz} - \frac{d\zeta_1}{dx}, \quad \frac{d\eta_1}{dx} - \frac{d\xi_1}{dy},$$

(1) *Journal de Liouville*, deuxième série, t. XIII.

sont des fonctions continues. Si en outre la vitesse imaginaire des ondes longitudinales est la même dans tous les milieux, ξ_1 est aussi une fonction continue. Quand même d'ailleurs cette condition n'est pas remplie, ξ_1 est encore approximativement continu.

Ici les trois composantes de la véritable vibration sont X, Y et Z; donc X, Y et

$$\xi = \frac{dZ}{dy} - \frac{dY}{dz}, \qquad \eta = \frac{dX}{dz} - \frac{dZ}{dx}, \qquad \zeta = \frac{dY}{dx} - \frac{dX}{dy}$$

sont des fonctions continues. Ce sont là précisément les résultats auxquels conduisait la théorie de Neumann et Mac-Cullagh ; il y a donc concordance parfaite entre les deux théories.

Il importe de préciser, dans le cas des milieux anisotropes, ce qu'on doit entendre par rayon longitudinal ; les vibrations longitudinales sont dirigées non suivant le rayon, mais normalement au plan de l'onde.

Ajoutons que la théorie de M. Sarrau conduirait au même résultat, si au lieu de prendre pour point de départ les idées de Cauchy, il avait supposé l'existence d'une couche de passage et la variation continue des coefficients du polynôme que nous avons appelé W_2.

La théorie de la double réfraction de Fresnel (**149**) combinée avec les principes de la théorie de la réflexion de Cauchy, conduit à des résultats incompatibles avec les observations.

Il n'en est pas de même si on admet que la véritable vibration est celle de Fresnel et qu'il existe une couche de passage ; les résultats auxquels on est ainsi amené ne diffèrent pas de ceux qu'on peut déduire des deux autres théories.

Grâce à l'hypothèse de la couche de passage, les phénomènes de la réflexion cristalline ne permettent pas de décider entre les trois théories de la double réfraction ; les équations du § (**218**) conservent en effet toujours la même forme quelle que soit celle de ces trois théories que l'on adopte ; l'interprétation physique seule diffère. Pour M. Sarrau, c'est X, Y, Z ; pour Neumann, c'est ξ, η, ζ ; pour Fresnel c'est u, v, w qui représentent les composantes de la véritable vibration. Mais la forme analytique des équations et par conséquent les phénomènes observables restent les mêmes dans ces trois cas.

RÉFLEXION MÉTALLIQUE

227. Propagation de la lumière dans un milieu absorbant. — Les milieux opaques comme les métaux doivent être considérés, non comme absolument imperméables à la lumière, puisque en lame mince ils jouissent d'une certaine transparence, mais comme doués d'un pouvoir absorbant considérable.

Voyons comment on peut concevoir la propagation de la lumière dans un semblable milieu.

Les trois composantes du déplacement seront les parties réelles de fonctions de la forme

$$\xi = Ae^{iP}, \quad \eta = Be^{iP}, \qquad \text{où } P = \frac{2\pi}{\lambda}(\alpha x + \beta y + \gamma z - Vt).$$

Mais les quantités A, B, C qui sont proportionnelles à l'amplitude de la vibration devront décroître très rapidement à mesure que le rayon se propagera. L'hypothèse la plus naturelle sera de supposer que A, B, C sont de la forme

$$A = A_0 e^{-Q}, \qquad B = B_0 e^{-Q}, \qquad C = C_0 e^{-Q},$$

ou

$$Q = lx + my + nz;$$

A_0, B_0, C_0, l, m et n étant des constantes.

On voit ainsi que dans la propagation d'une onde plane dans un milieu absorbant on a à envisager deux plans qui jouent tous deux un rôle important, le plan de l'onde

$$\alpha x + \beta y + \gamma z = 0$$

et le plan d'absorption

$$lx + my + nz = 0.$$

Les expressions de ξ, η et ζ, peuvent encore s'écrire

$$\xi = A_0 e^{iP'}, \qquad \eta = B_0 e^{iP'}, \qquad \zeta = C_0 e^{iP'},$$

en posant

$$P' = \left[\left(\frac{2\pi}{\lambda}\alpha - il\right)x + \left(\frac{2\pi}{\lambda}\beta - im\right)y + \right.$$
$$\left. + \left(\frac{2\pi}{\lambda}\gamma - in\right)z - \frac{2\pi Vt}{\lambda}\right].$$

En d'autres termes termes tout se passe comme si le plan de l'onde avait pour équation :

$$P'' = \left(\frac{2\pi}{\lambda}\alpha - il\right)x + \left(\frac{2\pi}{\lambda}\beta - im\right)y + \left(\frac{2\pi}{\lambda}\gamma - in\right)z = 0$$

et si la vitesse de propagation avait pour expression :

$$V' = \frac{V}{\sqrt{\left(\alpha - \frac{il\lambda}{2\pi}\right)^2 + \left(\beta - \frac{im\lambda}{2\pi}\right)^2 + \left(\gamma - \frac{in\lambda}{2\pi}\right)^2}}$$

Nous appellerons le plan $P'' = o$, plan imaginaire de l'onde et la vitesse V', vitesse imaginaire de l'onde.

Pour que le rayon aille constamment en s'affaiblissant à mesure qu'il se propage, il faut et il suffit que la normale au plan de l'onde menée dans le sens de la propagation du rayon et la normale au plan d'absorption menée dans le sens de l'extinction fassent un angle aigu. Cette condition s'écrit :

$$\alpha l + \beta m + \gamma n > 0.$$

Or, la partie imaginaire de $\frac{1}{V'^2}$ est égale à

$$-\frac{\lambda}{\pi V^2}(\alpha l + \beta m + \gamma n).$$

Cette partie réelle doit donc être négative.

En résumé un milieu absorbant se comporte comme si son indice de réfraction était imaginaire. Soit

$$m(\cos\chi - i\sin\chi)$$

cet indice. Comme l'indice de réfraction est proportionnel à l'inverse de la vitesse, c'est-à-dire ici à $\frac{1}{V'}$, et que la partie imaginaire du carré de $\frac{1}{V'}$ doit être négative, l'angle χ devra être compris entre 0 et $\frac{\pi}{2}$.

228. Cela posé, proposons-nous le problème suivant:

Un rayon lumineux tombe sur une surface métallique sous une incidence égale à φ ; quelle est la direction du plan imaginaire de l'onde, du plan de l'onde, du plan d'absorption, et le coefficient d'absorption?

Le plan d'absorption ne peut être que le plan de séparation des deux milieux que nous prenons pour plan des xy. Nous prendrons le plan d'incidence pour plan des xz.

Soit r' l'angle du plan imaginaire de l'onde avec le plan des xy, c'est-à-dire l'angle imaginaire de réfraction. Soit r l'angle du plan réel de l'onde avec le plan des xy, c'est-à-dire l'angle réel de réfraction.

Le plan imaginaire de l'onde devra avoir pour équation

$$x \sin r' + z \cos r' = 0$$

ou

$$\text{(1)} \qquad \sin r' = \frac{\sin\varphi}{m}(\cos\chi + i\sin\chi),$$

On aura d'autre part

$$P = \frac{2\pi}{\lambda}(x \sin r + z \cos r - Vt),$$

et

$$Q = \varkappa z,$$

$\varkappa$ étant le coefficient d'absorption.

L'équation du plan imaginaire de l'onde s'écrira alors

$$x\frac{2\pi}{\lambda}\sin r + z\left(\frac{2\pi}{\lambda}\cos r - i\varkappa\right) = 0,$$

On a donc :

$$\operatorname{tang} r' = \frac{\frac{2\pi}{\lambda}\sin r}{\frac{2\pi}{\lambda}\cos r - i\varkappa}.$$

De l'équation (1) on tire aisément $\cot r'$ sous la forme :

$$\cot r' = A - iB;$$

on a alors

$$\cot r = A, \qquad \varkappa = \frac{2\pi B \sin r}{\lambda};$$

ce qui détermine l'angle réel de réfraction et le coefficient d'absorption.

229. Équations du mouvement lumineux dans un milieu absorbant. — On a proposé diverses formes pour les équations du mouvement dans un milieu absorbant L'une des plus générales est celle de Voigt (1) qui s'écrit :

$$(2) \qquad \rho \frac{d^2\xi}{dt^2} = \Delta\xi + a\xi + b\frac{d\xi}{dt} + c\frac{d\Delta\xi}{dt} + e\frac{d^2\Delta\xi}{dt^2}$$

avec deux autres équations analogues pour η et ζ, auxquelles il faut joindre la condition de transversalité $\Theta = o$.

La théorie électromagnétique de la lumière a conduit Maxwell à une équation de même forme, mais où les coefficients a, c et e sont nuls.

Ces équations ou d'autres analogues ne peuvent évidemment rendre compte de la propagation de la lumière dans les milieux peu absorbants qui produisent un spectre de raies ou de bandes.

Quel que soit le nombre des dérivées partielles de ξ qu'on y introduise, on n'arrivera jamais à rendre compte de la prodigieuse variété de ces spectres. En revanche ces équations paraissent rendre assez bien compte des phénomènes optiques que présentent les métaux.

Cherchons à satisfaire à l'équation (2) en faisant

$$\xi = Ae^{\frac{2i\pi}{V'\tau}(\alpha'x+\beta'y+\gamma'z-V't)}.$$

La partie réelle de cette exponentielle imaginaire sera alors la véritable valeur de ξ ; τ sera la période de la vibration, V' sera la vitesse imaginaire de propagation ; α', β', γ' seront les

(1) Gottinger Nachrichten, 1884, page 137 sqq.

cosinus directeurs du plan imaginaire de l'onde de telle sorte qu'on aura

$$(3) \qquad \alpha'^2 + \beta'^2 + \gamma'^2 = 1.$$

On trouve alors, en substituant cette valeur de ξ dans (2), supprimant les facteurs communs et tenant compte de (3) :

$$(4) \qquad V'^2\left(a + \frac{2i\pi b}{\tau} + \frac{4\pi^2\rho}{\tau^2}\right) = \frac{4\pi^2}{\tau^2}\left(1 + \frac{2i\pi c}{\tau} - \frac{4\pi^2 e}{\tau}\right)$$

Cette équation montre que la vitesse imaginaire V' dépend de τ et par conséquent de la longueur d'onde, mais ne dépend pas de la direction du plan de l'onde.

Par conséquent l'indice imaginaire de réfraction $\frac{\sin r'}{\sin \varphi}$ est une constante qui dépend de la couleur, mais est indépendante de l'incidence. Il n'en serait pas de même de l'indice réel de réfraction $\frac{\sin r}{\sin \varphi}$.

230. Théorie de Cauchy (1). — Cauchy suppose que les hypothèses qui servent de base à sa théorie de la réflexion vitreuse sont encore applicables à la réflexion métallique.

De ces hypothèses il résulte, ainsi que nous l'avons vu, que si le plan de séparation est pris pour plan des xy, les fonctions

$$\xi, \quad \eta, \quad \frac{d\zeta}{dy} - \frac{d\eta}{dz}, \quad \frac{d\xi}{dz} - \frac{d\zeta}{dx}, \quad \frac{d\eta}{dx} - \frac{d\xi}{dy}$$

sont continues.

Nous venons de voir que, dans un milieu métallique, les équations du mouvement sont les mêmes que si l'indice de ré-

(1) Nouveaux exercices de mathématiques, *Journal de Liouville*, première série, t. VII, p. 338.

fraction était imaginaire. D'autre part, dans les idées de Cauchy, les conditions à la limite sont les mêmes que dans le cas de la réflexion vitreuse. Il est donc inutile de recommencer les calculs; les formules de la réflexion vitreuse doivent rester applicables ; il suffit d'y remplacer l'indice de réfraction par sa valeur imaginaire.

Nous savons que dans l'étude de la réflexion vitreuse la théorie de Cauchy et celle de Fresnel conduisent aux mêmes résultats. Fresnel démontre que le rapport de la vibration réfléchie à la vibration incidente est égale à

$$\frac{\sin(r-\varphi)}{\sin(r+\varphi)}$$

si la lumière est polarisée dans le plan d'incidence et à

$$\frac{\operatorname{tang}(\varphi-r)}{\operatorname{tang}(\varphi+r)}$$

si la lumière est polarisée perpendiculairement à ce plan.

Les angles φ et r sont les angles d'incidence et de réfraction. Si l'on appelle N l'indice de réfraction, ces deux rapports sont égaux respectivement à

$$A = \frac{\cos\varphi - \sqrt{N^2 - \sin^2\varphi}}{\cos\varphi + \sqrt{N^2 - \sin^2\varphi}} \quad \text{et} \quad A' = \frac{N^2\cos\varphi - \sqrt{N^2 - \sin^2\varphi}}{N^2\cos\varphi + \sqrt{N^2 - \sin^2\varphi}}$$

Ces formules se déduiraient sans peine de celles que nous avons données plus haut (**208**).

Si α, β, γ sont les cosinus directeurs de l'onde réfléchie, λ la longueur d'onde et V la vitesse de propagation dans le premier milieu, le déplacement dû à la vibration réfléchie sera la partie réelle de

$$Ae^{iP} \quad \text{ou} \quad A'e^{iP}$$

ou

$$P = \frac{2i\pi}{\lambda}(\alpha x + \beta y + \gamma z - Vt).$$

Si on passe à la réflexion métallique, il faut donner à N une valeur imaginaire ; A et A' sont alors imaginaires et on a

$$A = A_0 e^{i\psi}, \qquad A' = A'_0 e^{i\psi'}.$$

Alors le déplacement dû à la lumière réfléchie sera

$$A_0 \cos(P + \psi)$$

si le plan de polarisation est le plan d'incidence, et

$$A'_0 \cos(P + \psi')$$

si le plan de polarisation est normal au plan d'incidence.

Il y aura donc polarisation elliptique et la différence de phase des deux composantes du rayon réfléchi sera $\psi - \psi'$.

L'expérience confirme très suffisamment les formules de Cauchy.

CHAPITRE VIII

ABERRATION ASTRONOMIQUE

231. Dans l'étude des divers phénomènes optiques que nous avons considérés jusqu'ici, nous avons toujours supposé que le mouvement vibratoire qui donne naissance à la lumière avait lieu dans un fluide particulier, l'éther, répandu dans tous les milieux matériels transparents aussi bien que dans les espaces interplanétaires. Il est évidemment impossible de concevoir la propagation de la lumière du soleil à la terre sans l'existence d'un milieu élastique ; en revanche il peut paraître superflu et peut-être peu philosophique, de supposer l'existence de l'éther dans les milieux matériels. Cependant le phénomène de l'aberration astronomique, qui met en évidence le mouvement relatif de l'éther et du milieu pondérable qu'il pénètre paraît s'opposer absolument à la suppression de cette hypothèse ; ou du moins, si cette hypothèse était rejetée, l'explication de l'aberration astronomique rencontrerait de telles difficultés que son maintien est préférable. Aussi, allons-nous dire quelques mots de ce phénomène.

On sait que lorsqu'on vise un astre avec une lunette, l'astre ne se trouve pas sur la droite qui joint le centre optique de l'objectif au point de croisement des fils du réticule, en un mot, sur l'axe optique de l'instrument. Nous ne voyons donc pas un astre dans sa direction réelle, et l'angle de cette direction avec celle de l'axe optique de la lunette s'appelle l'aberration ; cet écart angulaire peut aller jusqu'à 20″.

232. Explication de Bradley. — La première explication du phénomène de l'aberration est due à Bradley; elle s'appuie d'ailleurs sur la théorie de l'émission qui était alors adoptée. Soit OA (*fig.* 30) une droite représentant en grandeur et en direction la vitesse dont sont animés les corpuscules lumineux émis par l'astre. L'observateur placé à la surface de la terre et entraîné par le mouvement de celle-ci ne pourra constater que la vitesse relative du corpuscule.

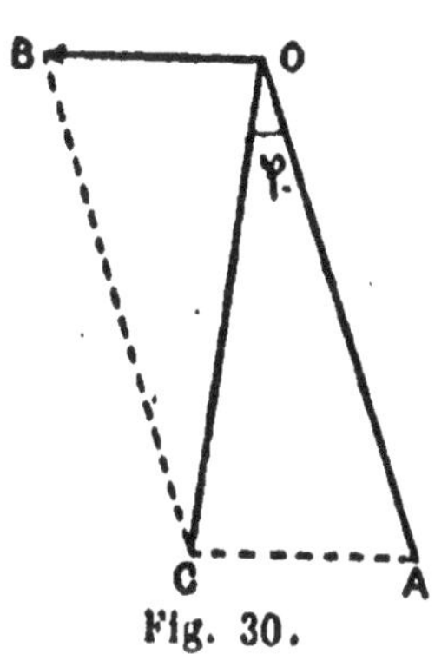

Fig. 30.

Cette vitesse relative s'obtiendra en composant la vitesse réelle OA et la vitesse OB égale et de signe contraire à la vitesse d'entraînement de l'observateur; c'est donc OC. L'observateur verra l'astre suivant la direction CO au lieu de le voir dans la direction AO; par conséquent, l'aberration sera l'angle φ. La valeur de cet angle sera évidemment maximum quand le quadrilatère OABC deviendra rectangle. Dans ce cas on aura

$$\operatorname{tang} \varphi = \frac{OB}{OA};$$

or la vitesse OA de la lumière étant d'environ 300 000 kilomètres par seconde, et la vitesse d'entraînement d'un point de la surface de la terre n'étant que de 30 kilomètres, on aura approximativement

$$\text{tang}\ \varphi = \frac{30}{300000} = \frac{1}{10000}.$$

L'angle φ correspondant à cette valeur de la tangente est, comme nous l'avons dit, d'environ 20 secondes.

233. Explication élémentaire dans la théorie des ondulations. — Dans l'hypothèse des ondulations, la théorie élémentaire du phénomène est aussi simple. Soient A (*fig.* 31) le centre optique de l'objectif d'une lunette, B la croisée des fils du réticule et AE la direction d'un rayon lumineux venant d'une étoile E. Si la terre était immobile les trois points E, A et B se trouveraient en ligne droite ; mais par suite du mouvement de la Terre, le point B est venu en B′ pendant le temps que le rayon lumineux a mis pour parcourir le chemin AB′. Le rayon lumineux qui vient frapper l'œil de l'observateur a donc pour direction réelle EAB′, tandis que sa direction apparente est celle de l'axe optique, c'est-à-dire celle d'une parallèle à BA menée par B′ ; l'aberration est donc l'angle BAB′ = φ. Si nous désignons par V la vitesse de propagation des ondes lumineuses dans l'éther immobile et par v la vitesse d'un point de la surface de la terre supposée parallèle à BB′ nous aurons :

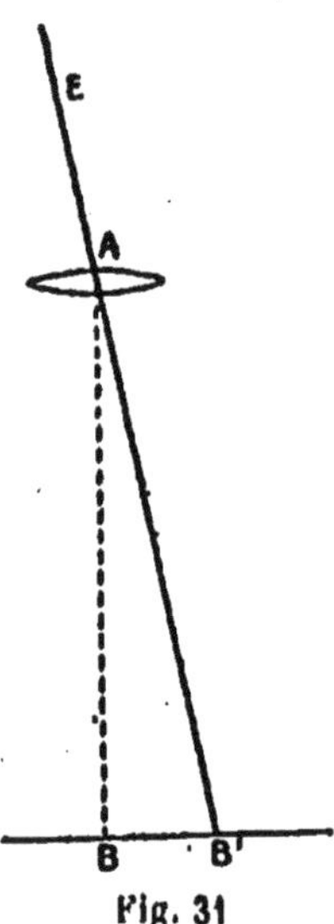

Fig. 31

$$\sin \varphi = \frac{BB'}{AB'} = \frac{vt}{Vt} = \frac{v}{V}.$$

Comme l'angle φ est très petit, on peut confondre la valeur de l'angle avec celle de sa tangente ou de son sinus ; par conséquent nous retrouvons pour le maximum de φ la même valeur que par l'explication de Bradley.

Ce raisonnement suppose que l'éther contenu dans la lunette est immobile dans l'espace, qu'il ne participe pas au mouvement de la Terre. En effet, quand un milieu élastique se déplace, les vibrations qu'il transmet participent à ce mouvement ; ainsi, on sait que la vitesse du son dans l'air en mouvement dépend de la vitesse de l'air, et l'influence du vent sur la vitesse de propagation du son en est une preuve évidente. Par conséquent si l'éther contenu dans la lunette se trouvait entraîné avec elle, la vitesse de propagation de la lumière dans le tube de la lunette serait la composante V′ de la vitesse V et de la vitesse d'entraînement v du milieu élastique. Mais d'autre part, l'observateur participant au mouvement de la Terre, la vitesse relative de la lumière serait pour lui la résultante de V′ et de $-v$, c'est-à-dire V. Les phénomènes observés seraient donc les mêmes que si l'éther et l'observateur étaient immobiles ; par suite il n'y aurait pas d'aberration, conséquence contraire à l'expérience.

234. L'éther engagé dans un milieu matériel en mouvement est partiellement entraîné. — Mais l'éther est-il immobile quand il traverse un milieu plus réfringent que l'air ? Une expérience des astronomes de Greenwich nous permet de répondre que l'éther est *partiellement* entraîné et que sa vitesse d'entraînement dépend de l'indice de réfraction de la substance traversée par la lumière. Dans l'air même il devrait y avoir un entraînement partiel de l'éther, très faible il est vrai puisque l'air est peu réfringent ; mais pour que l'explication précédente soit tout à fait rigoureuse, nous aurions dû supposer que le tube de la lunette était vide d'air.

L'expérience des astronomes de Greenwich consistait à viser une étoile avec une lunette pleine d'air, puis avec la même lunette dont le tube était rempli d'eau ; ils constatèrent que dans les deux cas, la position apparente de l'astre était la même. Analysons cette expérience et cherchons-en les conséquences.

Soit EAB′ (*fig.* 32) la direction de propagation de la lumière dans la lunette, que nous supposerons vide d'air, dans l'hypothèse où l'éther ne participe pas au mouvement de la terre. Si nous admettions qu'il en est encore ainsi pour l'éther contenu dans l'eau en mouvement, le rayon EC, pénétrant obliquement dans ce milieu, se réfracterait suivant AB″ en se rapprochant de la normale. L'image de l'étoile se formerait en B″. Or la lumière se propageant plus lentement dans l'eau que dans le vide, le point de croisement B des fils du réticule de la lunette se trouvera, par suite du mouvement de la terre, en un point B‴, situé à droite de B′, quand les vibrations lumineuses arriveront dans le plan du réticule. Les points B″ et B‴ étant, le premier à gauche, le second à droite de B′, ne peuvent coïncider, et par conséquent, l'image de l'étoile ne se trouverait plus au point de croisement des fils du réticule. Nous devons donc admettre, pour être d'accord avec l'expérience, que l'éther qui propage la lumière dans l'eau est entraîné, au moins partiellement, par le mouvement de la Terre.

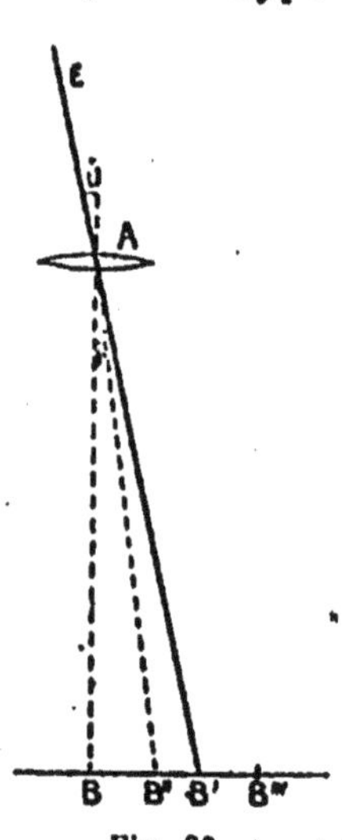

Fig. 32.

Cherchons la vitesse d'entraînement. En désignant par i et r les angles d'incidence et de réfraction de la lumière quand elle pénètre dans la lunette remplie d'eau, nous aurons

$$\frac{\sin i}{\sin r} = n.$$

D'ailleurs les angles i et r étant très petits, les sinus peuvent être confondus avec les tangentes et la relation précédente deviendra

$$n = \frac{\operatorname{tang} i}{\operatorname{tang} r} = \frac{\operatorname{tang} \mathrm{BAB}'}{\operatorname{tang} \mathrm{BAB}''} = \frac{\mathrm{BB}'}{\mathrm{BB}''}.$$

Nous en tirons

$$\mathrm{BB}'' = \frac{1}{n}\,\mathrm{BB}'. \tag{1}$$

D'autre part, en appelant V′ la vitesse de propagation de la lumière dans l'eau et v la vitesse d'entraînement de la lunette, nous avons en écrivant que la lumière arrive en B‴ quand B arrive en ce même point,

$$\mathrm{AB}''' = \mathrm{V}'t', \qquad \mathrm{BB}''' = vt';$$

d'où nous tirons,

$$\frac{\mathrm{AB}'''}{\mathrm{BB}'''} = \frac{\mathrm{V}'}{v}.$$

Nous trouverons de la même manière

$$\frac{\mathrm{AB}'}{\mathrm{BB}'} = \frac{\mathrm{V}}{v}.$$

Si nous confondons les longueurs AB′ et AB‴ qui diffèrent très peu, nous obtiendrons en divisant l'une par l'autre les deux relations précédentes,

$$BB''' = \frac{V}{V'} BB'$$

ou, puisque l'indice de réfraction est égal au rapport des vitesses,

$$(2) \qquad BB'' = nBB'.$$

Pour que le mouvement vibratoire de l'éther engagé dans l'eau parvienne en B''' en même temps que le point de croisement des fils du réticule, il faut que le mouvement d'entraînement de l'éther soit tel que le point B'' ait parcouru B''B''' pendant le temps t' employé par la lumière pour aller de A en B'''. Les relations (1) et (2) nous donnent pour la valeur de B''B''',

$$B''B''' = BB''' - BB'' = \left(n - \frac{1}{n}\right) BB' = \left(1 - \frac{1}{n^2}\right) BB''';$$

mais, puisque BB''' $= vt'$, nous aurons

$$B''B''' = \left(1 - \frac{1}{n^2}\right) vt'$$

La vitesse d'entraînement de l'éther aura donc pour valeur $\left(1 - \frac{1}{n^2}\right) v$.

235. Des expériences ont été entreprises par M. Fizeau dans le but de vérifier l'entraînement de l'éther par un milieu matériel en mouvement. Dans ces expériences, deux rayons lumineux provenant de la même source traversent deux tubes parallèles remplis d'eau et d'une longueur de $1^m,50$ environ ; à leur sortie, ces rayons donnent des franges d'interférences qui sont observées avec un oculaire muni d'un micromètre. En faisant mouvoir l'eau des tubes en sens opposé, on constatait un déplacement des franges. Ce déplacement était, pour une vitesse de 7 mètres par seconde de l'eau des tubes, de $2^{\text{div}},1$ du micromètre, soit presque d'une demi-frange, une frange entière occupant 5 du micromètre. Le calcul effectué dans l'hypothèse où la vitesse d'entraînement de l'éther est donnée par l'expression précédente $\left(1 - \frac{1}{n^2}\right) v$ conduit à une valeur du déplacement très voisine de celle trouvée expérimentalement. En outre le déplacement avait lieu tantôt à droite, tantôt à gauche suivant le sens du mouvement de l'eau.

Le déplacement des franges était bien dû à ce mouvement, car, en faisant, au moyen de miroirs, traverser successivement les deux tubes aux deux rayons lumineux avant de les faire interférer, on évitait les différences de marche qui auraient pu résulter de variations inégales de la température ou de la pression dans les tubes.

Les mêmes expériences tentées en remplaçant l'eau par de l'air n'ont donné aucun résultat; le calcul conduit aussi à un déplacement inappréciable des franges même pour des valeurs considérables de la vitesse de l'air.

Tout récemment, deux physiciens américains, MM. Michelson et Morley ont repris les expériences de M. Fizeau avec un appareil de plus grandes dimensions (1). L'eau circulait dans des tubes de 6 mètres de longueur sous une pression de 23 mètres de hauteur d'eau. Le déplacement de la frange centrale a atteint presque une frange entière (0f,899). Avec l'air animé d'une vitesse de 25 mètres par seconde le déplacement

(1) *American Journal of Science*, vol. xxxi, mai 1886.

des franges a été sensiblement nul. Les expériences de M. Fizeau se trouvent donc pleinement confirmées.

236. Vitesse de la lumière dans un milieu en mouvement. — Nous avons deux vitesses à considérer, d'une part la vitesse de la lumière par rapport à des axes fixes dans l'espace, d'autre part la vitesse par rapport à des axes mobiles invariablement liés au milieu en mouvement.

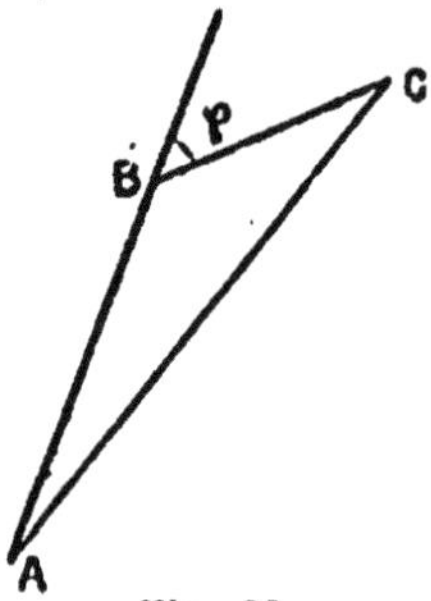

Fig. 33.

Pour avoir la vitesse par rapport à des axes fixes nous avons à composer la vitesse absolue V' avec la vitesse d'entraînement $\left(1 - \frac{1}{n^2}\right) v$ de l'éther. Si φ est l'angle de ces deux vitesses représentées par AB et BC (*fig* 33), la vitesse cherchée sera

$$AC = V' \cos A + \left(1 - \frac{1}{n^2}\right) v \cos C.$$

L'angle A étant très petit nous pouvons confondre son cosinus avec l'unité. Nous négligeons ainsi les quantités de l'ordre du carré de l'aberration ; or nous en avons le droit car l'aberration étant au plus égale à 20″ ou $\frac{1}{10000}$, son carré est la $\frac{1}{10000^e}$ partie de 20″, soit $\frac{1}{500^e}$ de seconde. Nous aurons alors

$$AC = V' + v\left(1 - \frac{1}{n^2}\right) \cos \varphi.$$

Prenons maintenant des axes liés au milieu mobile. Il faudra remplacer dans l'expression précédente la vitesse absolue d'entraînement $v\left(1-\frac{1}{n^2}\right)$ par la vitesse relative

$$v\left(1-\frac{1}{n^2}\right)-v=-\frac{v}{n^2}=-v'.$$

Par conséquent nous aurons pour la vitesse de la lumière par rapport à ces axes

$$V'-v'\cos\varphi.$$

237. Temps employé par la lumière pour passer d'un point à un autre d'un milieu en mouvement. — Considérons un rayon lumineux allant d'un point A_0 à un point A_n

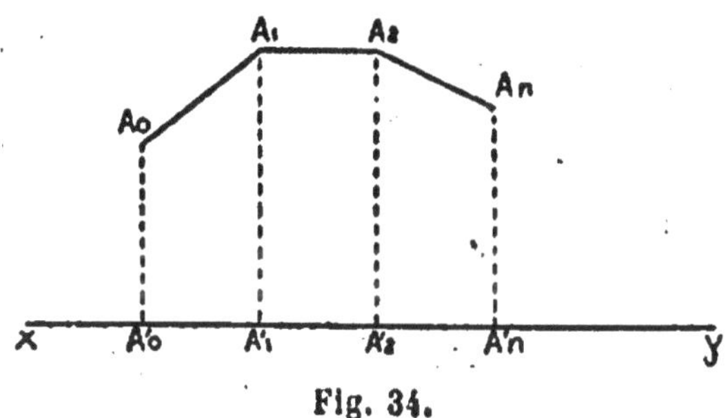

Fig. 34.

d'un milieu en mouvement en suivant la ligne brisée $A_0A_1..A_n$ (*fig.* 34). Pour passer du point A_1 au point A_2, le rayon mettra un temps égal à $\frac{A_1A_2}{V'-v'\cos\varphi}$. Développons cette quantité par rapport aux puissances croissantes de v' en nous arrêtant à la première puissance; nous aurons

$$\frac{A_1A_2}{V'}+\frac{A_1A_2\cos\varphi}{V'^2}v'.$$

Si nous menons une droite xy parallèle à la vitesse du milieu en mouvement l'angle des diverses portions de la ligne brisée avec cette droite est précisément l'angle d'aberration φ qui entre dans l'expression précédente ; par conséquent $A_1A_2 \cos\varphi$ est égal à la projection $A'_1 A'_2$ de $A_1 A_2$ sur xy et le temps employé par la lumière pour aller de A_1 en A_2 devient

$$\frac{A_1A_2}{V'} + \frac{A'_1A'_2}{V'^2} v'.$$

Nous avons d'ailleurs $v' = \frac{v}{n^2}$ et $V' = \frac{V}{n}$, v étant la vitesse de translation du milieu et V la vitesse de la lumière dans le vide ; en remplaçant v' et V' par ces valeurs dans la somme précédente, nous aurons

$$\frac{A_1A_2}{V'} + A'_1A'_2 \frac{v}{V^2}.$$

Le temps employé pour aller du point A_0 au point A_n sera la somme de quantités semblables, c'est-à-dire

$$\sum \frac{A_1A_2}{V'} + \frac{v}{V^2} A'_0A'_n.$$

Le premier terme $\sum \frac{A_1A_2}{V'}$ représente le temps qu'emploierait la lumière si le milieu était en repos, le second ne dépend que de la position des points extrêmes et nullement du chemin parcouru par la lumière pour aller de l'un à l'autre de ces points.

328. Phénomènes optiques dans un milieu en mouvement. — Une conséquence importante de la formule précédente est que les lois de la réflexion et de la réfraction, les phénomènes d'interférences ne sont pas affectés par le mouvement de la Terre.

Considérons en particulier le phénomène de la réfraction.

Si A et B (*fig.* 35) sont deux points situés dans deux milieux différents, le chemin ACB suivi par la lumière pour aller de A à B est tel que le temps employé pour parcourir ce chemin est minimum. Pour montrer que les lois de la réfraction sont les mêmes quand les deux milieux sont en repos ou sont en mouvement, il nous suffit de montrer que si ACB est le chemin le plus court quand les milieux sont en repos, il l'est encore quand les deux milieux sont animés du même mouvement.

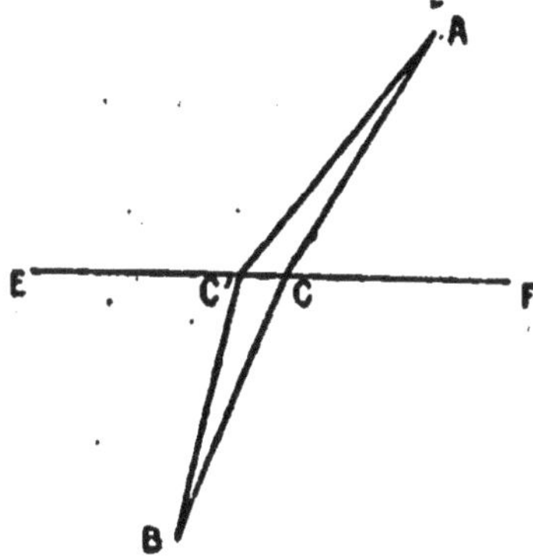

Fig. 35.

Soient, T le temps employé par la lumière pour aller de A à B par le chemin minimum quand les milieux sont en repos; T' le temps nécessaire pour parcourir un chemin infiniment voisin AC'B. Si ACB est celui qui correspond aux lois de la réfraction, on a $T < T'$. Or d'après ce que nous avons dit précédemment les temps employés pour parcourir les chemins ACB et AC'B dans le cas où les milieux sont animés d'un mouvement de translation dont la vitesse est v, sont

$$T_1 = T + \frac{v}{V^2} A'B', \qquad T'_1 = T' + \frac{v}{V^2} A'B',$$

A'B' étant la projection de AB sur une droite parallèle à la vitesse v; ils ne diffèrent de T et de T' que par une même quantité. Si donc on a $T < T'$ on aura $T_1 < T'_1$ et le chemin le plus court dans les milieux en repos sera encore le plus court quand les milieux seront en mouvement. Les lois de la réfraction sont par conséquent les mêmes dans les deux cas.

Les phénomènes d'interférence des rayons lumineux ne

dépendent pas non plus du mouvement du milieu où ils se produisent. Si T et T' sont les temps mis par deux rayons pour aller d'un point A_0 à un point A_n dans le cas où le milieu est en repos, ces temps seront tous deux augmentés de la même quantité si on suppose le milieu en mouvement ; par conséquent la différence des temps ne variera pas et les phénomènes d'interférence resteront les mêmes dans les deux cas.

En un mot les phénomènes optiques ne peuvent mettre en évidence que les mouvements relatifs par rapport à l'observateur de la source lumineuse et de la matière pondérable. C'est ce qui a lieu dans l'aberration où l'observateur et l'astre observé ne sont pas animés du même mouvement ; c'est ce qui arrive aussi dans l'expérience de M. Fizeau où l'eau contenue dans les tubes possède un mouvement relatif par rapport à l'observateur. Un seul fait ne s'accorderait pas avec ces conclusions ; c'est la variation du plan de polarisation de la lumière réfléchie sur le verre avec l'orientation de la direction lumineuse par rapport à la vitesse de rotation de la Terre. Cette influence a été constatée par M. Fizeau mais la difficulté des expériences ne lui a pas permis d'en être absolument certain.

239. Hypothèses de Fresnel. — L'explication que nous avons donnée de l'aberration et les conséquences que nous avons tirées de l'expression du temps employé par la lumière pour aller d'un point à un autre d'un milieu en mouvement, reposent sur l'hypothèse que la vitesse d'entraînement de l'éther contenu dans un milieu en mouvement est $v\left(1 - \frac{1}{n^2}\right)$. L'indice de réfraction n n'est pas une constante; il varie avec la couleur du rayon lumineux et n'est pas le même pour un rayon ordinaire et un rayon extraordinaire dans un milieu biréfringent. Il en résulte que la vitesse d'entraînement de l'éther n'est pas la même suivant qu'on considère un rayon extraordinaire ou ordinaire ou encore deux rayons de couleurs différentes. On a pu vérifier, au moyen d'expériences suffisamment précises, que le rayon ordinaire et le rayon extraordinaire ne sont pas entraînés de la même manière. Aussi ne doit-on pas admettre, comme paraît le faire Fresnel, que la vitesse d'entraînement de l'éther est indépendante de la longueur d'onde de la lumière et égale à la valeur moyenne des valeurs qu'elle prend pour une infinité de valeurs de la longueur d'onde.

Fresnel supposait que, quand un milieu transparent est en mouvement, la masse d'éther entraînée par le mouvement était l'excès de la masse contenue dans le milieu en mouvement sur la masse qui serait contenue dans un même volume du milieu environnant. En appelant ρ_0 la densité de l'éther dans ce dernier, ρ la densité dans le milieu en mouvement, $\rho-\rho_0$ sera la densité de l'éther entraîné. Pour avoir la vitesse apparente d'entraînement de l'éther contenu dans le milieu en mouvement, nous n'avons qu'à chercher la vitesse du centre de gravité de deux molécules M et M′ dont l'une M a pour masse ρ_0 et reste en repos et dont l'autre M′ a pour masse $\rho-\rho_0$ et possède la vitesse v du milieu en mouvement. Si nous appelons v_1 la vitesse du centre de gravité, nous aurons, en appliquant le théorème des quantités de mouvement,

$$(\rho - \rho_0 + \rho_0)\, v_1 = (\rho - \rho_0)\, v + \rho_0 \times 0 ;$$

d'où

$$v_1 = \frac{\rho - \rho_0}{\rho} v.$$

Or dans la théorie de Fresnel on a, en désignant par V_0 et V les vitesses de propagation des ondes lumineuses dans les milieux de densité ρ_0 et ρ,

$$\frac{\rho_0}{\rho} = \frac{V^2}{V_0^2} = \frac{1}{n^2};$$

par conséquent on a pour la vitesse apparente d'entrainement de l'éther

$$v_1 = \left(1 - \frac{1}{n^2}\right) v.$$

Il n'y a là qu'un simple aperçu dont il est difficile de se contenter, mais nous allons chercher à justifier la façon de voir de Fresnel par une analyse plus rigoureuse.

240. Vitesse de propagation dans un milieu en mouvement. — On peut se rendre compte de l'entraînement apparent de l'éther en étudiant la propagation d'une onde plane dans un milieu en mouvement et en admettant que le déplacement des molécules d'éther dépend du déplacement des molécules matérielles. Si nous désignons par ξ et ξ_1 les composantes suivant l'axe des x des déplacements des molécules d'éther et de matière, nous aurons, dans le cas où le milieu matériel n'est pas animé d'un mouvement de translation les équations suivantes (**142**).

$$(1) \qquad \rho \frac{d^2\xi}{dt^2} = \Delta\xi - \frac{d\Theta}{dx} + M(\xi_1 - \xi).$$

$$(2) \qquad \rho_1 \frac{d^2\xi_1}{dt^2} = M(\xi - \xi_1)$$

Supposons maintenant que, l'éther restant en repos, le milieu matériel possède un mouvement de translation de vitesse v normale au plan de l'onde ; prenons pour plan des yx un plan parallèle au plan de l'onde et cherchons ce que deviennent les équations précédentes.

ξ_1 est une fonction de z et de t seulement. Quand le milieu est en repos, la vitesse de la molécule matérielle à l'instant t est $\frac{d\xi_1}{dt}$; mais par suite du mouvement de translation que possède ce milieu le z de la position d'équilibre de la molécule augmente de vdt pendant le temps dt. Par conséquent l'accroissement de ξ_1 pour un accroissement dt du temps sera

$$\frac{d\xi_1}{dt} dt + \frac{d\xi_1}{dz} dz = \frac{d\xi_1}{dt} dt + \frac{d\xi_1}{dz} vdt,$$

et la vitesse de la molécule matérielle à l'instant t aura pour valeur

$$w = \frac{d\xi_1}{dt} + \frac{d\xi_1}{dz} v.$$

L'accélération à ce même instant sera

$$\frac{dw}{dt} = \frac{dw}{dt} + \frac{dw}{dt} \frac{dz}{dt},$$

les dérivées de w, placés dans le second membre étant des dérivées partielles. En remplaçant dans cette expression w par sa valeur, on a pour l'accélération

$$\frac{d^2\xi_1}{dt^2} + 2v \frac{d^2\xi_1}{dzdt} + v^2 \frac{d^2\xi_1}{dz^2}.$$

L'équation du mouvement de la molécule matérielle est

donc, en négligeant le carré de v,

$$\rho_1\left(\frac{d^2\xi_1}{dt^2}+2v\,\frac{d^2\xi_1}{dz\,dt}\right)=M\,(\xi-\xi_1). \tag{3}$$

Telle est l'équation qui doit remplacer l'équation (2). Quant à l'équation (1) elle se réduit dans le système d'axes adopté à

$$\rho\,\frac{d^2\xi}{dt^2}=\frac{d^2\xi}{dz^2}+M\,(\xi_1-\xi), \tag{4}$$

puisque ξ ne dépend plus que de z et de t.

L'addition de ces deux dernières équations élimine M et nous donne

$$\rho\,\frac{d^2\xi}{dt^2}+\rho_1\left(\frac{d^2\xi_1}{dt^2}+2v\,\frac{d^2\xi_1}{dz\,dt}\right)=\frac{d^2\xi}{dz^2}. \tag{5}$$

Nous supposerons que M est très grand ; l'équation (4) montre alors que $M\,(\xi_1-\xi)$ est fini. On en conclut que $\xi_1-\xi$ est très petit et nous sommes conduits à admettre à titre de première approximation que l'on a $\xi=\xi_1$. L'équation (5) devient alors

$$(\rho+\rho_1)\frac{d^2\xi}{dt^2}+2v\rho_1\,\frac{d^2\xi}{dz\,dt}=\frac{d^2\xi}{dz^2}. \tag{6}$$

L'équation du mouvement dans le vide se déduira de la précédente en y faisant $\rho_1=0$; nous savons que dans ce cas, la vitesse de propagation est

$$V=\frac{1}{\sqrt{\rho}}.$$

Si on suppose le mouvement lumineux se propageant dans

un milieu matériel en repos, il faut faire $v = 0$ dans l'équation (6) qui donne alors pour la vitesse de propagation

$$\frac{1}{\sqrt{\rho + \rho_1}}.$$

Par conséquent l'indice de réfraction de la substance est

$$n = \sqrt{\frac{\rho + \rho_1}{\rho}}.$$

Pour avoir la vitesse de propagation dans le cas où le milieu matériel est animé d'un mouvement de translation suivant l'axe des z, cherchons à satisfaire à l'équation (6) par la valeur suivante de ξ

$$\xi = e^{\frac{2i\pi}{\lambda}(z - Vt)}.$$

Nous obtiendrons après suppression des facteurs communs aux deux membres

$$(\rho + \rho_1) V^2 - 2vV\rho_1 = 1\,;$$

d'où nous tirons

$$V^2 = \frac{1}{\rho + \rho_1} + \frac{2vV\rho_1}{\rho + \rho_1}.$$

Cette valeur V différant peu de la vitesse de propagation dans le même milieu supposé immobile, nous pouvons dans le second membre de l'égalité précédente remplacer V par sa valeur approchée $\frac{1}{\sqrt{\rho_1 + \rho}}$ et nous avons

$$V^2 = \frac{1}{\rho + \rho_1} + \frac{2v\rho_1}{(\rho_1 + \rho)\sqrt{\rho + \rho_1}},$$

ou puisque nous avons négligé les quantités qui contenaient le carré de v,

$$V = \frac{1}{\sqrt{\rho + \rho_1}} + \frac{v\rho_1}{\rho + \rho_1}.$$

Tout se passe donc comme si l'éther se trouvait entraîné avec une vitesse égale à

$$\frac{v\rho_1}{\rho + \rho_1}$$

Cette formule peut d'ailleurs s'écrire,

$$v\left(1 - \frac{\rho}{\rho + \rho_1}\right),$$

ou, puisque $n = \sqrt{\frac{\rho + \rho_1}{\rho}}$,

$$v\left(1 - \frac{1}{n^2}\right).$$

On retrouve donc la même expression que dans les théories de Fresnel. Ce n'est là qu'une première approximation. En effet $\xi_1 - \xi$ n'est pas nul mais seulement très petit; la différence est de l'ordre de la dispersion.

L'analyse du n° **142** montre que le rapport $\frac{\xi_1}{\xi}$ qui est voisin de l'unité, dépend de la longueur d'onde. Pour rendre compte des expériences qui, comme nous l'avons vu, donnent pour la vitesse d'entraînement $v\left(1 - \frac{1}{n^2}\right)$, *n étant l'indice de réfraction de la couleur considérée* il faut admettre que ce rapport est, *quelle que soit la couleur* indépendant de v; nous ne connaissons aucune théorie satisfaisante pour justifier cette hypothèse.

CONCLUSIONS

241. Dans l'étude de chaque phénomène nous avons exposé parallèlement plusieurs théories rendant également bien compte des faits observés. Ces théories peuvent d'ailleurs se rattacher à l'un des deux groupes suivants : celles où l'on suppose comme Fresnel l'élasticité ε du milieu constante; celles où on admet avec Neumann que la densité ρ de l'éther est constante. Nous n'avons trouvé aucune raison pouvant faire préférer l'une de ces hypothèses à l'autre. Seule l'explication de l'aberration par l'entraînement partiel de l'éther peut faire pencher la balance du côté de l'hypothèse de Fresnel ; car l'entraînement partiel de l'éther suppose que la densité de l'éther n'est pas la même dans tous les milieux. Mais, comme nous l'avons fait remarquer, il est difficile de se bien rendre compte de ces phénomènes d'aberration et aucune théorie n'est satisfaisante. Il n'y a donc pas là de raison suffisante pour décider du choix d'une théorie.

D'ailleurs nous ne pouvons nous plaindre d'être dans l'impossibilité de faire un choix. Cette impossibilité nous montre que les théories mathématiques des phénomènes physiques ne doivent être considérées que comme des instruments de recherches ; instruments très précieux, il est vrai, mais dont nous ne devons pas rester esclaves et que nous devons rejeter dès qu'ils se trouvent en contradiction formelle avec l'expérience.

242. Il y a une raison générale qui nous empêche de choisir entre les théories optiques que nous avons exposées. Nous savons en effet que les équations du mouvement dans un milieu élastique isotrope ou anisotrope sont des équations linéaires et à coefficients constants. Une propriété générale des équations de ce genre est que si ξ_1 et ξ_2 sont deux intégrales de l'une d'elles, la quantité $A\xi_1 + B\xi_2$ en sera également une solution. Nous avons donc une infinité de manières de satisfaire aux problèmes optiques.

En outre nous avons vu que l'une des équations du mouvement dans un milieu élastique isotrope est

$$(1) \qquad \frac{d^2\xi}{dt^2} = \Delta\xi - \frac{d\Theta}{dx}.$$

Si nous dérivons les deux membres de cette équation par rapport à une variable quelconque, nous aurons

$$\frac{d^2\xi'}{dt^2} = \Delta\xi' + \frac{d\Theta'}{dx}.$$

Donc, si une fonction satisfait à l'équation (1) une dérivée quelconque de cette fonction y satisfera également.

Si nous désignons par ξ, η, ζ les composantes du déplacement d'une molécule d'éther dans la théorie de Fresnel, quantités qui satisfont aux équations du mouvement telles que (1) les dérivées ξ'_x, ξ'_y, ξ'_z, η'_x, . . . satisferont aussi aux équations. Il est aisé de constater qu'il en sera de même des des binômes alternés $\zeta'_y - \eta'_z$, $\xi'_z - \zeta'_x$, $\eta'_x - \xi'_y$.

Or, nous savons que les composantes du déplacement d'une molécule d'éther dans la théorie de Neumann sont précisément ces binômes alternés ; par conséquent, elles seront aussi solutions des équations du mouvement. On peut donc être assuré que tout phénomène expliqué par la théorie de Fresnel le sera également par celle de Neumann. La réciproque est d'ailleurs vraie.

Dans certains cas cependant, nous avons eu des coefficients variables dans les équations du mouvement. Ainsi dans la théorie de M. Sarrau et dans la considération de la couche de passage dans la réflexion. Mais comme nous ignorons absolument la loi de variation de ces coefficients il nous suffit de quelques hypothèses pour faire concorder la théorie avec l'expérience et nous ne pouvons rien décider sur la justesse de la théorie.

248. L'étude d'un phénomène particulier, la *polarisation par diffraction* semblait pouvoir permettre de décider entre la théorie de Fresnel et celle de Neumann. On croyait être arrivé par le calcul à ce résultat que la rotation du plan de polarisation n'avait pas la même valeur dans ces deux théories. Mais certainement les calculs étaient inexacts, car les équations du mouvement étant à coefficients constants, il ne peut, comme nous venons de le dire, y avoir aucune divergence entre les résultats des deux théories. Cependant, à la suite de ces calculs, des expériences ont été tentées dans cette voie. Elles sont très délicates car la déviation d'un rayon diffracté est très faible et la rotation du plan de polarisation qui en résulte est excessivement petite. On a, dans le but d'augmenter la déviation du rayon diffracté, expérimenté avec des réseaux. Mais le problème se complique alors, car il y a à la fois diffraction et réfraction ou réflexion ; aussi les expériences ne furent d'accord ni entre elles, ni avec les conséquences de la théorie de Fresnel, ni avec celles de la théorie de Neumann.

Tout récemment M. Gouy a repris le même problème sans idée préconçue ; il a obtenu une déviation considérable du rayon diffracté en plaçant la source lumineuse, formée par la concentration de rayons au foyer d'une lentille convergente, sur le bord d'un écran. Les résultats de ses expériences pour la valeur de la rotation du plan de polarisation ne sont pas non plus d'accord avec les deux théories de la polarisation. La théorie de la diffraction se trouve même en défaut, car M. Gouy a constaté que les phénomènes dépendent de la forme du bord de l'écran et de la nature de cet écran. Ce désaccord entre les expériences de M. Gouy et la théorie de Fresnel ne doit pas nous surprendre, car nous avons dit qu'il était impossible de trouver une solution de l'équation

$$\Delta\xi + \alpha^2\xi = 0,$$

satisfaisant *exactement* aux conditions du problème. Ce n'est qu'en y satisfaisant *approximativement* que nous avons pu édifier une théorie de la diffraction.

L'approximation était très largement suffisante dans les conditions habituelles des expériences de diffraction ; car les quantités négligées sont alors extrêmement petites. Il n'en est plus de même dans les conditions où M. Gouy s'était placé.

FIN

ERRATA

Page 21 ligne 13 *au lieu de* $\frac{dy^2}{dy^2}$ *lire* $\frac{d\eta^2}{dy^2}$.

35 4 *au lieu de* ξ_x, ξ_y, ξ_z *lire* ξ'_x, ξ'_y, ξ'_z.

39 15 *mettre* entre les deux derniers termes le signe + *au lieu du signe* =.

215 figure 20 *au lieu de* QQ' *mettre* $Q_1Q'_1$ à la droite supérieure.

326 lignes 5, 10 et 15 *au lieu de* ou, *lire* où.

394 ligne 12 *au lieu de* $\frac{d\xi_1}{d\xi} dt + \ldots$ *lire* $\frac{d\xi_1}{dt} dt + \ldots$

TABLE DES MATIÈRES

CHAPITRE III

Principe de Huyghens

CHAPITRE IV

Diffraction

CHAPITRE V

Polarisation rotatoire. — Dispersion

CHAPITRE VI

Double Réfraction

THÉORIE DE FRESNEL

RÉFLEXION CRISTALLINE

THÉORIE DE MAC-CULLAGH

THÉORIE DE M. SARRAU

RÉFLEXION MÉTALLIQUE

CHAPITRE VIII

Aberration astronomique

Tours. — Imprimerie Deslis Frères.

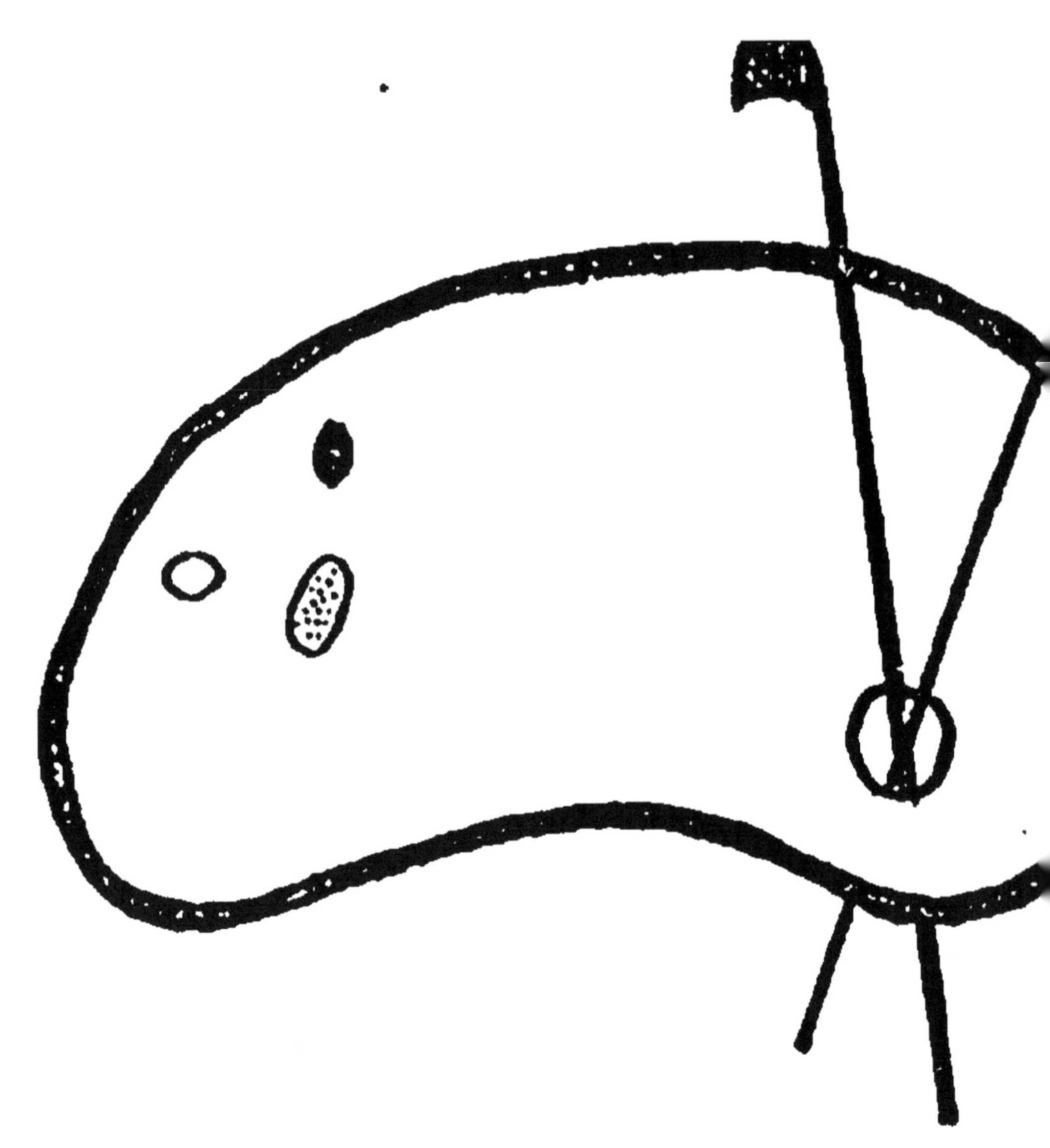

DEBUT D'UNE SERIE DE DOCUMENT
EN COULEUR

COURS DE LA FACULTÉ DES SCIENCES DE PARIS

UBLIÉS PAR L'ASSOCIATION AMICALE DES ÉLÈVES ET ANCIENS ÉLÈVES
DE LA FACULTÉ DES SCIENCES

COURS DE PHYSIQUE MATHÉMATIQUE

THÉORIE MATHÉMATIQUE DE LA LUMIÈRE

II

Nouvelles études sur la Diffraction. — Théorie de la dispersion de Helmholtz

Leçons professées pendant le premier semestre 1891-1892

PAR

H. POINCARÉ, MEMBRE DE L'INSTITUT

RÉDIGÉES PAR

M. LAMOTTE et D. HURMUZESCU
Licenciés ès sciences

PARIS
GEORGES CARRÉ, ÉDITEUR
58, RUE SAINT-ANDRÉ-DES-ARTS, 58

1892

Georges CARRÉ, Éditeur, 58, Rue Saint-André-des-Arts

BÉHAL (Auguste), professeur agrégé à l'École de Pharmacie. — **Étude théorique sur les Composés azoïques** et leurs emplois industriels. 1889, 1 vol. in-8. 6

CLASSEN (A.). — **Analyse électrolytique quantitative.** Exposé des méthodes spéciales de A. Classen, d'après la 2e édit. allemande, par C. Blas. 1886, 1 vol. in-8 6

COLSON (R.), capitaine du Génie. — **L'Énergie et ses transformations.** Mécanique, chaleur, lumière, chimie, électricité, magnétisme. 1889, 1 vol. in-8. 4

COUETTE. — **Viscosité des Liquides.** 1888. in-8. 2

FRIEDEL, membre de l'Institut. — **Cours de Chimie organique.** 2e édit. autographiée. Première partie : Série grasse, rédigée par Mansard, 1888 12

Deuxième partie : Série aromatique, rédigée par de Boissieu. 1888. 7

— **Conférences faites au laboratoire de M. Friedel.** 1888-1889.

Premier fascicule. 1 vol. in-8. 4

Deuxième fascicule. 1 vol. in-8. 5

Troisième fascicule. 1 vol. in-8. 5

LION (G.). — **Traité élémentaire de cristallographie géométrique.** 1890, 1 vol. in-8, avec nombreuses figures . . . 5

LIPPMANN, membre de l'Institut. — **Cours de Thermodynamique,** rédigé par MM. Mathias et Renault. 1889, 1 vol. in-8. 9

MEYER (Lothar). — **Les Théories modernes de la Chimie** et leur application à la mécanique chimique. Ouvrage traduit de l'allemand sur la 5e édition, par MM. A. Bloch et Meunier, avec préface de M. Friedel, membre de l'Institut. 2 vol. in-8, 1887-1889. 25

OSSIAN-BONNET, membre de l'Institut. — **Astronomie sphérique.** Notes sur le cours professé pendant l'année 1887, rédigées par MM. Blondin et Guillet. Premier fascicule. 1889, 1 vol. in-8. . . 5

PELLAT (H.), maître de conférences à la Faculté des Sciences de Paris. — **Leçons sur l'Électricité** (Électrostatique, Pile, Électricité atmosphérique), rédigées par J. Blondin. 1 vol. in-8, 1890. . . . 12

POINCARÉ (H.), membre de l'Institut. — **Cours de mécanique physique.** I. Cinématique pure. Mécanismes. In-4, autographié. 7

— **Cours de Physique mathématique.**

1° *Théorie mathématique de la lumière.* Leçons professées pendant le premier semestre 1887-1888, rédigées par J. Blondin. 1 vol. in-8 16

2° *Électricité et Optique.* — I. Les Théories de Maxwell et la théorie électromagnétique de la lumière, rédigées par J. Blondin. 1 vol in-8. 11

II. Les théories de Helmholtz et les expériences de Hertz, rédigées par B. Brunhes. 1891, 1 vol. in-8. 8

3° *Thermodynamique.* Leçons professées pendant le premier semestre 1888-89. 1 vol. in-8° 16

4° *Leçons sur la théorie de l'Élasticité.* 1 vol. in-8. 6

PUISEUX, maître de conférences à la Faculté des sciences de Paris. — **Leçons de Cinématique** (Mécanismes, Hydrostatique, Hydrodynamique), rédigées par P. Bourguignon et H. Le Barbier. 1 vol. in-8, 1890 9

SOUCHON, membre adjoint au Bureau des Longitudes. — **Traité d'Astronomie théorique,** contenant l'exposition du calcul des perturbations planétaires et lunaires et son application à l'explication et à la formation des tables astronomiques. 1 vol. in-8, 1891 16

WOLF, membre de l'Institut. — **Astronomie et Géodésie.** Cours professé à la Sorbonne, rédigé par H. Le Barbier et P. Bourguignon. 1 vol. in-8, 1891. 10

Tours. — Imp. Deslis Frères.

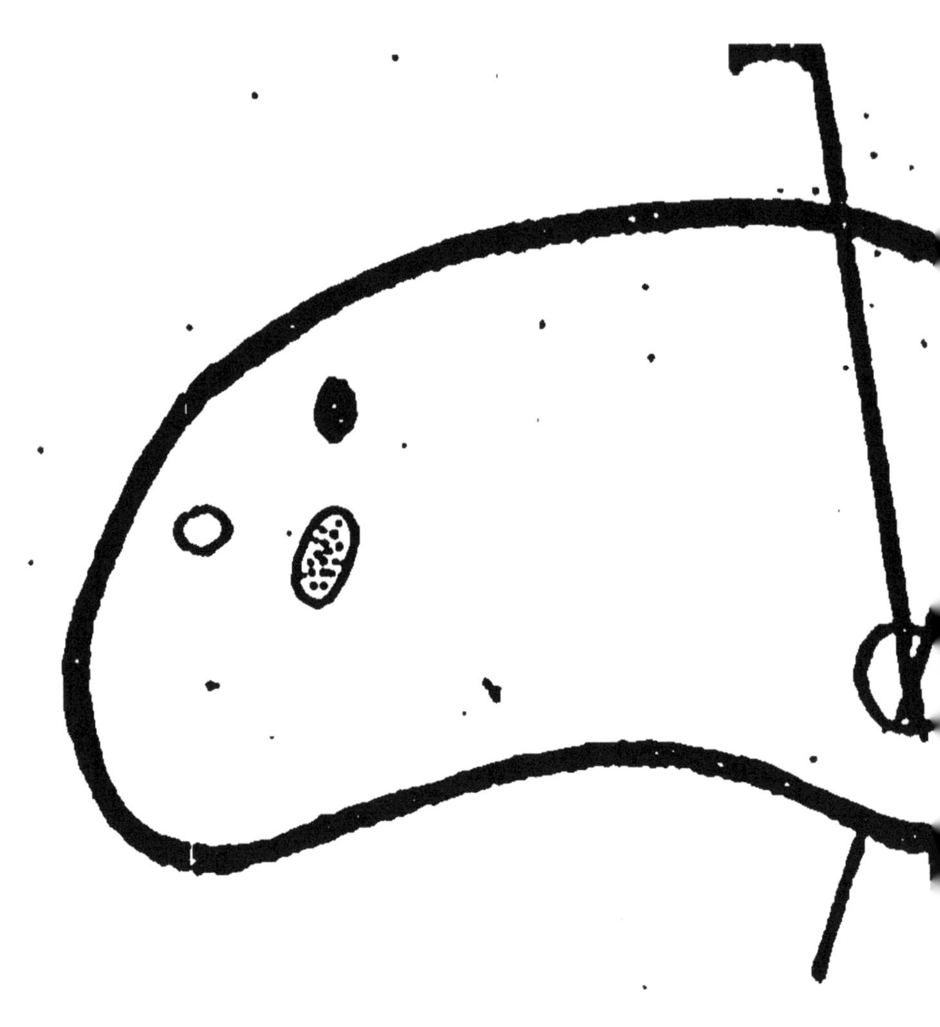

www.ingramcontent.com/pod-product-compliance
Ingram Content Group UK Ltd.
Pitfield, Milton Keynes, MK11 3LW, UK
UKHW020317200726
13857UKWH00001B/191